高等院校“十二五”规划教材

大学计算机基础

Daxue Jisuanji Jichu

陈芬 陈莉 王学军 主编
刘杰 裴锋 王磊 副主编

人民邮电出版社
北京

图书在版编目（CIP）数据

大学计算机基础 / 陈芬，陈莉 ，王学军主编. -- 北京 : 人民邮电出版社，2014.9（2016.6重印）
高等院校“十二五”规划教材
ISBN 978-7-115-36634-4

Ⅰ. ①大… Ⅱ. ①陈… ②陈… ③王… Ⅲ. ①电子计算机－高等学校－教材 Ⅳ. ①TP3

中国版本图书馆CIP数据核字(2014)第182538号

内 容 提 要

本书是根据教育部高等学校计算机基础课程教学指导委员会出版的《关于进一步加强高等学校计算机基础教学的意见暨计算机基础课程教学基本要求》中有关“大学计算机基础”课程的教学要求，在已经出版的《大学计算机信息技术基础教程》一书的基础上修订而成的。

本书内容主要包括：概述、计算机系统、常用办公软件、数字媒体及应用、数据结构与算法、程序设计基础、软件工程、计算机网络、数据库基础。

本书内容丰富，选材适当，既可作为高等院校相关专业的教材，也可作为培训机构的教学用书。同时，本书有配套教材《大学计算机基础实验指导与习题集》。

◆ 主　编　陈　芬　陈　莉　王学军
副 主 编　刘　杰　裴　锋　王　磊
责任编辑　吴宏伟
执行编辑　许德智
责任印制　张佳莹　焦志炜

◆ 人民邮电出版社出版发行　北京市丰台区成寿寺路 11 号
邮编　100164　电子邮件　315@ptpress.com.cn
网址　http://www.ptpress.com.cn
大厂聚鑫印刷有限责任公司印刷

◆ 开本：787×1092　1/16
印张：14.75　　2014年9月第1版
字数：407 千字　　2016年6月河北第3次印刷

定价：35.00 元

读者服务热线：(010)81055256　印装质量热线：(010)81055316
反盗版热线：(010)81055315

进入 21 世纪后，社会信息化的纵深发展加速了各行各业的信息化进程，计算机应用技术与专业的教学、科研工作结合更加紧密。专业课与计算机技术为核心的信息技术的融合促进了学科的发展，使得各个专业对学生的计算机应用能力也有了更高和更具体的要求。计算机水平已经成为衡量大学生业务素质与能力的突出标志。

本书是根据教育部《关于进一步加强高校计算机基础教学的意见》中有关“大学计算机基础”课程的教学要求、在已经出版的《大学计算机信息技术基础教程》一书的基础上修订而成的，在本书中明确要求学生应该了解和掌握计算机系统与网络、程序设计、数据库以及多媒体技术等方面的基本概念和基础知识，培养良好的信息素养，利用计算机手段进行表达与交流，利用 Internet 进行主动学习，为专业学习奠定必要的计算机基础。

全书共分 8 章，各章的内容简述如下。

第一章概述。介绍了计算机基础知识、应用技术和发展过程。

第二章计算机系统。主要介绍计算机的软件系统和硬件系统组成。

第三章常用办公软件。主要以微软公司的 Office 2010 为例，介绍字处理软件 Word 2010、电子表格软件 Excel 2010 以及演示文稿软件 PowerPoint 2010 的主要功能与使用方法。

第四章数字媒体及应用。主要介绍数据在计算机中的表示及进制相互转换方法。

第五章数据结构与算法。主要介绍数据结构及算法的相关知识。

第六章程序设计基础。主要介绍程序设计基础知识。

第七章软件工程。主要介绍软件开发原则和相关的软件测试技术。

第八章计算机网络。主要介绍计算机网络的定义、分类以及 TCP/IP 的基础知识。

第九章数据库基础。主要介绍数据库基础知识与应用。

本书由陈莉、陈芬、王学军担任主编，刘杰、裴锋、王磊担任副主编。

本书内容丰富，选材适当，同时有与本教材配套的《大学计算机基础实验指导与习题集》，既可作为高等院校相关专业的教材，也可作为培训机构的教学用书。

由于时间仓促、编者水平有限，书中不足与欠妥之处在所难免，恳请广大读者不吝指正。

编　者

2014 年 6 月

CONTENTS

目录

第1章 概述

1.1 信息与信息技术

半个世纪以来，人类社会正由工业社会全面进入信息社会，其主要动力就是以计算机技术、通信技术和控制技术为核心的现代信息技术的飞速发展和广泛应用。纵观人类社会发展史和科学技术史，信息技术在众多的科学技术群体中越来越显示出强大的生命力。随着科学技术的飞速发展，各种高新技术层出不穷，日新月异，但是最主要的、发展最快的仍然是信息技术。

1.1.1 信息的含义

一般来讲，信息是指消息、数据或资料，但这样的解释尚不能形成深刻的概念。1948 年，美国数学家申农（shan-non）发表论文《通信的数学理论》，次年又发表了《在噪声中的通信》，成为信息理论的奠基人。几乎与申农同时，美国著名的数学家维纳（Wiener）发表了“控制论”(1948)，为信息理论的建立和发展开辟了广阔的天地。

这里，一个较为经典的“信息”的定义来自维纳。他认为“信息是人们在适应外部世界并且使之反作用于外部世界的过程中，同外部世界交换内容的名称”。这一定义强调信息是用于交换的“内容”，是“生物以及具有自动控制系统的机器，通过感觉器官和相应的设备与外界进行交换的一切内容”。这一定义也说明信息在客观上可以反映某一事物的情况，是事物运动的状态及状态变化的方式。在主观上是可以接受、利用的，并能指导我们的行动。

1.1.2 信息处理

人们对信息的处理包括对信息的收集、加工、存储、传递、施效，通过手、脚等效应器官作用于事物客体，如图 1-1 所示。

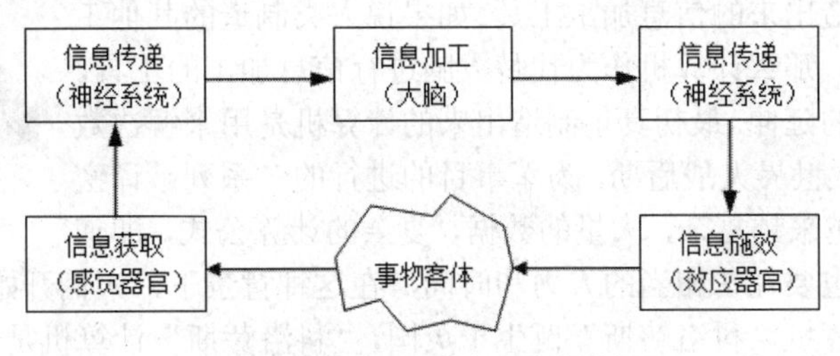

图 1-1 人工进行信息处理的过程

1.1.3 信息技术

信息技术指的是用来扩展人们信息器官功能、协助人们更有效地进行信息处理的一类技术。人们的信息器官主要有感觉器官、神经网络、大脑及效应器官，它们分别用于获取信息、传递信息、处理并再生信息，以及施用信息使之产生实际效用。因此，基本的信息技术包括：

- 扩展感觉器官功能的感测（获取）与识别技术。
- 扩展神经系统功能的通信技术。
- 扩展大脑功能的计算（处理）与存储技术。
- 扩展效应器官功能的控制与显示技术。

1.1.4 信息处理系统

用于辅助人们进行信息获取、传递、存储、加工处理、控制及显示的综合使用各种信息技术的系统，可以通称为信息处理系统。例如：

- 雷达是一种以感测与识别为主要目的的系统。
- 电视/广播系统是以信息传递为主要目的的系统。
- 电话是以信息交互为主要目的的系统。
- 银行是以处理金融信息为主的系统。
- 图书馆是以信息收藏和检索为主的系统。
- 因特网是一种跨越全球的多功能信息处理系统。

1.2 计算机的发展

1.2.1 图灵机与冯·诺依曼式计算机的诞生

阿兰·图灵（Alan Turing）（见图 1-2），1912 年 6 月 23 日出生于英国伦敦，他被认为是 20 世纪最著名的数学家之一。1936 年，图灵做出了他一生最重要的科学贡献，在其著名的论文《论可计算数在判定问题中的应用（On Computer numbers with an Application to the Entscheidungs -problem）》中，提出思考原理计算机——图灵机的概念。这篇论文被誉为现代计算机原理开山之作，它描述了一种假想的可实现通用计算的机器，后人称之为“图灵机”。

图 1-2 阿兰·图灵

计算机是人类制造出来的信息加工工具。如果说人类制造的其他工具是人类双手的延伸，那么计算机作为代替人脑进行信息加工的工具，则可以说是人类大脑的延伸。最初真正制造出来的计算机是用来解决数值计算问题的。第二次世界大战后期，为军事目的进行的一系列破译密码和弹道计算工作，越来越复杂，大量的数据、复杂的计算公式，即使使用电动机械计算器也要耗费相当的人力和时间。在这种背景下，人们开始研制电子计算机。

世界上最早的计算机“科洛萨斯”诞生于英国，“科洛萨斯”计算机是 1943 年 3 月开始研制的，当时研制“科洛萨斯”计算机的主要目的是破译经德国“洛伦茨”加密机加密过的密码。使用其他手段破译这种密码需要 6 至 8 个星期，而使用“科洛萨斯”计算机则仅需 6 至 8 小时。1944 年 1 月 10 日，“科洛萨斯”计算机开始运行。自它投入使用后，德军大量高级军事机密很快被破译，盟军如虎添翼。“科洛萨斯”比美国的 ENIAC 计算机问世早两年多，在第二次世界大战期间破译了大量德军机密，战争结束后，它被秘密销毁了，故不为人所了解。

尽管第一台电子计算机诞生于英国，但英国没有抓住由计算机引发的技术和产业革命的机遇。

相比之下，美国抓住了这一历史机遇，鼓励发展计算机技术和产业，从而崛起了一大批计算机产业巨头，大大促进了美国综合国力的发展。

1944 年美国国防部门组织了由莫奇来和爱克特领导的 ENIAC 计算机研究小组，当时在普林斯顿大学工作的现代计算机的奠基者美籍匈牙利数学家冯·诺依曼也参加了研究工作。冯·诺依曼在参与世界上第一台计算机 ENIAC 的研制小组工作时，发现 ENIAC 有两个致命的缺陷：一是采用十进制运算，逻辑元件多，结构复杂，可靠性低；二是没有内部存储器，操纵运算的指令分散存储在许多电子部件内，这些运算部件如同一副积木，解题时必须像搭积木一样用人工把大量运算部件搭配成各种解题的布局，每算一题都要搭配一次，非常麻烦且费时。针对这两个问题，冯·诺依曼和其他合作者一起呕心沥血地进行了半年多时间的改革性研究，取得了令人满意的成果。但是，由于 ENIAC 的制造已接近尾声，因此它未能采用冯·诺依曼的改进意见。

1946 年 2 月 14 日，世界上第一台通用电子数字计算机“埃尼阿克”（ENIAC）宣告研制成功。这台用 18000 只电子管组成的计算机，尽管体积庞大，耗电量惊人，功能有限，但是确实起了节约人力、节省时间的作用，而且开辟了一个计算机科学技术的新纪元。这也许连制造它的科学家们也是始料不及的。

冯·诺依曼的研究成果得到了 ENIAC 研制小组专家的青睐，他们在 ENIAC 尚未竣工之前，就着手计划一个结构全新的电子计算机——EDVAC 方案。1945 年 6 月底，由冯·诺依曼执笔写出了 EDVAC 计划草案。在这个方案中，诺依曼提出了在计算机中采用二进制算法和设置内存储器的理论，并明确规定了电子计算机必须由运算器、控制器、存储器、输入设备和输出设备等 5 大部分构成的基本结构形式。他认为，计算机采用二进制算法和内存储器后，指令和数据便可以一起存放在存储器中，并可做同样处理，这样，不仅可以使计算机的结构大大简化，而且为实现运算控制自动化和提高运算速度提供了良好的条件。EDVAC 于 1952 年建成，它的运算速度与 ENIAC 相似，而使用的电子管却只有 5900 多个，比 ENIAC 少得多。EDVAC 的诞生，使计算机技术出现了一个新的飞跃。它奠定了现代电子计算机的基本结构，标志着电子计算机时代的真正开始。

冯·诺依曼被人们称为“现代电子计算机之父”。根据冯·诺依曼提出的存储程序和程序控制原理制造的计算机被称为冯·诺依曼结构计算机，现代计算机虽然结构更加复杂，计算能力更加强大，但仍然是基于这一原理设计的，也称为冯·诺依曼机。

1.2.2 计算机的发展与应用

1. 计算机的发展

现代计算机的诞生是 20 世纪人类最伟大的发明创造之一。经历了半个多世纪的发展，计算机已经成为信息处理系统中最重要的一种工具，它承担着信息加工、信息存储、信息传递的任务，在感测、识别、控制和显示等技术方面都起着重要的作用。

- 从 1946 年世界上第一台电子计算机诞生以来，计算机已经走过了半个多世纪的发展历程。在微电子技术的发展和计算机应用需求的强力推动下，计算机的发展速度远远超出了人们的预料。计算机在速度、功能、体积、成本和应用方面都取得了飞跃的进步。

- 在 20 世纪 50 年代至 70 年代，计算机的应用模式主要依赖于大型计算机的“集中计算模式”，80 年代由于个人计算机的广泛使用而演变为“分散计算模式”，90 年代起由于计算机网络的发展，计算机的应用进入了“网络计算模式”。在这种模式下，用户不仅使用自己的计算机进行信息处理，而且还能从网络获取他所需要的硬件、软件和数据资源。

- 从 20 世纪 90 年代开始，计算机在提高性能、降低成本、普及和深化应用等方面快速发展，人们研究开发的计算机系统，主要着眼于计算机的智能化，它以知识处理为核心，可以模拟或部分替代人的智能活动，具有自然的人机通信能力。

根据计算机所使用的电子元器件，一般把电子计算机的发展分成几个时期，也称为几代，分别代表了时间顺序发展过程。表 1-1 所示是第 1~第 4 代计算机主要特点对比。

表 1–1 第 1~4 代计算机的对比

年代 器件	第一代 1946—1957	第二代 1958—1964	第三代 1965—1969	第四代 1970—至今
电子器件	电子管	晶体管	中、小规模集成电路	大规模和超大规模集成电路
主存储器	磁芯、磁鼓	磁芯、磁鼓	磁芯、磁鼓、 半导体存储器	半导体存储器
外部辅助存储器	磁带、磁鼓	磁带、磁鼓	磁带、磁鼓、磁盘	磁带、磁盘、光盘
处理方式	机器语言 汇编语言	监控程序 连续处理作业 高级语言编译	多道程序 实时处理	实时、分时处理 网络操作系统
运算速度	5 千～3 万次/秒	几十万～百万次/秒	百万～几百万次/秒	几百万～千亿次/秒

2．计算机的应用

自第一台电子计算机诞生以来，人们一直在探索计算机的应用模式，尝试着利用计算机去解决各领域中的问题。

归纳起来，计算机的应用主要有以下几方面。

（1）科学计算，也称数值计算，是指用计算机来解决科学研究和工程技术中所提出的复杂的数学问题。

（2）信息处理，也称数据处理或事务处理。人们利用计算机进行信息的收集、存储、加工、分类、检索、传输和发布，最终目的是将信息资源作为管理和决策的依据。办公自动化 OA（Office Automation）就是计算机信息处理的典型应用。目前，计算机在信息处理方面的应用已占所有应用的 80%左右。

（3）自动控制。利用计算机对动态的过程进行控制、指挥和协调。用于自动控制的计算机要求可靠性高、响应及时。计算机先将模拟量如电压、温度、速度、压力等，转换成数字量，然后进行处理，计算机处理后输出的数字量再经过转换，变成模拟量去控制对象。

（4）计算机辅助系统。计算机辅助系统有计算机辅助设计 CAD（Computer Aided Design）、计算机辅助制造 CAM（Computer Aided Manufacturing）、计算机辅助测试 CAT（Computer Aided Test）、计算机集成制造系统 CIMS（Computer Integrated Manufacturing System）和计算机辅助教学 CAI（Computer Aided Instruction）等。

（5）人工智能。人工智能 AI（Artificial Intelligence）又称"智能模拟"，简单地说，就是要使计算机能够模仿人的高级思维活动。人工智能的研究课题是多种多样的，诸如计算机学习、计算机证明、景物分析、模拟人的思维过程、机器人等。

1.2.3 计算机的发展趋势

1．计算机发展的五个方向

（1）巨型化。天文、军事、仿真等领域需要进行大量的计算，要求计算机有更高的运算速度、更大的存储量，这就需要研制功能更强的巨型计算机。

（2）微型化。微型计算机已经广泛应用于仪器、仪表和家用电器中，并大量进入办公室和家庭。但人们需要体积更小、更轻便、易于携带的微型计算机，以便出门在外或在旅途中均可使用。应运而生的便携式微型计算机和掌上微型计算机正在不断涌现，迅速普及。

（3）网络化。将地理位置分散的计算机通过专用的电缆或通信线路互相连接，就组成了计算机网络。网络可以使分散的各种资源得到共享，使计算机的实际效用提高很多。计算机联网不再是可有可无的事，而是计算机应用中一个很重要的部分。人们常说的因特网（Internet）就是一个通过通信线路连接、覆盖全球的计算机网络。通过因特网，人们足不出户就可获取大量的信息，与世界各地的亲友快捷通信，进行网上贸易等。

（4）智能化。目前的计算机已能够部分地代替人的脑力劳动，因此也常被称为“电脑”。但是人们希望计算机具有更多的类似人的智能，例如：能听懂人类的语言、能识别图形、会自主学习等。

（5）多媒体化。多媒体计算机就是利用计算机技术、通信技术和大众传播技术，来综合处理多种媒体信息的计算机，这些信息包括数字、文本、声音、视频、图形图像等。多媒体技术使多种信息建立了有机的联系，集成为一个系统，并具有交互性。多媒体计算机将真正改善人机界面，使计算机朝着人类接受和处理信息的最自然的方向发展。

2. 未来的新型计算机

许多科学家认为以半导体材料为基础的集成技术日益走向它的物理极限，要解决这个矛盾，必须开发新的材料，采用新的技术。于是，人们努力探索新的计算材料和计算技术，致力于研制新一代的计算机，如生物计算机、光计算机和量子计算机等。

（1）高速电脑

美国最近发明了一种利用空气的绝缘性能来成倍地提高计算机运行速度的新技术。美国纽约斯雷尔保利技术公司的科学家已经生产出一套新型电脑微电路，该电路的芯片或晶体管之间由胶滞包裹的导线连接，这种胶滞体 90%的物质是空气，而空气是不导电的，是一种非常优良的绝缘体。

研究表明，计算机运行速度的快慢与芯片之间信号传输的速度直接相关，然而，目前普遍使用的硅二氧化物在传输信号的过程中会吸收掉一部分信号，从而延长了信息传输的时间。保利技术公司研制的“空气胶滞体”导线几乎不吸收任何信号，因而能够更迅速地传输各种信息。此外，它还可以降低电耗，而且不需要对计算机的芯片进行任何改造，只需换上“空气胶滞体”导线，就可以成倍地提高计算机的运行速度。

不过，这种“空气胶滞体”导线也有不足之处，主要是其散热效果较差，不能及时将计算机中电路产生的热量散发出去。为了解决这个问题，保利技术公司的科研小组研究出电脑芯片冷却技术，它在电脑电路里内置了许多装着液体的微型小管，用来吸收电路散发出的热量。当电路发热时，热量将微型管内的液体汽化，当这些汽化物扩散到管子的另一端之后，又重新凝结，流到管子底部。据悉，美国宇航局（NASA）将对该项技术进行太空失重状态下的实验，如果实验成功，这种新技术将被广泛应用于未来计算机，使计算机的运算速度得以大大提高。

不久前，美国 IBM 公司为美国国家超级计算机应用中心制造了两台 IBM Linux 集群计算机，每秒钟可执行 2 万亿次浮点运算，是迄今为止运算速度最快的 Linux 超级计算机。1997 年 IBM“深蓝”计算机因战胜国际象棋世界冠军卡斯帕罗夫而声名大噪，之后 IBM 性能强大的超级计算机便开始为世人所瞩目，而运算性能更出色的“更深的蓝”和 ASCIWHhite 也相继问世。

（2）生物计算机

生物计算机在 20 世纪 80 年代中期开始研制，其最大的特点是采用了生物芯片，它由生物工程技术产生的蛋白质分子构成。在这种芯片中，信息以波的形式传播，运算速度比当今最新一代计算机快 10 万倍，能量消耗仅相当于普通计算机的十分之一，并且拥有巨大的存储能力。由于蛋白分子能够自我组合，再生新的微型电路，使得生物计算机具有生物体的一些特点，如能发挥生物本身的调节机能自动修复芯片发生的故障，还能模仿人脑的思考机制。

国内首次公之于世的生物计算机被用来模拟电子计算机的逻辑运算，解决虚构的7个城市间的最佳路径问题。不久前，200 多名各国计算机学者齐聚普林斯顿大学，联名呼吁向生物计算机领域进军。

科学家们在生物计算机研究领域已经有了新的进展，预计在不久的将来，就能制造出分子元件，即通过在分子水平上的物理化学作用对信息进行检测、处理、传输和存储。目前，科学家们已经在超微技术领域取得了某些突破，制造出了微型机器人。科学家们的长远目标是让这种微型机器人成为一部微小的生物计算机，它们不仅小巧玲珑，而且可以像微生物那样自我复制和繁殖，可以钻进人体里杀死病毒，修复血管、心脏、肾脏等内部器官的损伤，或者使引起癌变的 DNA 突变发生逆转，从而使人们延年益寿。

（3）光学计算机

所谓光学计算机，就是利用光作为信息的传输媒体。与电子相比，光子具有许多独特的优点：它的速度永远等于光速、具有电子所不具备的频率及偏振特征，从而大大提高了传载信息的能力。此外，光信号传输根本不需要导线，即使在光线交汇时也不会互相干扰、互相影响。一块直径仅2cm 的光棱镜可通过的信息比特率可以超过全世界现在全部电缆总和的300多倍。光学计算机的智能水平也将远远超过电子计算机的智能水平，是人们梦寐以求的理想计算机。

我们将利用光的传播速度比电子速度快的原理制成的这种更加先进的计算机称为光脑。20世纪90年代中期，光脑的研究成果像雨后春笋般地不断涌现，各国科研机构、大学都投入了大量的人力物力从事此项技术的研究，其中最显著的研究成果是由法国、德国、英国、意大利等国 60多名科学家联合研发成功的世界上第一台光脑。该台光脑的运算速度比目前速度最快地超级计算机快1000多倍，并且准确性极高。

此外，光脑的并行处理能力非常强，具有超高速的运算速度，在这方面电脑真是望尘莫及。在工作环境要求方面，超高速的电脑只能在低温条件下工作，而光脑在室温下就能正常工作。另外，光脑的信息存储量大，抗干扰能力非常强，在任何恶劣环境条件下都可以开展工作。光脑还具有与人脑相似的容错性，如果系统中某一元件遭到损坏或运算出现局部错误时，并不影响最终的计算结果。目前光脑的许多关键技术，如光存储技术、光存储器、光电子集成电器（OIC）等都已取得重大突破。

（4）量子计算机

在人类刚进入21世纪之际，量子力学花开二度，科学家们根据量子力学理论，在研制量子计算机的道路上取得了新的突破。美国科学家宣布，他们已经成功地实现了4量子位逻辑门，取得了4个锂离子的量子缠结状态。这一成果意味着量子计算机如同含苞欲放的蓓蕾，必将开出绚丽的花朵。

1.3 微电子技术简介

1.3.1 微电子技术与集成电路

微电子技术是信息技术领域中的关键技术，是实现电子电路和电子系统超小型化及微型化的技术，它以集成电路为核心。现代集成电路使用的半导体材料主要是硅，也可以是砷化镓等。

集成电路根据它所包含的电子元件数目可以分为小规模、中规模、大规模、超大规模和极大规模集成电路。集成度（单个集成电路所含电子元件的数目）小于100的集成电路称为小规模集成电路（SSI），电子元件数在100～3000之间的称中规模集成电路（MSI），3000～100 000之间的称大规模集成电路（LSI），10万～100万之间的称超大规模集成电路（VLSI），超过100万的集成电路称为极大规模集成电路（ULSI）。通常把VLSI和ULSI统称为VLSI。现在PC使用的微处理器、芯片组、图形加速芯片等都是超大规模和极大规模集成电路。

集成电路芯片是微电子技术的结晶，它是计算机和通信设备的硬件核心，是现代信息产业的基础。世界集成电路产业的发展十分迅速，以集成电路为基础的电子信息产品的市场总额超过一万亿美元，成为世界第一大产业。

1.3.2 集成电路的发展趋势

1. 集成电路特点

集成电路的特点是体积小、重量轻、可靠性高。集成电路的工作速度主要取决于组成逻辑门电路的晶体管尺寸。晶体管的尺寸越小，其极限工作频率越高，门电路的开关速度就越快。所以，从集成电路问世以来，人们就一直在缩小门电路面积上下功夫。Intel 公司的创始人之一摩尔（G.E.Moore）1965年在《电子学》杂志上曾发表论文预测，单块集成电路的集成度平均每18～24个月翻一番，这就是有名的Moore定律。

目前我国集成电路的制造已经达到国际先进水平。近10年间，我国集成电路生产线的主流技术已由5英寸、6英寸，0.5μm以上工艺水平提升到8英寸0.18μm～0.25μm、12英寸110nm～90nm～65nm。

2. 集成电路未来发展趋势

从1958年第一颗集成电路发明到现在，集成电路已经走过了50多年的历史，随着电子科技日新月异的发展，各种新技术新应用不断充斥着半导体的发展，现在在一颗集成电路上集成数十亿个晶体管已经不是难事，对于设计师来说，难的是如何让自己的集成电路差异化，给集成电路的生产带来更多的利益。这里，归纳了三种集成电路设计差异化的趋势。

（1）芯片模块化

随着工艺技术的发展，集成电路的尺寸越来越小，有些厂商选择用模块化来实现差异化，例如村田，把自己优势的MLCC技术与无线技术结合，推出了体积超小的蓝牙wifi模块，这些模块被苹果手机采用。

芯片模块化的另一个例子是电源模块，Vicor公司的电源模块就是利用其旗下Picor公司的电源管理集成电路提升了电源模块的竞争优势。

（2）高集成

由于集成电路封装的变化要远远慢于集成电路技术的发展，所以，随着工艺技术的发展，很多厂商选择用高集成来实现差异化，这方面领军的企业有 TI、高通、博通、MTK 等，要实现高集成，关键条件是公司必须有大量的IP储备，并有成熟的经验积累，这样，通过高集成让自己的产品在尺寸、功耗以及成本上处于领先地位，然后通过封装形成差异化。例如，TI推出的五合一的 WiLink 8.0产品系列，用45nm单芯片解决方案集成了五种不同的无线电，把Wi-Fi、GNSS、NFC、蓝牙（Bluetooth）以及FM收发集成在一颗芯片上。与传统多芯片产品相比，五合一 WiLink 8.0芯片可将成本降60%，尺寸缩小45%，功耗降低30%。

（3）“软件差异化”的同质化

目前电子业界对软件差异化价值的追捧有点倾斜过度了，造成了“软件差异化”的同质化。软件工程师对 UI 的重新设计、通过软件去实现大量功能等，这一方面增大了工作量，另一方面也给主控硬件造成负担。用定制芯片把一些需要的关键IP放入到单芯片中，这样，既实现了软件差异化设计，又能平衡软硬件的功能。

例如 LSI 的 Axxia 通信处理器，就可以实现非常自由的定制。LSI 利用虚拟管道技术，可以在芯片中任意增加系统厂商需要的功能以及接口，实现了极大的灵活性和差异化。

1.3.3　集成电路的应用

IC 卡是“集成电路卡”的简称，它把集成电路芯片密封在塑料卡基片内部，使其成为能存储、处理和传递数据的载体。与磁卡相比，它不受磁场影响，能可靠地存储数据。

IC 卡按卡中所镶嵌的集成电路芯片可分为两大类：①存储器卡，这种卡存储容量在几 KB 到几十 KB，安全性不高，使用方便，如水电卡、电话卡、公交卡、医疗卡等。②CPU 卡，也叫智能卡，卡上集成了中央处理器（CPU）、程序存储器和数据存储器，还配有操作系统，这种卡处理能力强，保密性好，常用于作为证件和信用卡使用的重要场合。手机中使用的 SIM 卡就是一种 CPU 卡，它不但可以存储用户身份信息，还可以将电话号码、短消息等存储在卡上。

IC 卡按使用方式可分为以下两种。

（1）接触式 IC 卡，如电话 IC 卡，其表面有一个方型镀金接口，共有 8 个或 6 个镀金触点。使用时必须将 IC 卡插入读卡机卡口内，通过金属触点传输数据。这种 IC 卡多用于存储信息量大，读写操作比较复杂的场合。接触式 IC 卡易磨损、怕油污、寿命不长。

（2）非接触式 IC 卡，又叫射频卡，感应卡，它采用电磁感应方式无线传输数据，解决了无电源和免接触这一难题，操作方便、快捷。这种 IC 卡记录的信息简单，读写数据不多，常用于身份验证等场合。采用全密封胶固化，防水、防污，使用寿命长。我国第 2 代居民身份证就是一种非接触式的 IC 卡，二代身份证内部嵌入了一枚指甲盖大小的非接触式集成电路芯片，可实现“电子防伪”和“数字管理”两大功能。

1.4　计算机应用技术

1.4.1　人工智能

人工智能（Artificial Intelligence），英文缩写为 AI。它是研究、开发用于模拟、延伸和扩展人的智能的理论、方法、技术及应用系统的一门新的技术科学，是计算机科学的一个分支，是计算机科学技术的前沿科技领域。

人工智能是一门关于知识的科学，它主要研究知识的获取、表示和运用。“人工智能”这一术语是在 1956 年由美国的 Mccarthy 和 Minsky 等人提出的。当年他们在美国的 Dartmoth 举行了第一次智能模拟学术讨论会，在会上首次使用了这一术语，这标志着人工智能作为一门学科的诞生。Mccarthy 和 Minsky 也一起被称为“人工智能之父”。

AI 这个英文单词提出以后，经过一些科学家的努力，使人工智能得到了发展。但人工智能的进展并不像我们期待的那样迅速，因为人工智能的基本理论还不完整。我们还不能从本质上解释我们的大脑为什么能够思考，这种思考来自于什么，这种思考为什么得以产生等一系列问题。但经过这几十年的发展，人工智能正在以它巨大的力量影响着人们的生活，人工智能的应用也在不少领域得到了发展。人工智能的研究领域有机器人、语言识别、图像识别、自然语言处理、问题求解、逻辑推理、自动程序设计、人工神经网络、智能控制、智能检索、符号计算、专家系统、机器翻译等方面。

1.4.2 云计算与海量存储

云计算的思想可以追溯到20世纪60年代，John McCarthy曾经提到"计算迟早有一天会变成一种公用基础设施"。1983年，太阳电脑（Sun Microsystems）提出"The Network is the computer"。2006年Google首次提出"云计算"的概念，随后亚马逊、微软、惠普、雅虎、英特尔、IBM等公司都宣布了自己的"云计划"，云安全、云存储、内部云、外部云、公共云、私有云……云计算逐渐成为产业界和学术界的研究热点。

1. 云计算概述

云计算（cloud computing）是一种基于互联网的计算方式，它利用高速互联网的传输能力，将数据的处理过程从个人计算机或服务器移到互联网上的服务器集群中。这些服务器由一个大型的数据处理中心管理，数据中心按客户的需要分配计算资源，达到与超级计算机同样的效果。通过这种方式，共享的软硬件资源和信息可以按需提供给计算机和其他设备。整个运行方式很像电网。云计算是继20世纪80年代大型计算机到客户端-服务器的大转变之后的又一种巨变。

"云"其实是网络、互联网的一种比喻说法。因为过去在图中往往用"云"来表示电信网，所以后来也用"云"来表示互联网和底层基础设施的抽象。典型的云计算提供商往往提供通用的网络业务应用，可以通过浏览器等软件或者其他Web服务来访问，而软件和数据都存储在服务器上。

2. 云计算平台介绍

云计算技术范围很广，目前各大IT企业提供的云计算服务主要是根据自身的特点和优势实现的。下面以Google、IBM、Amazon为例说明。

（1）Google的云计算平台

Google的硬件条件优势，大型的数据中心、搜索引擎的支柱应用，促使Google云计算迅速发展。Google的云计算主要由MapReduce、Google文件系统（GFS）、BigTable组成。它们是Google内部云计算基础平台的3个主要部分。Google还构建其他云计算组件，包括一个领域描述语言以及分布式锁服务机制等。Sawzall是一种建立在MapReduce基础上的领域语言，专门用于大规模的信息处理。Chubby是一个高可用、分布式数据锁服务，当有机器失效时，Chubby使用Paxos算法来保证备份。

（2）IBM"蓝云"计算平台

"蓝云"解决方案是由IBM云计算中心开发的企业级云计算解决方案。该解决方案可以对企业现有的基础架构进行整合，通过虚拟化技术和自动化技术，构建企业自己拥有的云计算中心，实现企业硬件资源和软件资源的统一管理、统一分配、统一部署、统一监控和统一备份，打破应用对资源的独占，从而帮助企业实现云计算理念。IBM的"蓝云"计算平台是一套软、硬件平台，将Internet上使用的技术扩展到企业平台上，使得数据中心使用类似于互联网的计算环境。"蓝云"大量使用了IBM先进的大规模计算技术，结合了IBM自身的软、硬件系统以及服务技术，支持开放标准与开放源代码软件。"蓝云"基于IBM Almaden研究中心的云基础架构，采用了Xen和PowerVM虚拟化软件，Linux操作系统映像以及Hadoop软件（Google File System以及MapReduce的开源实现）。IBM已经正式推出了基于x86芯片服务器系统的"蓝云"产品。

（3）Amazon的弹性计算云

Amazon是互联网上最大的在线零售商，为了应付交易高峰，不得不购买了大量的服务器。而在大多数时间，大部分服务器闲置，造成了很大的浪费，为了合理利用空闲服务器，Amazon建立了自己的云计算平台弹性计算云EC2（elastic compute cloud），并且是第一家将基础设施作为服务出售的公司。Amazon将自己的弹性计算云建立在公司内部的大规模集群计算的平台上，而用户可以通过弹性计算云的网络界面去操作在云计算平台上运行的各个实例（instance）。用户使用实例的付费方式由用户的使用状况决定，即用户只需为自己所使用的计算平台实例付费，运行结束后计费也随之结束。这里所说的实例即是由用户控制的完整的虚拟机运行实例。通过这种方式，用户不必自己去建立云计算平台，节省了设备与维护费用。

3. 海量存储

云计算是目前最大的技术趋势，也是以互联网为基础的新一代技术的总称。除了基础设施层面的新型硬件与数据中心、分布式计算、海量数据存储与处理等技术之外，还包括人与人之间更多的交流方式（社会化网络），终端设备的多样化（移动），无所不在的数据采集方式（物联网），和新一代自然用户界面、用户体验。其中，海量数据存储与处理将发挥核心作用。

海量数据作为一个专有名词成为热点，主要应归功于近几年来互联网、云计算、移动和物联网的迅猛发展。无所不在的移动设备、RFID、无线传感器每分每秒都在产生数据，数以亿计用户的互联网服务时时刻刻在产生巨量的交互，要处理的数据量实在是太大、增长太快了，据 IDC（Internet Data Center）2006 年估计全世界的数据量已超过 0.18ZB（1ZB=2^{70}B），而今年这个数字已经提升了一个数量级，达到 1.8ZB，差不多平均全世界每个人一块 100 多 GB 的硬盘的数据拥有量。这种增长还在加速，预计 2015 年将达到近 8ZB。面对如此庞大的数据量，各个大型企业特别是以数据搜集为主的公司的数据量就可想而知了：“百度，数百个 PB（1PB=2^{50}B）；Yahoo!，100PB”。为了满足业务需求和减缓竞争压力，对数据处理的实时性、有效性又提出了更高的要求，传统的常规的技术手段根本无法应对当前的形式。

在这种情况下，技术人员纷纷研发和采用了一批新的技术，主要包括分布式缓存、基于 MPP 的分布式数据库、分布式文件系统、各种 NoSQL 分布式存储方案等。

1.4.3 物联网

物联网（The Internet of things）就是物物相连的互联网，是新一代信息技术的重要组成部分，它有两层意思：

（1）物联网的核心和基础仍然是互联网，是在互联网基础上延伸和扩展的网络；

（2）其用户端延伸和扩展到了任何物品与物品之间，进行信息交换和通信。

因此，物联网的定义是通过射频识别（RFID）、红外感应器、全球定位系统、激光扫描器等信息传感设备，按约定的协议，把任何物品与互联网相连接，进行信息交换和通信，以实现对物品的智能化识别、定位、跟踪、监控和管理的一种网络。

目前，物联网产业还处于成长阶段，发展之路任重而道远。我国无锡、青岛、上海、杭州等城市相继出台了物联网发展规划。据不完全统计，目前全国已有 28 个省区市将物联网作为战略性新兴产业发展重点之一，各个省市都在抢先发展物联网产业，试图占据物联网战略高地。

1.4.4 Wi-Fi 和 3G

1. Wi-Fi

Wi-Fi 是一种可以将个人电脑、手持设备（如 PDA、手机）等终端以无线方式互相连接的技术。Wi-Fi 是一个无线网路通信技术的品牌，由 Wi-Fi 联盟（Wi-Fi Alliance）所持有。目的是改善基于 IEEE 802.11 标准的无线网路产品之间的互通性。

Wi-Fi 联盟成立于 1999 年，当时的名称叫作 Wireless Ethernet Compatibility Alliance（WECA）。在 2002 年 10 月，正式改名为 Wi-Fi Alliance。

通俗地说，Wi-Fi 就是一种无线联网的技术，以前通过网线连接电脑，而现在则是通过无线电波来联网；常见的就是一个无线路由器，那么在这个无线路由器的电波覆盖的有效范围都可以采用 Wi-Fi 连接方式进行联网，如果无线路由器连接了一条 ADSL 线路或者别的上网线路，则又被称为“热点”。

现在市面上常见的无线路由器多为 54MB 速度，再上一个等级就是 108MB 的速度，当然这个速度并不是我们访问互联网的速度，访问互联网的速度主要是取决于 Wi-Fi 热点的互联网线路。

Wi-Fi 实质就是一种无线局域网，“Wireless Fidelity”基于 IEEE 802.11b 标准的无线局域网，就是我们通常所说的无线上网（Wi-Fi）。

2．3G

3G 是英文 3rd Generation 的缩写，中文意思是第三代移动通信技术。

相对第一代模拟制式手机（1G）和第二代 GSM、TDMA 等数字手机（2G），第三代移动通信系统的主要特征是可提供丰富多彩的移动多媒体业务，它能够在全球范围内更好地实现无缝漫游，并处理图像、音乐、视频流等多种媒体形式，提供包括网页浏览、电话会议、电子商务等多种信息服务，其传输速率在高速移动环境中支持 144kbit/s，在步行慢速移动环境中支持 384kbit/s，在静止状态下支持 2Mbit/s。

国际电信联盟（ITU）目前一共确定了全球四大 3G 标准，它们分别是 WCDMA、CDMA2000 和 TD-SCDMA 和 WiMAX。

Wi-Fi 和 3G 技术的区别就是 3G 在高速移动时传输质量较好，但静态的时候用 Wi-Fi 上网足够了。

思考题

1．计算机的发展经历了哪几个阶段，各阶段的主要特征是什么？

2．什么是信息技术？

3．简要叙述当代计算机的主要应用。

4．简述集成电路的发展趋势及其应用。

5．简单介绍计算机的发展趋势。

6．什么是云计算？什么是海量存储？

7．WLAN 和 Wi-Fi 的区别是什么？

8．我国 4G 技术的发展现状是什么？

第2章 计算机系统

一个完整的计算机系统，无论是大型机、小型机还是微型机，都是由硬件系统和软件系统两部分组成的。硬件是软件运行的基础，软件是硬件功能的扩充和完善，两者相互依存，不可分离。硬件技术的发展会对软件提出新的要求，促进软件的发展；反之，软件的发展也会对硬件提出新的要求。

2.1 计算机硬件组成及计算机分类

2.1.1 计算机的硬件组成

计算机硬件系统是计算机中各种物理设备的总称，例如计算机的处理器芯片、存储器芯片主板、各类扩充板卡、机箱、显示器、键盘鼠标、硬盘、打印机等，它们都是计算机的硬件。

从逻辑上来讲，计算机硬件主要包括中央处理器、内存储器、外存储器、输入设备和输出设备等，它们通过总线互相连接。图 2-1 是计算机硬件逻辑组成的示意图。CPU、内存储器、总线等构成了计算机的“主机”，输入/输出设备和外存储器等通常称为计算机的“外围设备”，简称“外设”。

1. 中央处理器（CPU）

负责对输入信息进行各种处理的部件称为“处理器”。现在处理器所有的部件都集成在一块几平方厘米的半导体芯片上，所以也称为“微处理器”。一台计算机中往往有多个处理器，其中承担系统软件和应用软件运行任务的处理器称为“中央处理器”，它是任何一台计算机不可缺少的核心组成部件。

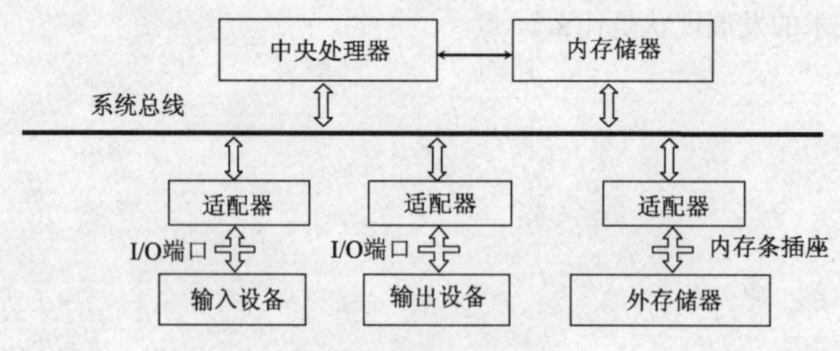

图 2-1 计算机硬件的逻辑组成

2. 内存储器和外存储器

存储器是计算机记忆或暂存数据的部件。计算机中的全部信息，包括原始的输入数据，经过初步加工的中间数据以及最后处理完成的有用信息都存放在存储器中。而且，指挥计算机运行的各种程序，即规定对输入数据如何进行加工处理的一系列指令也都存放在存储器中。存储器分为内存储器（简称内存或主存）和外存储器（简称外存或辅存）两种。

内存储器和外存储器相比，具有如下的特点：

- 内存储器存取速度快、容量相对小，价格相对高；可直接与CPU相连接（CPU可直接访问）；具有易失性特点，用于临时存放CPU正在运行的程序、正被处理的数据以及产生的结果数据；存储介质是半导体芯片。
- 外存储器存取速度慢、容量相对大，价格相对低；不直接与CPU相连接（CPU不能直接访问，其中存储的程序及相关的数据必须先送入内存，才能被CPU使用）；具有非易失性的特点，用于长期存放各类信息；存储介质是磁盘、光盘、磁带等。

3．输入设备

负责将信息送入计算机内部的设备称为"输入设备"。

输入设备按照输入信息的类型可划分为：

- 数字和文字输入设备（键盘、写字板等）。
- 位置和命令输入设备（鼠标器、触摸屏等）。
- 图形输入设备（扫描仪，数码相机等）。
- 声音输入设备（话筒，MIDI演奏器等）。
- 视频输入设备（摄像机）。
- 温度、压力输入设备（温度、压力传感器）。

4．输出设备

负责将信息送出到计算机外部的设备称为"输出设备"。显示器、打印机和绘图仪等是输出文字和图形的设备，音箱是输出语音和音乐的设备。

5．总线

总线（bus）是将计算机各个部件联系起来的一组公共信号线。采用总线结构的形式，具有系统结构简单、系统扩展及更新容易、可靠性高等优点，但由于必须在部件之间分时传送数据，因而降低了系统的工作速度。

计算机的系统结构中，连接各个部件之间的总线称为系统总线。系统总线根据传送信号类型可以分为数据总线、地址总线和控制总线3种。

（1）数据总线

数据总线用于传送数据信息。它既可以把CPU的数据传送到存储器或I/O接口等其他部件，也可以将其他部件的数据传送到CPU。

数据总线的位数是计算机的一个重要的指标，通常与微处理器的字长一致。例如Intel 8086微处理器字长为16位，其数据总线宽度也是16位。

（2）地址总线

地址总线是专门用来传送地址的，与数据总线传输数据方式不同，地址总线传输的地址只能从CPU传向外部存储器或I/O端口。

地址总线的位数决定了CPU可直接寻址的内存空间大小，比如地址总线为16位，则可最大寻址空间为2^{16}=64KB，20位的地址总线，其可寻址空间为2^{20}=1MB。一般来说，若地址总线为n位，则可寻址空间为2^n字节。

（3）控制总线

控制总线用来传送控制信号和时序信号。控制信号中，有的是计算机送往存储器和I/O接口电路的，如读/写信号、片选信号、中断响应信号等；也有的是其他部件反馈给CPU的，如中断申请信号、复位信号、总线请求信号、准备就绪信号等。因此，控制总线的传送方向由具体控制信号而定，一般是双向的，控制总线的位数要根据系统的实际控制需要而定。实际上控制总线的具体情况主要取决于 CPU。

总线上的信号必须与连接到总线上的各个部件所产生的信号协调。用于在总线与某个部件或设备之间建立连接的局部电路称为接口，例如用于实现存储器与总线连接的电路称为存储器接口，而用于实现外围设备与总线连接的电路称为输入/输出接口。

2.1.2 计算机的分类

根据计算机用途的不同，可以将计算机分为通用计算机和专用计算机。通用计算机能解决多种类型的问题，应用领域广泛；专用计算机用于解决某个特定方面的问题，如在火箭上使用的计算机就是专用计算机。

根据计算机处理对象的不同，可以将计算机分为数字计算机、模拟计算机和数字模拟混合计算机。

- 数字计算机输入输出的都是离散的数字量。
- 模拟计算机直接处理连续的模拟量，如电压、温度、速度等。
- 数字模拟混合计算机输入输出既可以是数字量也可以是模拟量。

按其内部逻辑结构进行分类，如单处理机与多处理机（并行机），16 位机、32 位机或 64 位机等。

按其综合性能可以分为巨型计算机、大/中型计算机、小型计算机、微型计算机和嵌入式计算机。

1．巨型计算机

巨型计算机也称超级计算机（如图 2-2 所示），是计算机中功能最强、运算速度最快、存储容量最大的一类计算机，它采用大规模并行处理的体系结构，由数以千计、万计甚至十万计的 CPU 组成。它有极强的运算处理能力，速度达到每秒数千万亿次以上。超级计算机多用于国家高科技领域和尖端技术研究，是国家科技发展水平和综合国力的重要标志。

2．大/中型计算机

大型计算机（如图 2-3 所示）指运算速度快、存储容量大、通信联网功能完善、可靠性高、安全性好、有丰富的系统软件和应用软件的计算机。一般用于企业或政府数据的集中存储、管理和处理，承担主服务器的功能，在信息系统中起核心作用。

图 2-2 天河一号巨型计算机

图 2-3 IBM zSeries 990 大型计算机

3．小型计算机

小型机是一种供部门使用的计算机。近年来，小型机已逐步被高性能的服务器（部门级服务器）所取代。小型机的典型应用是帮助中小企业完成信息处理任务，如库存管理、销售管理、文档管理等。

4．微型计算机

微型机也称个人计算机（PC），它们是在 20 世纪 80 年代初由于单片微处理器的出现而开发成功的。微型机的特点是价格便宜、使用方便、软件丰富、性能不断提高，适合办公或家庭使用，如图 2-4 所示。

图 2-4 掌上电脑、笔记本、台式机

微型机分成台式机和便携式两大类，前者在办公或家庭使用，后者体积小、重量轻，便于外出携带，性能与台式机相当，但价格高出许多。还有一种体积更小的手持式计算机，如商务通、快译通之类的产品，它们与 PC 不一定兼容，有些只有一些专用功能，缺乏通用性。

5. 嵌入式计算机

20 世纪 70~80 年代计算机发展史上最重大的事件之一，是出现了微处理器和个人计算机。微处理器通常指使用单片大规模集成电路制成的、具有运算和控制功能的部件。微处理器是各类计算机的核心组成部分。

嵌入式计算机（也称单片计算机）是把运算器和控制器集成在一起，并且把存储器、输入/输出控制接口电路等也集成在同一块芯片上的超大规模集成电路，主要应用于家用电器等方面。

2.2 CPU 的结构与原理

2.2.1 CPU 的作用和结构

现在使用的计算机都是按照匈牙利数学家冯·诺依曼提出的“存储程序控制”的原理进行工作的，即一个问题的解决步骤（程序）连同它所处理的数据都使用二进制表示并预先存放在存储器中。程序运行时，CPU 从内存中一条一条地取出指令和相应的数据，按指令操作码的规定，对数据进行运算处理，直到程序执行完毕为止。

CPU 的具体任务是执行指令，它按照指令的要求完成对数据的运算和处理。它主要由 3 个部分组成。

1. 控制器

控制器是整个计算机的神经中枢，用来协调和指挥整个计算机系统的操作，本身不具有运算功能。它主要由指令寄存器、译码器、程序计数器和操作控制器等组成。它的基本功能就是从内存中取指令和执行指令，即控制器按程序计数器指出的指令地址从内存中取出该指令进行译码，然后根据该指令功能向有关部件发出控制指令，执行该指令。另外，控制器在工作过程中，还要接收各部件反馈回来的信息。

2. 运算器

运算器又称算术逻辑单元 ALU（Arithmetic Logic Unit），是计算机对数据进行加工处理的部件，它的主要功能是对二进制数码进行加、减、乘、除等算术运算和或、与、非等基本逻辑运算以及各种移位操作。运算器在控制器的控制下实现其功能，运算结果由控制器指挥送到内存储器中。

3. 寄存器组

它由十几个甚至几十个寄存器组成。寄存器的速度很快，它们用来临时存放参加运算的数据和运算得到的中间（或最后）结果。需要运算处理的数据总是预先从内存传送到寄存器，运算结果不再需要继续参加运算时就从寄存器保存到内存。

2.2.2 指令与指令系统

指令是能被计算机识别并执行的二进制代码，它规定了计算机能完成的某一种操作。例如加、减、乘、除、取数、存数等都是一个基本操作，分别用一条指令来完成。每一种 CPU 都有自己独特的一组指令。一台计算机能执行的全部指令的集合称为计算机的指令系统。

计算机要想完成某个任务或执行某个操作必须执行相应的程序。程序在计算机的内部是用二进制的形式表示并由一连串的指令构成的，指令是构成程序的基本单位。

计算机指令系统中的指令都有规定的编码格式。一般一条指令可分为操作码和地址码两部分，其中操作码规定了计算机应执行的操作种类，每一种操作都有各自的代码；地址码给出了操作数地址、结果存放地址以及下一条指令的地址。指令的一般格式如图 2-5 所示。

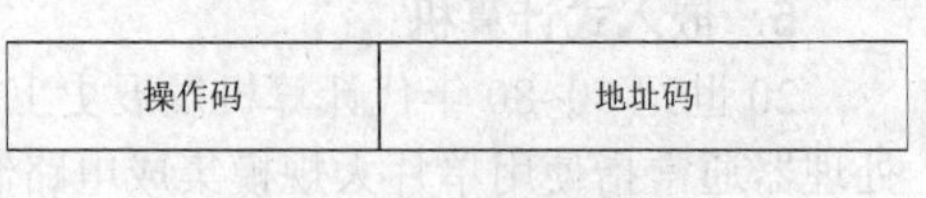

图 2-5 指令的一般格式

通常，指令系统中有数以百计的不同的指令，它们分成许多类，每一类指令又按操作数的性质（如整数还是实数）、长度（16 位、32 位、64 位、128 位等）等区分为不同的指令。尽管计算机可以执行非常复杂的程序，完成各种各样的操作，但是不管程序如何复杂，它总是由 CPU 执行一条条指令来完成的。每一条指令执行时，又可以分成若干步，每一步仅仅完成一个或几个非常简单的操作。

随着新型号微处理器的不断推出，它们的指令系统也在发生变化。但并不意味着新的处理器会舍弃老处理器的所有指令系统，再重新开始一套新的指令系统，这样做是不科学的。采取的方法是“向下兼容方式”，即在新处理器中保留老处理器的所有指令，同时扩充功能更强的新指令。

2.2.3 CPU 的性能指标

CPU 性能的高低直接决定了一台计算机系统的档次，而 CPU 的主要技术指标可以反映出 CPU 的基本性能。

1．字长

字长是指 CPU 内部运算单元一次处理的二进制数据的位数，字长主要影响计算机的精度和速度。字长有 8 位、16 位、32 位和 64 位等。目前个人计算机使用的 CPU 都是 32 位或 64 位的处理器。

2．主频

主频也就是 CPU 时钟频率，表示在 CPU 内数字脉冲信号振荡的速度。一般来说，一个时钟周期完成的指令数是固定的，所以主频越高，CPU 的速度也就越快。因此人们常用频率数来标识 CPU 的速度。主频的计算公式是：

主频=外频×倍频

其中，倍频是 CPU 的主频与外频的比值，外频是系统总线的工作频率，CPU 与外围设备传输数据的频率，具体是指 CPU 到芯片组之间的总线速度。

3．高速缓冲存储器

高速缓冲存储器简称缓存，是位于 CPU 与主存间的一种容量较小但速度很快的存储器。缓存主要是解决 CPU 运算速度与内存读写速度不匹配的矛盾，因为 CPU 运算速度要比内存读写速度快得多，这样会使 CPU 花费很长的时间等待读取数据或者回写数据。为了减少这种情况的发生，采用一种读写速度比系统内存快得多的特殊静态内存（即 Cache）。系统工作时，会将经常运行的一些数据从系统内存读取到 Cache 中，CPU 会首先到 Cache 中读取或写入数据，如果 Cache 中没有所需数据（或 Cache 已满，无法再写入），则再对系统内存进行读写操作，另外 Cache 在空闲时也会与内存交换数据。其实质就是在慢速 DRAM 和快速 CPU 之间插入一个速度较快、容量较小的 SRAM，起到缓冲的作用，使 CPU 既可以以较快速度存取 SRAM 中的数据，又能提高系统的整体性能。在 CPU 中加入缓存是一种高效的解决方案，这样整个内存储器（缓存+内存）就变成了既有缓存的高速度，又有内存的大容量的存储系统了。

4．流水线技术

流水线技术是 Intel 公司首次在 486 芯片中开始使用的一种技术。在 CPU 中由 5~6 个不同功能的电路单元组成一条指令处理流水线，然后将一条 X86 指令分成 5~6 步后，再由这些电路单元分别执行，这样就能实现在一个 CPU 时钟周期内完成一条指令，因此提高了 CPU 的运算速度。

超流水线是指 CPU 内部的流水线超过通常的 5~6 步以上。将流水线设计的步（级）数越多，其完成一个指令的速度就越快，因此才能适应工作主频更高的 CPU。

5．制造工艺

制造工艺师是衡量 CPU 加工精度的一项标准，其单位是微米（μm）。制造工艺的提高，意味着单位面积上可以容纳更多的晶体管，CPU 的体积将更小，集成度将更高，性能会更加强大，功耗也会降低。

制造工艺在 1995 年以后，从 0.5μm、0.35μm、0.25μm、0.18μm、0.15μm、0.13μm、0.11μm、0.09μm 一直发展到当前的 0.065μm。

除此之外，CPU 的核心数量也开始作为 CPU 的性能指标用来衡量 CPU 级别和档次。目前主流的有双核、3 核及 4 核 CPU。

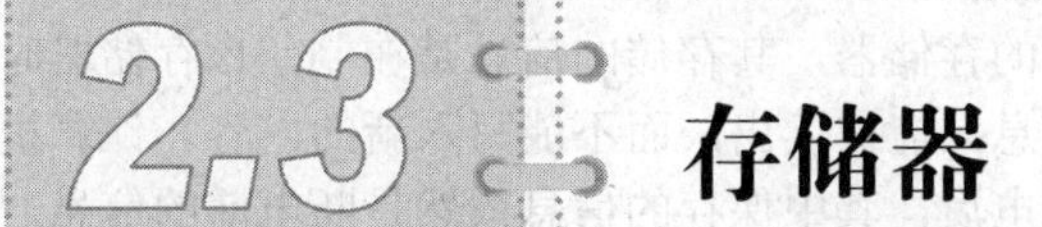

2.3 存储器

2.3.1 内存储器

1．概述

计算机中的存储器分为内存和外存两大类。通常，存取速度较快的存储器成本较高，速度较慢的存储器成本较低。为了使存储器的性价比得到优化，计算机中的存储器往往组成一个塔状结构（如图 2-6 所示），它们相互取长补短。

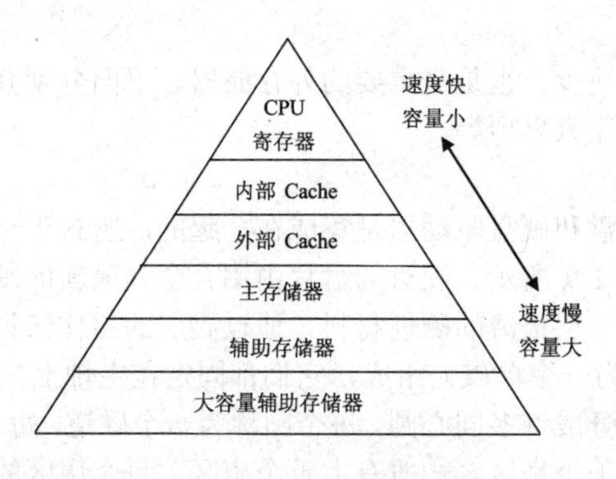

图 2-6 存储器的层次结构

2. 内存储器的类别

内存储器由半导体集成电路组成。按其工作方式的不同，可以分为随机存取存储器 RAM 和只读存储器 ROM 两大类。

RAM 是一种读写存储器，其内容可以随时根据需要读出，也可以随时重新写入新的信息。RAM 又可以分为 DRAM（动态随机存取存储器）和 SRAM（静态随机存取存储器）两种。

（1）DRAM。DRAM 中存储的信息以电荷形式保存在集成电路的小电容中，由于电容的漏电，数据容易丢失。为了保证数据不丢失，必须对 DRAM 进行定时刷新。现在计算机内存条均将 DRAM 芯片安装在专用电路板上，称为内存条，如图 2-7、图 2-8 所示。目前内存条类型有 DDR SDRAM（就是通常所说的 DDR）、DDR2 SDRAM、DDR3 SDRAM 等，内存条容量可达到 4GB。

图 2-7 DDR 内存

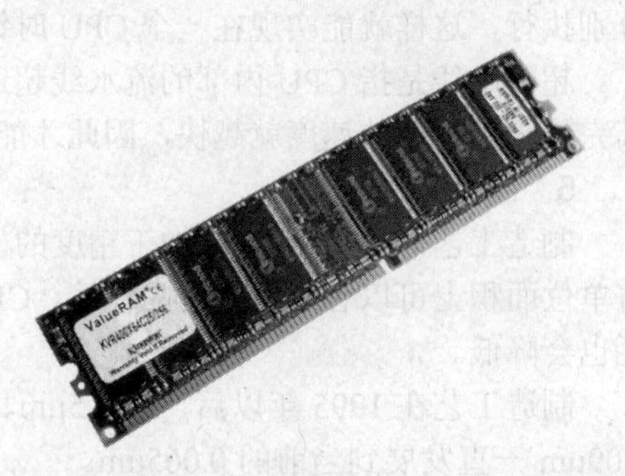

图 2-8 DDR2 内存条

（2）SRAM。SRAM 存储单元电路工作状态稳定，速度快，不需要刷新，只要不断电，数据不会丢失。SRAM 一般只应用在 CPU 内部作为高速缓存（Cache）。

ROM 是一种内容只能读出而不能写入和修改的存储器，其存储的信息是在制作该存储器时就被写入的。在计算机运行过程中，ROM 中的信息只能被读出，而不能写入新的内容。计算机断电后，ROM 中的信息不会丢失，计算机重新加电后，其中保存的信息依然是断电前的信息，仍可被读出。ROM 常用来存放一些固定的程序、数据和系统软件等，如检测程序、BIOS 等。

按照 ROM 的内容是否能在线改写，可分为以下两种：

- 不可在线改写内容的 ROM，如掩膜 ROM、PROM 和 EPROM；
- Flash ROM（快擦除 ROM，或闪烁存储器，简称闪存），这是一种新型的非易失性存储器，但又像 RAM 一样能方便地写入信息。Flash ROM 在 PC 中主要用于存储 BIOS 程序。

2.3.2 外存储器

1. 硬盘存储器

硬盘一直是计算机不可缺少、也是最重要的外存储器。下面分别介绍硬盘的组成、与主机的接口、主要性能指标、使用注意事项等。

（1）组成

与软盘存储器不同，硬盘和硬盘驱动器是集成在一起的，密封于一个盒状装置内部，习惯上把两者一起称为硬盘，如图 2-9 所示。硬盘的盘片由铝合金（最新的硬盘盘片采用玻璃材料）制成，盘片的上下两面都涂有一层很薄的磁性材料，通过磁层的磁化来记录数据。一般一块硬盘由 1~5 张盘片（一张盘片也称为一个单碟）组成，它们都固定在主轴上。

硬盘盘片表面由外向里分成许多同心圆，每个圆称为一个磁道，每个单碟一般有 1000 个以上的磁道。每条磁道又分成若干个扇区，一般有上千个扇区。每个扇区的容量通常为 512 字节，可以由操作系统进行设置。磁道、扇区的分布情况如图 2-10 所示。硬盘上的一块数据要用 3 个参数来定位：柱面号、扇区号和磁头号。

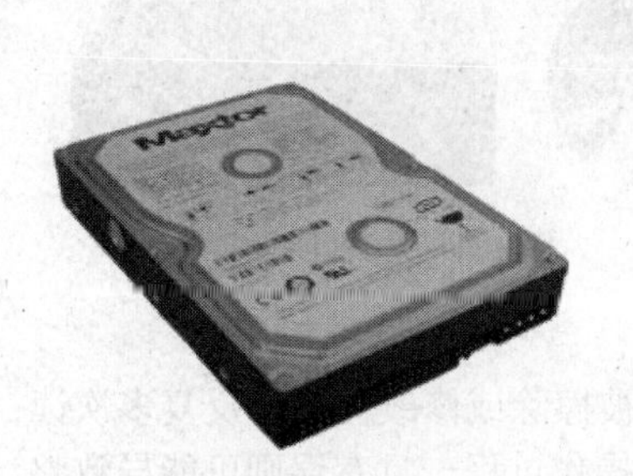

图 2-9 硬盘及其内部结构

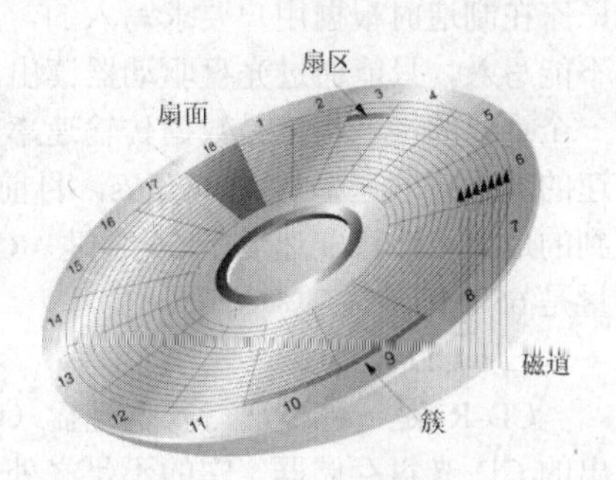

图 2-10 磁道、扇区分布情况

（2）与主机的接口

硬盘与主机的接口用于在主机与硬盘驱动器之间提供一个通道，实现主机与硬盘之间的高速数据传输。PC 使用的接口是 IDE 接口（称谓 ATA 标准）和串行 ATA 硬盘接口（简称 SATA），IDE 接口曾经得到广泛使用，PC 现在使用的是 SATA 接口，它以高速串行的方式传输数据，其数据传输速率高达 150Mbit/s~300Mbit/s，可用来连接大容量高速硬盘。

（3）主要性能指标

① 容量。目前硬盘的存储容量以 GB 为单位，硬盘单碟容量约为 40~100GB，硬盘中的存储碟片一般有 1~4 片，其存储容量为所有单碟容量之和。硬盘容量的计算公式如下：

硬盘容量=柱面数（磁道数）×磁头数（记录面数）×扇区数×512 字节

② 内部数据传输速率。指磁头读出数据，并传输至硬盘缓存芯片的最大数据传输率。目前硬盘一般为 25Mbit/s ~45Mbit/s。

③ 外部数据传输速率。指硬盘接口传输数据的最大速率，目前 IDE 接口硬盘为 133Mbit/s，SATA 接口为 150Mbit/s。

④ 高速缓存容量。硬盘中的 cache 由 DRAM 芯片构成，硬盘通过将数据暂存在一个比其速度快得多的缓冲区来提高与 CPU 交换数据的速度。理论上 cache 越快越好、越大越好。目前硬盘的缓存容量大多已经达到 8MB 以上。

⑤ 电机转速。指硬盘内部电机主轴转动速度，目前硬盘主流转速为 7200r/min。

（4）使用硬盘的注意事项

① 正在对硬盘读写时不能关掉电源。

② 保持使用环境的清洁卫生，注意防尘；控制环境温度，防止高温、潮湿和磁场的影响。

③ 防止硬盘受振动。

④ 及时对硬盘进行整理，包括目录的整理、文件的清理、磁盘碎片整理等。

⑤ 防止计算机病毒对硬盘的破坏，对硬盘定期进行病毒检测。

2．光盘存储器

自 20 世纪 70 年代初期光盘存储技术诞生以来，在很长的时间内，光盘存储器获得迅速发展，并且形成了只读光盘、可记录光盘和可改写光盘等 3 种类型产品。

光盘存储器的成本较低，存储密度高，容量大，还具有很高的可靠性，不容易损坏，在正常情况下是非常耐用的，所以光盘存储器是一种使用范围广又非常重要的存储器。它的缺点是读出数据的速度和数据传输速度比硬盘要慢得多。

（1）CD-ROM 存储器

CD-ROM 由光盘片和光盘驱动器（简称光驱）（如图 2-11 所示）组成。光盘上的内容是生产厂家在制造时根据用户要求写入的，用户不能抹掉，也不能写入，只能通过光盘驱动器读出盘中信息。光驱的一个重要的性能指标是数据传输速率，称为倍速。一倍速的数据传输速率是 150Kbit/s，目前 CD-ROM 所能达到的最大 CD 读取速度是 56 倍速。CD-ROM 的标准容量是 650MB 左右。

图 2-11　光盘和光驱

（2）CD-R

CD-R 是一种一次写入型光盘（CD-R），已写入的信息不能被擦除或修改但允许反复多次读出的 CD 光盘存储器。它的不足之处是写入数据后不允许改写，操作过程一旦有误则可能导致整个盘片报废。

（3）CD-RW

CD-RW 是一种可重复擦写型光盘存储器，这种光盘既可以写入信息，也可以擦除或修改信息。

（4）DVD 光盘存储器

DVD 的英文全名是 Digital Versatile Disk，即数字多用途光盘，是 CD-ROM 的后继产品。DVD 和 CD 同属于光存储器，它们的大小尺寸相同，但它们的结构是完全不同的。DVD 提高了信息储存密度，扩大了存储空间。单面单层的 DVD 盘的存储容量可提高至 4.7GB，是 CD-ROM 的 7 倍，而且 DVD 驱动器具有向下的兼容性，即也可以读取 CD-ROM 的光盘。

还有一种将 CD-ROM 刻录机和 DVD-ROM 组合在一起的一体式光驱（简称 COMBO），速度基本都达到了 52 倍速，在 PC 中已经得到普遍使用。

（5）蓝光光盘

蓝光光盘（Blu-ray Disc，简称 BD）是 DVD 光盘的下一代光盘格式，用以储存高画质的影音以及高容量的资料。Blu-ray 的命名来自其采用的雷射波长 405 纳米（nm），刚好是光谱之中的蓝光，因而得名（DVD 采用 650nm 波长的红光读写器，CD 则是采用 780nm 波长）。

一个单层的蓝光光碟的容量为 25GB 或是 27GB，可存储一部长达 4 小时的高清晰影片。双层可达到 46GB 或 54GB，足够存储一部长达 8 小时的高解析影片。而容量为 100GB 或 200GB 的，分别是 4 层和 8 层。

针对不同客户，蓝光光盘有不同分类。索尼公司开发了两种蓝光碟 XDCAM 和 Prodata，前者主要用于存储广播和电视节目，后者提供商业数据存储方案（例如为服务器数据备份）。

3．移动存储器

目前广泛使用的移动存储器有闪烁存储器和移动硬盘两种。

（1）闪烁存储器。闪烁存储器的历史并不长，从首次问世到现在只有十余年的时间。在这十余年中，发展出了各种各样的闪存，有计算机上常用的优盘，有数码相机、MP3 上用的 CF（Compact Flash）卡、SM（Smart Media）卡、SD（Secure Digital Memory）卡、MMC（Multimedia Card）卡等。

常见的闪存是优盘（如图 2-12 左图所示），它可像在软硬盘上一样读写，其优势有：无需驱动器和额外电源，只需从其采用的标准 USB 接口总线获取+5V 电压，可热拔插，真正即插即用；通用性高，容量大（几 GB 到几百 GB），读写速度快；抗震防潮、耐高低温，部分产品带写保护开关或防病毒、安全可靠；体积小、轻巧精致、美观时尚、便于携带。有些产品还可以模拟软驱和硬盘启动操作系统，当操作系统受到病毒感染时，优盘可以同软盘一样起着引导操作系统的作用。优盘使用 USB 接口与主机连接。

（2）移动硬盘。顾名思义，移动硬盘是以硬盘为存储介质，强调便携式的存储产品，大都采用 USB 或 IEEE-1394 接口与主机连接，如图 2-12 右图所示。

与优盘相比，移动硬盘的容量较大，目前主流移动硬盘的容量已经达到了几百 GB。由于计算机可以通过 USB 接口向 USB 设备供电，因此大多数移动硬盘在使用时与优盘并没有太大的不同，但也有部分移动硬盘必须配备额外的供电设备才能正常使用。

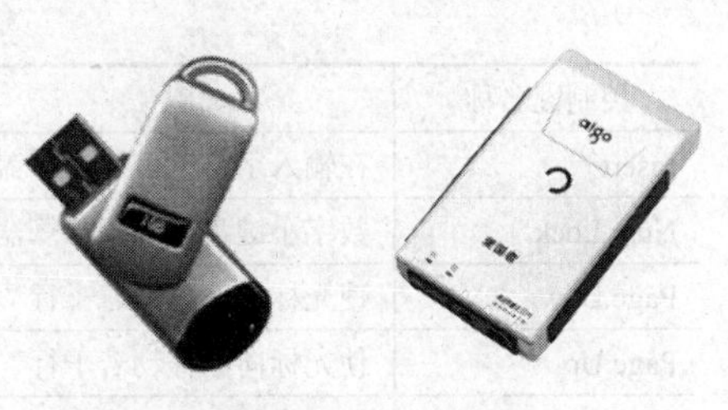

图 2-12 优盘和移动硬盘

2.4 常用输入/输出设备

计算机处理的用户信息通常是以数字、文字、符号、图形、图像、声音乃至表示各种物理、化学现象的信息等各种各样的形式表示出来的，可是计算机所能存储加工的是以二进制代码表示的信息，因此要处理这些外部信息就必须把它们转换成二进制代码的表示形式。如果这些转换工作由人工去完成，计算机的应用就会受到极大的限制，而且有些转换工作人工也很难完成。计算机的输入设备和输出设备（简称为 I/O 设备），就是完成这种转换的工具。

输入设备将要加工处理的外部信息转换成计算机能够识别和处理的内部表示形式即二进制代码，输送到计算机中去。在计算机系统中，最常用的输入设备是键盘、鼠标、扫描仪等。

2.4.1 键盘和鼠标器

键盘是计算机最常用也是最主要的输入设备。键盘有机械式和电容式、有线和无线之分。用于计算机的键盘有多种规格，目前普遍使用的是 104 键的键盘，如图 2-13 所示。表 2-1 所示是键盘部分控制键的主要功能。

键盘上的按键大多是电容式的。键盘与主机的接口主要有 AT 接口、PS/2 接口、USB 接口，其中 USB 接口是比较新的接口形式。

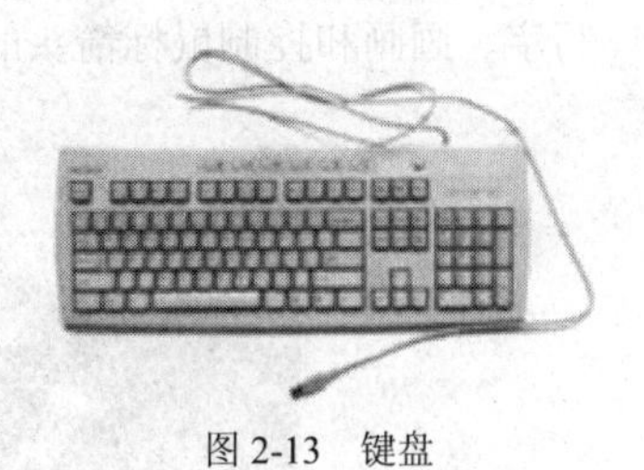

图 2-13 键盘

无线键盘采用的是无线接口，主机需要安装专用接收器才行。

表 2-1 键盘部分控制键的主要功能

控制键名称	主 要 功 能
Shift	换挡键，也是一个状态键
Alt	Alternate 的缩写，当它与另一个（些）键一起按下时，将发出一个命令，其含义由应用程序决定
Break	与另一个键一起按下时，经常用于终止或暂停一个程序的执行
Ctrl	Control 的缩写，当它与另一个（些）键一起按下时，将发出一个命令，其含义由应用程序决定
Delete	删除光标右面的一个字符，或者删除一个（些）已选择的对象
End	一般是把光标移动到行末
Esc	Escape 的缩写，经常用于退出一个程序或操作
F1～F12	共 12 个功能键，它们的功能由操作系统及运行的应用程序来决定
Home	通常用于把光标移动到开始位置，如一个文档的起始位置或一行的开始处

续表

控制键名称	主 要 功 能
Insert	在输入字符时可以有覆盖方式和插入方式两种，Insert 键用于在两种方式之间进行切换
Num Lock	数字小键盘可以像计算器键盘一样使用，也可作为光标控制键使用，由本键在两者之间切换
Page Down	使光标向下移动若干行
Page Up	使光标向上移动若干行
Pause	临时性地挂起一个程序或命令
Print Screen	把当时的屏幕映像记录下来
Scroll Lock	在大部分应用中没有作用

鼠标器（mouse）是另一种常见的输入设备。它与显示器相配合，可以方便、准确地移动显示器上的光标。它将频繁的击键动作转换成为简单的移动、单击。鼠标彻底改变了人们在计算机上的工作方式，从而成为了计算机必备的输入设备。鼠标有机械式和光电式、有线和无线之分；按照按键数目，又可分为单键、两键、三键以及滚轮鼠标。如图 2-14 左图所示。

鼠标与主机的接口主要有 EIA-232（早期使用）、PS/2 和 USB 接口 3 种形式。无线鼠标（如图 2-14 右图所示）现已开始推广使用。

图 2-14 鼠标

2.4.2 笔输入设备

笔输入设备（也称手写笔），兼有键盘、鼠标和写字笔的功能，可以替代键盘和鼠标输入文字、命令和作图。输入汉字时，需运行“手写汉字识别软件”，用户通过笔与写字板的相互作用来完成写字、画画和控制鼠标箭头的操作（如图 2-15 所示）。

图 2-15 笔输入设备

手写笔一般都由两部分组成，一部分是与电脑相连的手写板，另一部分是在手写板上写字的笔。手写板上有连接线，接在电脑的串口，有些还要使用键盘孔获得电源，即将其上面的键盘口的一头接键盘，另一头接电脑的 PS/2 输入口。

手写板分为电阻式和感应式两种，电阻式的手写板必须充分接触才能写出字，这在某种程度上限制了手写笔代替鼠标的功能；感应式手写板又分“有压感”和“无压感”两种，其中有压感的输入板能感应笔画的粗细、着色的浓淡，在 PhotoShop 中画图时，会有不小的作用，但感应式手写板容易受一些电器设备的干扰。

目前还有直接用手指来输入文字的手写系统，采用的是新型的电容式触摸板，书写面板的尺寸大体有以下几种：3.0 英寸×2.0 英寸、3.0 英寸×4.5 英寸、4.0 英寸×5.0 英寸和 4.5 英寸×6.0 英寸。

手写板区域越大，书写的回旋余地越大，运笔也就更加灵活方便。

手写笔有的集成在键盘上，有的单独使用，单独使用的手写笔一般使用USB口或者串口。目前手写笔种类很多，有兼具手写输入汉字和光标定位功能的，也有专用于屏幕光标精确定位以完成各种绘图功能的。购买时首先要明确购买用途，另外，手写笔在价格上的差异也很大，从几十元到几千元都有。

2.4.3 扫描仪

扫描仪也是一种比较常用的图像输入设备，它的功能是将图像、图形和文字表格快速地输入计算机，如图2-16所示。常见的有手持式扫描仪（超市收款台使用）、台式扫描仪（办公、家用）、胶片专用和滚筒式（专业印刷、排版）等几种。

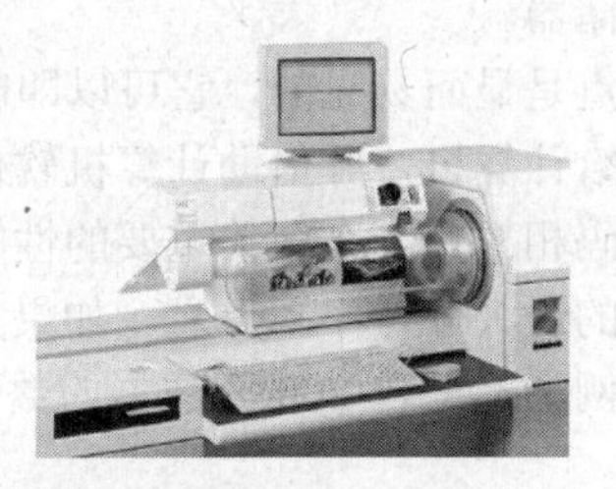

图2-16 台式扫描仪和滚筒式扫描仪

扫描仪的主要功能是用于图像输入。扫描仪扫描图像的步骤是：

（1）将欲扫描的原稿正面朝下铺在扫描仪的玻璃板上，原稿可以是文字稿件或者图纸照片；

（2）启动扫描仪驱动程序后，安装在扫描仪内部的可移动光源开始扫描原稿。为了均匀照亮稿件，扫描仪光源为长条形，并沿y方向扫过整个原稿；

（3）照射到原稿上的光线经反射后穿过一个很窄的缝隙，形成沿x方向的光带，又经过一组反光镜，由光学透镜聚焦并进入分光镜，经过棱镜和红绿蓝三色滤色镜得到的RGB三条彩色光带分别照到各自的CCD上，CCD将RGB光带转变为模拟电子信号，此信号又被A/D变换器转变为数字电子信号。

在扫描仪获取图像的过程中，有两个元件起到关键作用：

- CCD，它将光信号转换成为电信号；
- A/D变换器，它将模拟电信号转变为数字电信号。

这两个元件的性能直接影响扫描仪的整体性能指标，同时也关系到选购和使用扫描仪时如何正确理解和处理某些参数及设置。

扫描仪还可实现光学字符识别，即OCR。现在OCR已经变成字符识别软件的简称，它是英文Optical character recognition的缩写，原意是光学字符识别。它的原理是通过扫描仪等光学输入设备读取印刷品上的文字图像信息，利用模式识别的算法，分析文字的形态特征从而判别不同的汉字。中文OCR一般只适合于识别印刷体汉字。使用扫描仪加OCR可以部分地代替键盘输入汉字的功能，是省力快捷的文字输入方法。

扫描仪的主要性能指标有以下几个。

（1）分辨率。它反映了扫描图像的清晰程度，用每英寸生成的像素数目（dpi）来表示，如1200像素×2400像素。

（2）色彩数目（色彩深度）。它反映了扫描仪对图像色彩的辨析能力，色彩位数越多，扫描仪所能反映的色彩就越丰富，扫描得到的数字图像效果也越真实。色彩位数可以是24位、30位、

36 位、42 位、48 位等。

（3）扫描幅面。它指扫描仪扫描原稿的最大尺寸，例如 A4、A3、A1 等。

（4）与主机的接口。扫描仪与主机的接口主要有 SCSI 接口、USB 接口和 IEEE-1394 接口。

2.4.4 数码相机

数码相机的英文全称是 Digital Camera，简称 DC。它是集光学、机械和电子于一体化的产品，如图 2-17 所示。与传统相机相比，数码相机的“胶卷”是光电器件，当光电器件表面受到光线照射时，能把光线转换成数字信号，所有光电器件产生的信号加在一起，就构成了一幅完整的画面，数字信号经过压缩后存放在数码相机内部的存储器中。数码相机的存储器大多采用快擦除存储器，即闪烁存储器。

图 2-17 数码相机

数码相机的优点是显而易见的，它可以即时看到拍摄的效果，可以把拍摄的照片传输给计算机，并借助计算机软件进行显示和处理。

像素数目是数码相机的一个至关重要的性能指标，它可决定一台数码相机能拍摄图像的最大分辨率。反之，如果知道了数码相机能拍摄图像的最大分辨率，就能求出它的像素数目。例如，一台 200 万像素的数码相机可以拍摄最高分辨率为 1600 像素×1200 像素的照片。

输出设备将计算机内部以二进制代码形式表示的信息转换为用户所需要并能识别的形式，如十进制数字、文字、符号、图形、图像、声音，或者其他系统所能接受的信息形式，输出来。在计算机中，主要的输出设备有显示器、打印机等。

2.4.5 显示器和显示卡

1．显示器

显示器是计算机最常用也是最主要的输出设备。计算机显示器由两部分组成：显示器和显示卡，它们是独立的产品。目前计算机使用的显示器主要有两类：CRT 显示器和液晶显示器，如图 2-18 和图 2-19 所示。

图 2-18 CRT 显示器

图 2-19 LCD 显示器

CRT（阴极射线管）显示器工作时，电子枪发出电子束轰击屏幕上的某一点，使该点发光，每个点由红、绿、蓝三基色组成，通过对三基色的强度的控制就能合成各种不同的颜色。电子束从左到右，从上到下，逐点轰击，就可以在屏幕上形成图像。

LCD 显示器借助液晶对光线进行调制而显示图像。液晶是介于固态和液态之间的一种物态，它既具有液体的流动性，又具有固态晶体排列的有向性。它是一种弹性连续体，在电场作用下能迅速地展曲、扭曲或弯曲。正是由于每个像素点上的液晶在电场作用下的变化起到了对光线的调制作用，在屏幕上形成了图像。同样，每一个像素点由红、绿、蓝三基色组成，通过对三基色亮度的控制，合成出各种不同的颜色。

与 CRT 相比，LCD 具有工作电压低、无辐射、功耗小、不闪烁、屏幕薄、重量轻、适于大规模集成电路驱动、易于实现大画面等特点，已经广泛用于笔记本电脑、数码相机、数码摄像机等设备上。随着价格的降低，越来越多的台式计算机也选择使用 LCD 显示器。

显示器的性能指标有如下几个。

（1）分辨率。分辨率就是屏幕图像的精密度，是指显示器能显示的像素的多少。由于屏幕上的点、线和面都是由像素组成的，显示器可显示的像素越多，画面就越精细，同样的屏幕区域内能显示的信息也就越多，所以分辨率是显示器非常重要的性能指标之一。例如分辨率 1024 像素×768 像素，表示显示器水平方向显示 1024 个点，垂直方向显示 768 个点。

（2）像素点距。像素点距是指屏幕上两个像素点之间的距离，它由屏幕面积大小及屏幕的分辨率决定。点距的单位为毫米（mm），通常显示器的点距有 0.28 毫米、0.31 毫米或 0.39 毫米等。同等屏幕面积，分辨率越高，点距就越小，图像越清晰；而当分辨率一定时，屏幕面积越小，点距就越小，图像越清晰。

（3）刷新频率。刷新频率是指图像在屏幕上更新的速度，也即屏幕上的图像每秒钟出现的次数，它的单位是赫兹（Hz）。刷新频率越高，屏幕上图像闪烁感就越小，稳定性也就越高，换言之对视力的保护也越好。一般人的眼睛不容易察觉 75Hz 以上的刷新频率带来的闪烁感，因此最好能将显示卡刷新频率调到 75Hz 以上。要注意的是，并不是所有的显示卡都能够在最大分辨率下达到 75Hz 以上的刷新频率，而且显示器也可能因为带宽不够而不能达到要求。

（4）显示屏的尺寸。以显示屏对角线长度来度量显示屏的尺寸。目前常用的显示器有 15 英寸、17 英寸、19 英寸、21 英寸等。

（5）可显示颜色数目。一个像素可显示出多少种颜色，由表示这个像素的二进制位数决定。显示器的彩色是由 R、G、B 三基色合成的，因此 R、G、B 三个基色的二进制位数之和决定了可显示颜色的数目。例如，R、G、B 分别用 8 位表示，则它就有 $2^{24}\approx1680$ 万种不同的颜色。

2. 显示卡

计算机通过显示卡（如图 2-20 所示）与显示器打交道。显示卡使用的图形处理芯片基本决定了该显示卡的性能和档次，目前主要的图形处理芯片设计和生产厂商有 NVIDIA 和 ATI。显示卡上的显示存储器也是显示卡的关键部件，它的品质、速度、容量关系到显示卡的最终性能表现，目前显示存储器容量达到了 128MB~2GB，大多采用 DDR2、GDDR3 或 GDDR4 存储器组成。

图 2-20 显示卡

现在许多显卡使用 AGP 接口，最高数据传输速率可达 2.1Gbit/s。但已有越来越多的显卡开始使用性能更好的 PCI-E 接口了，它的数据传输速率可达 4Gbit/s，甚至更高。

2.4.6 打印机

目前使用较广的打印机可分为三类：针式打印机、喷墨打印机和激光打印机，如图 2-21 所示。

图 2-21 针式打印机、喷墨打印机和激光打印机

针式打印机又称点阵打印机或击打式打印机。它有 7 针、9 针、18 针、24 针等多种形式，使用最多的是 9 针和 24 针打印机，24 针打印机可用于打印汉字。

针式打印机打印头上的针排成一列，打印的字符是用点阵组成的。在打印时，随着打印头在纸上的平行移动，由电路控制相应的针动作或不动作，动作的针头接触色带击打纸面而形成墨点，不动作的针在相应的位置上留下空白，这样移动若干列后就可打印出需要的字符或汉字。

喷墨打印机的打印头由几百个细小的喷墨口组成，当打印头横向移动时，喷墨口可以按一定的方式喷射出墨水，打印到打印纸上，实现字符或图形的输出。高分辨率的彩色打印机需要高质量的专用打印纸。

近年来喷墨打印机的制造技术有了很大的突破，在很多场合下，用户都喜欢使用它。

激光打印机是激光技术和电子照相技术相结合的产物，它类似复印机，使用墨粉，但光源不是灯光，而是激光。高速激光打印机的打印速度可达到 2000 行/分，低速激光打印机的打印速度为 500~700 行/分。激光打印机的分辨率一般在 4~12 点/毫米。由于激光打印机打印出的字符或图形质量很高，对于需要具有较高的打印质量和较高的打印速度，或需要打印正式公文与图表的用户是一种最好的选择。

打印机的性能指标主要是打印分辨率、打印速度、色彩数目和打印成本等。

（1）打印分辨率。打印分辨率是指在打印输出时横向和纵向两个方向上每英寸最多能打印的点数，通常用 dpi（点/英寸）来表示。目前一般激光打印机的分辨率均在 600 像素×600 像素以上。打印分辨率决定了打印机的输出质量，分辨率越高，其反映出来可显示的像素个数也就越多，可呈现出更多的信息和更好更清晰的图像。对于文本而言，600dpi 已经达到相当出色的线条质量；对于照片打印而言，经常需要 1200dpi 以上的分辨率才可以达到较好的效果。

（2）打印速度。打印速度是指打印机每分钟打印输出的纸张页数，通常用 ppm（页/分钟）表示，目前激光打印机打印速度可以达到 10~35ppm。针式打印机的打印速度通常用字符/s 来表示，现在可达到 100~200 字符/s。

（3）色彩数目。指打印机可打印的不同颜色的总数。

（4）其他。包括打印成本、噪声、打印幅面大小、可打印字体的数目及种类、功耗及节能、可打印的拷贝数目、与主机的接口类型等。

2.5 计算机软件系统

2.5.1 计算机软件定义及分类

软件系统是计算机系统中各种软件的总称。计算机软件（Computer software）指的是用计算机指令和计算机算法语言编写的程序，以及运行程序所需的数据和相关的文档。程序是指示计算机如何去解决问题或完成任务的一组详细的、逐步执行的语句（或指令），程序的每一步都是用计算机所能理解和处理的语言编写的。程序是软件的主体，单独的数据和文档一般不认为是软件。数据是程序所处理的对象及处理过程中使用的参数（如三角函数表、英汉词典等）。文档则是程序的开发、维护和使用所涉及的资料（如设计报告、维护手册和使用说明书等）。

从应用的角度出发，通常将软件划分为系统软件和应用软件两大类。

1. 系统软件

系统软件泛指开发和运行应用软件的平台，是为高效使用和管理计算机而提供的一类软件。例如基本输入/输出系统（BIOS）、操作系统、计算机语言编译器、数据库管理系统、常用的实用程序（磁盘清理程序、备份程序、编译程序、诊断程序等）等都是系统软件。从软件配置的角度来说，系统软件是用户所购置的计算机系统的一部分，通常在购买计算机时，计算机供应商必须提供给用户一些最基本的系统软件（如操作系统），否则计算机无法工作。从功能的角度来说，系统软件是负责计算机系统的调度管理、提供程序的运行环境和开发环境、向用户提供各种服务的一种软件，它与计算机硬件有很强的交互性。另外，系统软件具有一定的通用性，它并不是专为解决某个具体应用而开发的。

2. 应用软件

应用软件泛指为解决计算机应用中的实际问题而编制的软件。由于计算机的通用性和应用的广泛性，应用软件比系统软件更丰富多样。

按照应用软件的开发方式和适用范围，应用软件可以划分为通用应用软件和定制应用软件两类。

（1）通用应用软件。通用应用软件可以在许多行业和部门中共同使用。例如文字处理软件、电子表格软件、演示软件、图形图像软件、媒体播放软件、网络通信软件等（见表2-2）。

表2-2 通用应用软件的主要类别和功能

类别	功能	流行软件举例
办公软件	文本编辑、文字处理、表格定义、数值计算和统计、幻灯片制作等	WPS、Office、Adobe 等
图形图像软件	图像处理、几何图形绘制、动画制作等	Photoshop、Flash、3DS MAX、AutoCAD 等
媒体播放软件	播放各种数字音频和视频文件	Media Player、RealPlayer、暴风影音、千千静听等
网络通信软件	电子邮件、网络文件传输、Web 浏览	Internet Explorer、Outlook Express、FoxMail、FTP 等

（2）定制应用软件。定制应用软件是按照不同领域用户的特定应用要求而专门设计的软件。如某银行的金融管理系统、超市的销售管理系统、大学的教务管理系统和人事管理系统、企业的集成制造系统等。这类软件专业性强，运行效率高，但设计和开发成本相对较高。

2.5.2 操作系统概述

1. 操作系统概念

随着计算机的发展，计算机系统的硬件和软件也越来越丰富。为了提高这些资源的利用率、增强系统的处理能力，最初出现的是监督程序，它是用户与计算机之间的接口，即用户通过监督程序来使用计算机。到20世纪50年代中期，监督程序进一步发展，形成了操作系统（Operating System，简称OS）。操作系统是控制和管理计算机系统内各种硬件和软件资源、有效地组织多道程序运行的系统软件（或程序集合），是用户与计算机之间的接口和对硬件系统的首次扩充。

操作系统的启动就是把操作系统装入内存，这个过程又称为引导系统。

- 在计算机电源关闭的情况下，打开电源开关启动计算机被称为冷启动；
- 在电源打开的情况下，重新启动计算机，被称为热启动。

当加电启动计算机工作时，CPU 首先执行 ROM BIOS 中的自检程序，测试计算机中各部件的工作状态是否正常。若无异常情况，CPU 将继续执行 BIOS 中的自举程序，它从硬盘中读出引导程序并装入内存（RAM），然后将控制权交给引导程序，由引导程序继续装入操作系统。此时，操作系统的核心程序及其他需要经常使用的指令就从硬盘装入内存中（操作系统的核心部分的功能就是管理存储器和其他设备，维持计算机的时钟，调配计算机的设备、程序、数据和信息等资源。操作系统的核心部分是常驻内存的，而其他部分不常驻内存，通常存放在硬盘上，当需要的时候才调入内存）。操作系统成功装入后，整个计算机就处于操作系统的控制之下，用户可以正常使用计算机了。图 2-22 所示是操作系统的加载过程。

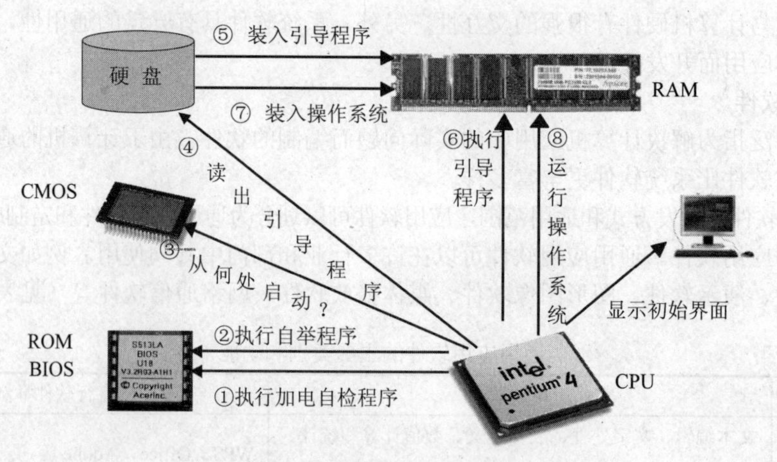

图 2-22 操作系统的加载过程

2．操作系统的基本类型

按照操作系统的功能特征可以将操作系统分为 3 种基本类型，即批处理操作系统、分时操作系统和实时操作系统。随着计算机体系结构的发展，又出现了多种新的操作系统，如嵌入式操作系统、个人计算机操作系统、分布式操作系统及多处理机操作系统。

（1）批处理操作系统

批处理操作系统是最早问世的操作系统，又分为单道批处理操作系统（Simple Batch Processing Operating System）和多道批处理操作系统（Multiprogrammed Batch Processing Operating System）。早期，计算机只能通过控制台使用，而启动计算机软硬件均需要大量的启动时间。为了减少启动时间，计算机就需要由操作员来操作。用户把要计算的问题、数据和作业（作业是用户在一次解题或一个事务处理过程中要求计算机系统所做工作的集合，包括用户程序、所需的数据及命令等）说明书一起交给系统操作员，由系统操作员将相同的一批作业输入计算机，然后由操作系统控制执行。

单道批处理操作系统是早期计算机系统中配置的一种操作系统类型，其工作流程大致如下：用户将作业交给系统操作员，系统操作员将若干待处理的作业合成一批并输入传送到外存，然后批处理操作系统按一定的原则选择其中的一道作业调入内存并使之运行，当作业运行完成或出现错误而无法再进行下去时，由系统输出有关信息并调入下一道作业运行。如此反复处理，直至这一批作业全部处理完毕为止。

单道批处理操作系统大大减少了人工操作的时间，提高了机器的利用率。但内存中仅有一道作业，它无法充分利用系统中的所有资源，致使系统性能较差。为了进一步提高资源的利用率和系统吞吐量，在20世纪60年代中期又引入了多道程序设计技术，由此而形成了多道批处理系统。在该系统中，用户所提交的作业都先存放在外存上并排成一个队列，称为“后备队列”；然后由作业调度程序按一定的算法从后备队列中选择若干个作业调入内存，使它们共享CPU和系统中的各种资源。

批处理操作系统的不足是无交互性，即用户一旦将作业提交给系统后就失去了对作业运行的控制能力，这使用户感到不方便。

（2）分时操作系统

如果说，推动多道批处理系统形成和发展的主要动力，是提高资源利用率和系统吞吐量，那么，推动分时操作系统（Time-Sharing Operating System）形成和发展的主要动力，则是用户的需求。或者说，分时系统是为了满足用户需求所形成的一种新型 OS。它与多道批处理系统之间，有着截然不同的性能差别。

在分时操作系统中，一台计算机和许多终端设备（从一个到几百个）连接，每个用户通过自己的终端向系统发出命令，请求完成某项工作，而系统则分析从终端设备发来的命令，完成用户提出的请求，然后用户再根据系统提供的运行结果，向系统提出下一步请求，这样重复上述交互会话过程，直到用户完成全部工作为止。

在操作系统中采用分时技术就形成了分时操作系统。分时技术是指把处理机的运行时间分成很短的时间片（就是一小段时间，一般从几 ms 到几百 ms），按时间片轮流把处理机分配各终端作业使用。若某个终端作业在分配给它的时间片内不能完成其计算，则暂停该终端作业的运行，把处理机让给另一个终端作业使用，等待下一轮时再继续其运行。例如，一个带10个终端的分时操作系统，若给每个用户每次分配100 ms的时间片，则每隔1s即可为所有用户服务一遍。如果用户的某个处理要求时间较长，分配给它的一个时间片不足以完成该处理任务，则它只能暂停下来，等到下一个时间片轮到时再执行。由于计算机运行速度极高，与用户的输入输出时间相比，时间片是极短的，所以系统每次都能对用户程序做出及时的响应，从而使每个用户都感觉似乎自己独占了整个计算机系统。

（3）实时操作系统

所谓“实时”，是表示“及时”，而实时操作系统（Real-Time Operating System）是指系统能及时（或即时）响应外部事件的请求，在规定的时间内完成对该事件的处理，并控制所有实时任务协调一致地运行。实时操作系统对响应时间的要求比分时操作系统更高，一般要求秒级、毫秒级甚至微妙级的响应时间，处理过程应在规定的时间内完成，否则系统失效。实时系统的最大特点就是要确保对随机发生的事件做出即时的响应。所以重要的实时系统往往采用双机系统以保证绝对可靠。

根据应用领域的不同，又可将实时系统区分为两种类型：一类是实时信息处理系统，如航空、铁路订票系统，在这类系统中，计算机实时接受从远程终端发来的服务请求，并在极短的时间内对用户请求做出处理，其中很重要的一点是对数据现场的保护；另一类是实时控制系统，这类控制系统的特点是采集现场数据，并及时对所接收到的信息做出响应和处理，例如用计算机控制某个生产过程时，传感器将采集到的数据传送到计算机系统，计算机要在很短的时间内分析数据并做出判断处理，其中包括向被控制对象发出控制信息，以实现预期目标。

实际上经常把以上3种类型的操作系统组合起来使用，形成通用操作系统。例如在计算中心往往把成批处理与分时系统结合起来，以分时作业为前台作业，成批处理的作业为后台作业，这样在分时作业的空隙中可以处理成批作业，以充分发挥计算机的处理能力。也可以把实时系统与分时系统组合起来，实时系统的作业具有最高的优先级，因此在满足实时作业前提下，还可以提供给其他用户使用。

3．操作系统的特征

前面介绍的3种基本操作系统，虽然都各有自己的特征，如批处理系统具有成批处理的特征，分时系统具有交互特征，实时系统具有实时特征，但它们也都具有并发、共享、虚拟和异步这4个基本特征。

（1）并发性。并发性是指两个或多个事件在同一时间间隔内发生。在多道程序环境下，并发性是指宏观上在一段时间内有多道程序同时运行，但在单处理机系统中，每一时刻仅能执行一道程序，故微观上这些程序是交替执行的。

（2）共享性。资源共享是指系统中的硬件和软件资源不再为某个程序所独占，而是由多个并发执行的程序共同使用。

（3）虚拟性。操作系统的虚拟是指通过某种技术把一个物理上的实体变为若干个逻辑上的对应物。物理实体是实际存在的，而逻辑上的对应物只是用户的一个感觉。

（4）异步性（不确定性）。异步性是指在多道程序环境下，各程序的执行过程有着各自的起始和终止，彼此是以不同的步伐行进的，每道程序所需的时间都是不确定的，因而也是不可预知的。

4．操作系统的功能

从资源管理的角度看，操作系统应该具有处理机管理、存储器管理、设备管理和文件管理4大资源管理功能。为方便用户使用操作系统，还需要提供用户接口。

（1）处理机管理

中央处理器（CPU）是计算机系统的核心硬件资源。为了提高CPU的利用率，操作系统一般都支持若干个程序同时运行，这称为多任务处理（任务是指装入内存并启动的一个应用程序）。用户借助于“Windows任务管理器”可以随时了解系统中有哪些任务正在运行，处于什么状态，CPU的使用率是多少，存储器使用情况如何等有关信息（见图2-23）。

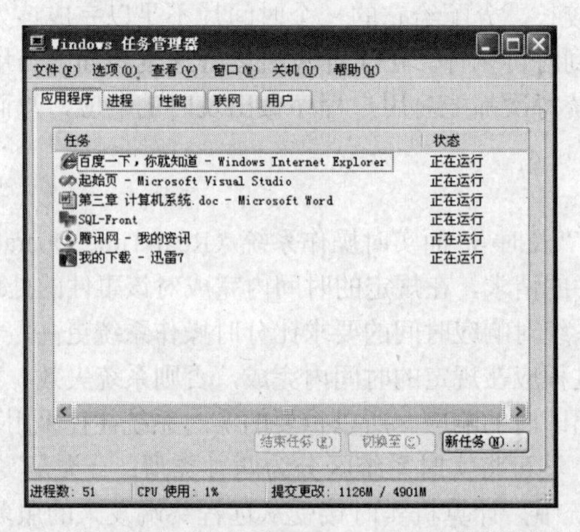

图2-23 利用任务管理器查看Windows系统中的任务运行情况

操作系统采用并发多任务方式支持系统中多个任务的执行，所谓并发多任务，是指不管是前台还是后台任务，它们都能分配到CPU的使用权，因而可以同时运行。为了支持多任务处理，操作系统中有一个处理机调度程序负责把CPU时间分配给各个任务，这样才能使多个任务“同时”执行。需要注意的是，在单CPU情况下，从宏观上看，这些任务是在“同时”执行，而从微观上看，任何时刻只有一个任务正在被CPU执行，即这些程序是由CPU轮流执行的。

（2）存储管理

存储器资源是计算机系统中最重要的资源之一，存储器的容量总是有限的。存储管理的主要目的就是合理高效地管理和使用存储空间，并对计算机内存的分配、保护和扩充进行协调管理，随时掌握内存的使用情况，根据用户的不同请求，按照一定的策略进行存储资源的分配和回收，同时保证内存中不同程序和数据之间彼此隔离，互不干扰，并保证数据不被破坏和丢失。存储管理主要包括内存分配、地址映射、内存保护和内存扩充。

（3）设备管理

计算机系统中配置有许多外部设备，如显示器、键盘、鼠标、硬盘、软盘驱动器、CD-ROM、网卡、打印机和扫描仪等。这些外部设备的性能、工作原理和操作方式都不一样，因此，对它们的使用也有很大差别。这就要求操作系统提供良好的设备管理功能。硬件设备的管理功能由操作系统的设备管理程序来实现。设备管理主要包括缓冲区管理、设备分配、设备驱动和设备无关性。

（4）文件管理

文件管理的对象是系统的软件资源，在操作系统中由文件系统来实现对文件的管理。在计算机系统中，除了处理机、存储器和输入输出设备等硬件资源外，还有大量的软件资源，包括各种各样的软件、数据和电子文档等，操作系统把这些资源以文件的形式存储在磁盘、磁带、光盘等外存储器上。文件是按一定格式建立在存储设备上的一批信息的有序集合，每个文件都必须有一个名字，称为文件名。

（5）用户接口

为方便用户使用操作系统，操作系统还提供了用户接口。应该注意，操作系统是一个系统软件，因而提供的用户接口是软件接口。这些接口大致可以分为3类。

① 命令方式。这是指由 OS 提供了一组联机命令（语言），用户可以通过键盘输入有关命令来直接操作计算机。

② 系统调用方式。OS 提供了一组系统调用，用户可在自己的应用程序中通过相应的系统调用来操作计算机。

③ 图标、窗口方式。借助于键盘、鼠标、显示器及相关的软件模块（例如 Windows 中的桌面、“开始菜单”、任务栏及资源管理器等），用户可以通过屏幕上的窗口和图标来操作计算机系统和运行自己的程序，所有这些使用户能够比较直观、灵活、方便、有效地使用计算机，免去了记忆操作命令的沉重负担。

5．常用操作系统介绍

（1）Windows 操作系统

Windows 操作系统是一种在个人计算机上广泛使用的操作系统。它由美国微软公司开发，提供了多任务处理和图形用户界面，使得在 Windows 环境下使用计算机的操作大为简化。Windows 是系列产品，它在发展过程中不断推出新的版本。

1995 年推出的 Windows 95，1998 年推出的 Windows 98 和在此基础上推出的 Windows 98 Second Edition（Windows 98 的第二版，称为 Windows 98 SE），以及 Windows Millennium Edition（Windows 千禧版，称为 Windows Me）），它们曾经是 PC 特别是家用 PC 上安装使用最多的操作系统。在开发 Windows 9X 操作系统的同时，1989 年起微软公司还为商用 PC 专门开发了一个新的操作系统系列——Windows NT（New Technology）。Windows NT 有 4.0 版本和 5.0 版本，每一个版本都有工作站版本和服务器版本之分。它们是商用 PC 及 PC 服务器所使用的主流操作系统之一。

2000 年微软开始推出基于 Windows NT 的进一步发展的 Windows 2000，它仍然面向商务应用，具有强可靠性、高可用性。Windows 2000 系列包括以下产品：Windows 2000 Professional（Workstation 版本），Windows 2000 Server，Windows 2000 Advanced Server 和 Windows 2000 Datacenter Server。后三种均为服务器版本，适用于各种不同规模、不同用途的服务器。

2001 年微软公司推出的 Windows XP 是第一个既适合家庭用户，也适合商业用户使用的新型

Windows 操作系统。Windows XP 目前有家庭版、专业版、媒体中心版、平板 PC 版和 64 位版本等多种。家庭版有丰富的音频、视频通信功能，使用户之间的通信交流更为高效，能支持发现、下载、个性化和播放高品质的音频和视频，网络功能更加可靠。专业版具有很高的系统性能和可靠性，它最大可以支持 4GB 内存和两个 CPU。此外，它还增强了防病毒功能，增加了系统安全措施（例如 Internet 防火墙，文件加密等），适合于在服务器上安装使用。

2003 年，为了适应大型服务器运行的需要，微软公司还专门推出了 Windows Server 2003 等产品，其性能又在多方面有了进一步提高。

2006 年，微软推出 Windows 新一代操作系统 Windows Vista。Vista 标志着微软作出了重大改变。首先，微软正在转向新的文件系统。虽然这种文件系统是以目前的 NTFS 系统为基础的，但是，新的 WinFS 文件系统代表了为存储在硬盘和媒介中的信息进行分类的新方法。其次，新的操作系统还代表了微软“集成创新”的重大努力。所谓集成创新就是在一个微软软件中集成更多的、能够让微软其他软件使用的功能。

2009 年微软于美国正式发布 Windows 7 。Windows 7 同时也发布了服务器版本——Windows Server 2008 R2。2011 年，微软面向大众用户正式发布了 windows7 升级补丁——Windows 7 SP1（Build7601.17514.101119-1850），另外还包括 Windows Server 2008 R2 SP1 升级补丁。

2011 年 9 月，Windows 8 开发者预览版发布，宣布兼容移动终端，微软将苹果的 IOS、谷歌的 Android 视为 Windows 8 在移动领域的主要竞争对手。2012 年 2 月，微软发布 Windows 8 消费者预览版，可在平板电脑上使用。

（2）UNIX 和 Linux 操作系统

UNIX 操作系统是美国 Bell 开发的一种通用多用户交互式分时操作系统。自 1970 年 UNIX 系统第一版问世以来，以 UNIX 系统为基础已研制出许多新的操作系统软件，如个人计算机、大型计算机上的各种 UNIX 系统的变种，以及用于计算机网络及分布式计算机系统上的 UNIX 系统等。实际上，UNIX 系统已成为国际上目前使用最广泛、影响最大的主流操作系统之一。

Linux 是一套免费使用和自由传播的类 Unix 的操作系统，是一种基于 POSIX 和 Unix 操作系统的多用户、多任务、支持多线程和多 CPU 的操作系统。严格地说，Linux 只是一个操作系统的内核，不是一个操作系统。它能运行主要的 Unix 工具软件、应用程序和网络协议并支持 32 位和 64 位硬件。Linux 操作系统继承了 Unix 操作系统以网络为核心的设计思想，是一个性能稳定的多用户网络操作系统。它主要用于基于 Intel x86 系列 CPU 的计算机上。这个操作系统是由全世界各地的、成千上万的程序员设计和实现的。其目的是建立不受任何商品化软件的版权制约且全世界都能自由使用的 Unix 操作系统的兼容产品。

Linux 操作系统有很多发行版本，较流行的有：Red Hat Linux、Debian Linux、Red Flag Linux 等。它是在 Internet 网络上由志愿者开发的与 Unix 操作系统兼容的、完整的操作系统，可从许多以电子形式发布的提供者那里免费获得。Linux 操作系统相对于 Windows 操作系统而言，在易用方面还需要更大的改进，同时不容易配置，所以应用起来比较困难，但是 Linux 操作系统以其稳定、安全的因素吸引了大量的用户。

（3）移动设备操作系统

随着智能手机、掌上电脑、平板电脑等一系列移动终端设备的流行，移动设备操作系统也被大家熟悉。这里以智能手机为例，介绍几款流行的手机操作系统。

① Android。

Android 是一种以 Linux 为基础的开放源码操作系统，主要使用于便携设备。中国大陆地区较多人将其翻译为“安卓”。Android 操作系统最初由 Andy Rubin 开发，最初主要支持手机。2005 年由 Google 收购注资，并组建开放手机联盟开发改良，逐渐扩展到平板电脑及其他领域上。2011

年第一季度，Android 在全球的市场份额首次超过塞班系统，跃居全球第一。

② iPhone OS

iPhone OS 是由苹果公司为 iPhone 开发的操作系统。它主要是给 iPhone 和 iPod touch 使用。就像其基于的 Mac OS X 操作系统一样，它也是以 Darwin 为基础的。iPhone OS 的系统架构分为 4 个层次：核心操作系统层（the Core OS layer），核心服务层（the Core Services layer），媒体层（the Media layer），可轻触层（the Cocoa Touch layer）。

③ Symbian

Symbian 系统是塞班公司为手机而设计的操作系统。2008 年，塞班公司被诺基亚收购。2011 年 8 月诺基亚在官方宣布，将放弃 Symbian 名称，下一版本操作系统将更名为诺基亚 Belle，并且塞班 Anna 系统也同样会更改为诺基亚 Anna，诺基亚宣布，2014 年将彻底终止对塞班系统的所有支持。

④ BlackBerry OS

BlackBerry OS 由 Research In Motion 为其智能手机产品 BlackBerry（黑莓）开发的专用操作系统。这一操作系统具有多任务处理能力，并支持特定的输入装置，如滚轮、轨迹球、触摸板以及触摸屏等，而 BlackBerry 平台最著名的莫过于它处理邮件的能力。

（4）国产操作系统——麒麟操作系统

麒麟操作系统是由国防科技大学及其他公司合作研制的闭源服务器操作系统。此操作系统是国家 863 计划重大攻关科研项目，目标是打破国外操作系统的垄断，研发一套中国自主知识产权的服务器操作系统。银河麒麟 2.0 操作系统完全版共包括实时版、安全版、服务器版 3 个版本，简化版是由服务器版简化而成的。经过权威机构进行的源码级鉴定表明，银河麒麟安全操作系统主要分为 3 层：最底层是“既不像内核，也不像虚拟机”的部分，上面是 FreeBSD 的内核，最上面是 Linux 兼容库。

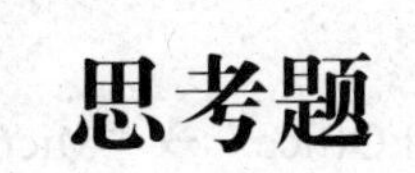

思考题

1．计算机发展经历了哪几个阶段？各个阶段有哪些主要特点？

2．计算机系统由哪几部分组成？各部分功能分别是什么？

3．计算机的性能指标有哪些？

4．从综合性能来看，计算机分成哪些类型？它们各自适用于哪些部门和领域？

5．CPU 的处理速度与哪些因素有关？

6．存储器有哪几种类型？其中内存又分为哪几种不同类型？各有什么特点？

7．硬盘的容量如何计算？

8．光盘存储分为哪几类？各有什么特点？

9．常用的打印机有哪几类？简述其特点。

10．什么是计算机软件？

11．请说明系统软件的主要功能和分类。

12．什么是操作系统？它的主要任务是什么？说出目前计算机上常用的几种操作系统。

13．操作系统的启动过程是什么？

第3章 常用办公软件

常用办公软件主要包括美国微软公司的 Office 系列、我国金山公司的 WPS 系列等。它们都具备优秀的办公处理能力和方便实用的设计，深受广大用户的喜爱。其中 Office 软件借助于微软公司在操作系统上的垄断地位占据了办公软件的大半江山，几乎成了办公软件的代名词；而 WPS 软件则更具有本土特色，提供了一些个性化的文本编辑功能，在操作上也更加符合国人习惯。考虑到全国计算机等级考试的要求，本章以微软公司的 Office 2010 为例，介绍字处理软件 Word 2010、电子表格软件 Excel 2010 以及演示文稿软件 PowerPoint 2010 的主要功能与使用方法。

3.1 字处理软件 Word 2010

Word 2010 是 Microsoft 公司开发的 Office 2010 办公组件之一，主要用于文字处理工作。相对于以前的版本，Word 2010 提供了更强大的功能，可轻松、高效地用来创建专业水准的文档。具有所见即所得、图文表混排、易学易用等特点。

3.1.1 Word 2010 基础

1. 启动 Word 程序

① 单击“开始”→“所有程序”→“Microsoft Office”→“Microsoft Word 2010”命令。

② 如果桌面上有 Word 应用程序的快捷方式图标，则双击。

③ 在磁盘中找到带有图标的文件（即 Word 文档，文档名后缀为“.docx”或“.doc”），双击该文件。

2. 退出 Word 程序

① 单击 Word 窗口右上角的“关闭”按钮。

② 单击“文件”选项卡中的“退出”命令。

③ 单击标题栏中的控制图标，在弹出的下拉菜单中选择“关闭”命令；或双击该控制图标。

④ 使用 Alt+F4 快捷命令。

⑤ 在任务栏中的 Word 文档图标上右击鼠标，在弹出的快捷菜单中选择“关闭”命令。

3. Word 窗口及其组成

启动 Word 程序后即打开了一个 Word 窗口，Word 窗口由标题栏、快速访问工具栏、“文件”选项卡、功能区、工作区、拆分条、标尺、滚动条、状态栏、文档视图工具栏、显示比例控制栏等部分组成，如图 3-1 所示。

Word 作为 Windows 环境下的一个应用程序，其窗口及窗口组成与 Windows 其他应用程序大同小异。Word 2010 窗口与以前版本相比，主要用“文件”选项卡取代了以前的“文件”菜单并增加了一些新功能；用各种功能区取代了传统的菜单，这些功能区及其命令涵盖了 Word 的各种功能。下面简要介绍一下 Word 2010 窗口的各个组成部分。

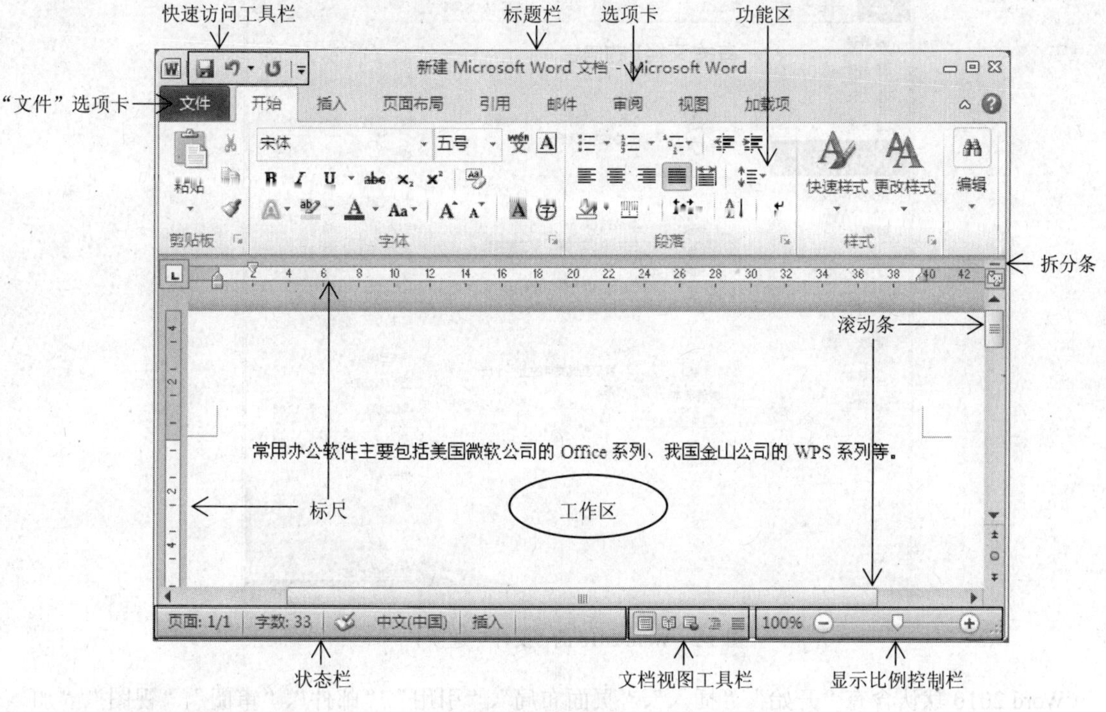

图 3-1 Word 窗口组成

（1）标题栏

标题栏位于 Word 窗口顶端，包含 Word 控制菜单按钮、Word 文档名，最小化、最大化（或还原）和关闭按钮。

（2）快速访问工具栏

快速访问工具栏默认位于 Word 窗口的功能区上方，但用户也可根据需要修改设置，使其位于功能区下方。快速访问工具栏的作用是使用户能快速启动经常使用的命令。默认情况下，快速访问工具栏只有"保存"、"撤销"、"重复"等较少几个命令，用户可根据需要，使用"自定义快速访问工具栏"命令添加或定义自己常用的命令。

（3）"文件"选项卡

Word 2010 的"文件"选项卡在原先版本中的"文件"菜单基础上做了扩展，除了提供一组文件操作命令（如"保存"、"另存为"、"打开"、"关闭"、"新建"、"打印"、"保存并发送"等）之外，还提供了关于正在编辑的文档以及最近使用过的文件等相关信息。

Word 2010 的"文件"选项卡还提供了"帮助"功能，当用户在实际操作过程中遇到问题时，可通过其"帮助"功能寻求处理方案。实际上，Microsoft Office 2010 的每一个应用程序都提供强大的联机帮助，这也正是微软的办公软件得到众多用户喜爱的原因之一。

Word 2010 的"文件"选项卡如图 3-2 所示。

（4）选项卡

Word 2010 的选项卡是对以前版本中的菜单命令的改进和扩展，看起来像是菜单的名称，其实是选项卡的名称，当单击这些名称时并不会打开菜单，而是切换到与之相对应的功能区面板。

每个功能区根据功能的不同又分为若干个命令组（子选项卡）。

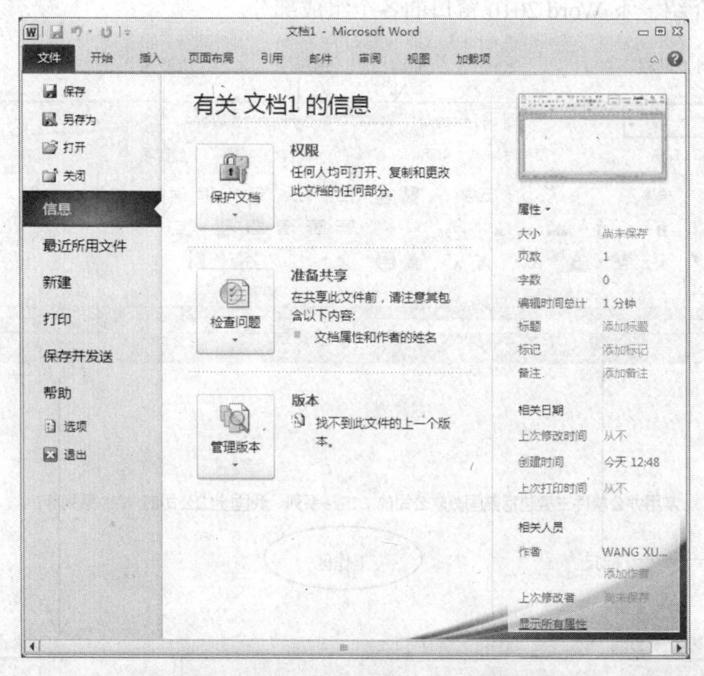

图 3-2 Word 2010 的“文件”选项卡

Word 2010 默认含有“开始”、“插入”、“页面布局”、“引用”、“邮件”、“审阅”、“视图”、“加载项”等 8 个选项卡，用户也可根据需要，通过执行“文件”→“选项”→“自定义功能区”命令来定制自己个性化的功能区。

①“开始”选项卡

包括“剪贴板”、“字体”、“段落”、“样式”、“编辑”等几个命令组，提供有关文字编辑和排版格式设置的各种功能。

②“插入”选项卡

包括“页”、“表格”、“插图”、“链接”、“页眉和页脚”、“文本”、“符号”等几个命令组，主要用于在文档中插入各种元素。

③“页面布局”选项卡

包括“主题”、“页面设置”、“稿纸”、“页面背景”、“段落”、“排列”等几个命令组，用于帮助用户设置文档页面的样式。

④“引用”选项卡

包括“目录”、“脚注”、“引文与书目”、“题注”、“索引”、“引文目录”等几个命令组，用于实现在文档中插入目录、引文、题注等索引功能。

⑤“邮件”选项卡

包括“创建”、“开始邮件合并”、“编写和插入域”、“预览结果”、“完成”等几个命令组，专门用于在文档中进行邮件合并方面的操作。

⑥“审阅”选项卡

包括“校对”、“语言”、“中文简繁转换”、“批注”、“修订”、“更改”、“比较”、“保护”、“OneNote”等几个命令组，主要用于对文档进行审阅、校对和修订等操作，适用于多人协作处理的大文档。

⑦"视图"选项卡

包括"文档视图"、"显示"、"显示比例"、"窗口"、"宏"等几个命令组，主要用于帮助用户设置 Word 操作窗口的查看方式、操作对象的显示比例等，以便于用户获得较好的视觉效果。

⑧"加载项"选项卡

仅包括"菜单命令"一个命令组，加载项可以为 Word 配置附加属性，如自定义的工具栏或其他命令扩展等。"加载项"选项卡可以在 Word 2010 中添加或删除。

（5）工作区

工作区是水平标尺以下和状态栏以上的一个屏幕显示区域，是用户打开、输入、编辑或排版文档的场所。Word 还允许打开多个文档，每个文档有一个独立窗口，并在 Windows 任务栏中有一对应的文档按钮。有时，为了扩大工作区面积，可单击功能区右上角的"功能区最小化"按钮来收起功能区。

（6）状态栏

状态栏位于 Word 窗口的底端左侧，用来显示当前的某些状态，如当前页面数、字数等。

（7）视图切换区

所谓"视图"其实就是查看文档的方式。同一个文档可在不同的视图下查看，文档内容不变，但显示方式不同。

视图切换区按钮在状态栏右侧，包括"页面视图"、"阅读版式视图"、"Web 版式视图"、"大纲视图"和"草稿视图"。

（8）显示比例控制栏

显示比例控制栏由"缩放级别"按钮和"缩放滑块"组成，用于更改正在编辑文档的显示比例。

（9）标尺

标尺有水平标尺和垂直标尺两种。在"草稿视图"下只能显示水平标尺，只有在"页面视图"下才能显示水平和垂直两种标尺。

标尺除了显示文字所在的实际位置、页边距尺寸外，还可以用来设置制表位、段落、页边距尺寸、左右缩进、首行缩进等。

可以通过单击垂直滚动条上方的"标尺"按钮来显示/隐藏标尺；也可通过执行"视图"选项卡的"标尺"命令来显示/隐藏标尺。

（10）滚动条

滚动条分为水平滚动条和垂直滚动条两种。使用滚动条可以方便地浏览工作区内更大范围内的文本。

3.1.2 Word 的基本操作

1．创建新的 Word 文档

（1）利用默认模板建立新文档

这是一个最简单、最直接的创建新文档的方法，即使是初学者也能利用该方法非常方便地创建一个新的文档。因为当你启动 Word 软件后，系统会自动依据默认模板迅速建立一个名为"文档×"的新文档。如图 3-3 所示（图中为"文档 1"）。

默认模板规定了所建立文档的页面设置，如纸张大小、页边距、版面要求等，以及固定的文字格式、段落格式、视图方式等。原始的默认模板规定的页面大小为标准 A4 纸，即纸宽 21cm、纸长 29.7cm，纸张方向为纵向，上下页边距为 2.54cm、左右页边距为 3.17cm。但由于初学者很难感觉到默认模板的存在，甚至不理解模板的作用，加之默认模板被多人使用后有可能遭到破坏，致使根据默认模板建立的文档可能出现基本格式不同的情况，影响了默认模板的统一性。默认模板文件名为 Normal.dotm，存储在 C:\Users\当前用户名\AppData\Roaming\Microsoft\Templates 目录下，注意 AppData 目录是隐藏的。以前版本的默认模板文件是 NormalOld.dot，也存放在该目录下。

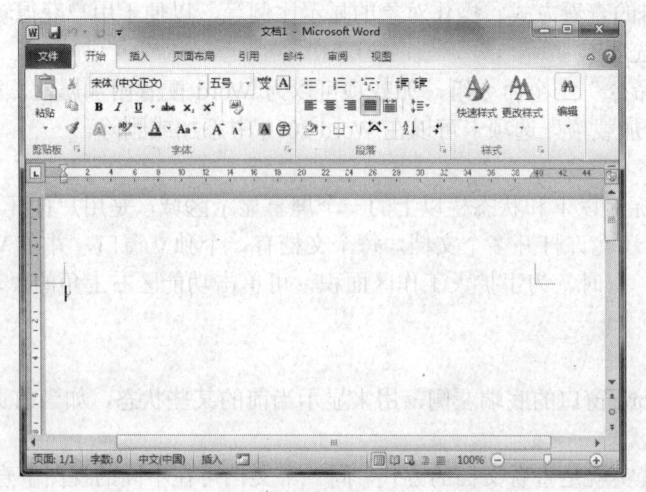

图 3-3 创建新文档

（2）利用特定的模板建立新文档

在 Word 编辑窗口中执行“文件”→“新建”命令，或按组合键 ALT+F 打开“文件”选项卡，执行“新建”命令（或直接按“N”键）均会在窗口右边显示一个“新建文档”对话框，如图 3-4 所示。此时用户可根据需要从中选择特定的模板类型来创建新文档。

图 3-4 利用特定模板创建新文档

模板决定了所建文档的基本结构和一些初始格式设置，使用模板可以最大限度减少文档格式设置的工作量，给用户带来使用上的方便。比如老师在出试卷时可设定好试卷具体的格式，然后保存为模板文件（保存位置可以通过“文件”选项卡中的“选项”命令设定，如果自定义模板文件也保存在系统默认模板文件的位置，则会出现在“我的模板”中），下次使用时就可直接利用该模板制作试卷，不必每次都进行繁琐的格式设置了。

2．打开已有的 Word 文档

当要查看、修改、编辑或打印已存在的 Word 文档时，首先应该打开它。文档的类型可以是 Word 文档，也可以是和 Word 软件兼容的非 Word 文档（如 WPS 文件、纯文本文件等）。

打开 Word 文档最简单的方法是直接双击它，如果该文档默认的打开方式是 Word 的话，系统则会自动启动 Word 软件并打开相应文档。

如果要在已经打开的文档内打开另一个文档，可以执行“文件”选项卡中的“打开”命令，或按快捷键 Ctrl+O，此时，Word 会弹出一个“打开”对话框（见图 3-5）。在“查找范围”列表框中选定要打开文件的所在的文件夹后，就会显示出该文件夹下后缀为.docx 或.doc 的所有 Word 文件，选取 Word 文件名或直接在“文件名”文本框中输入所需的文件名，单击“打开”按钮后即可打开该文档。

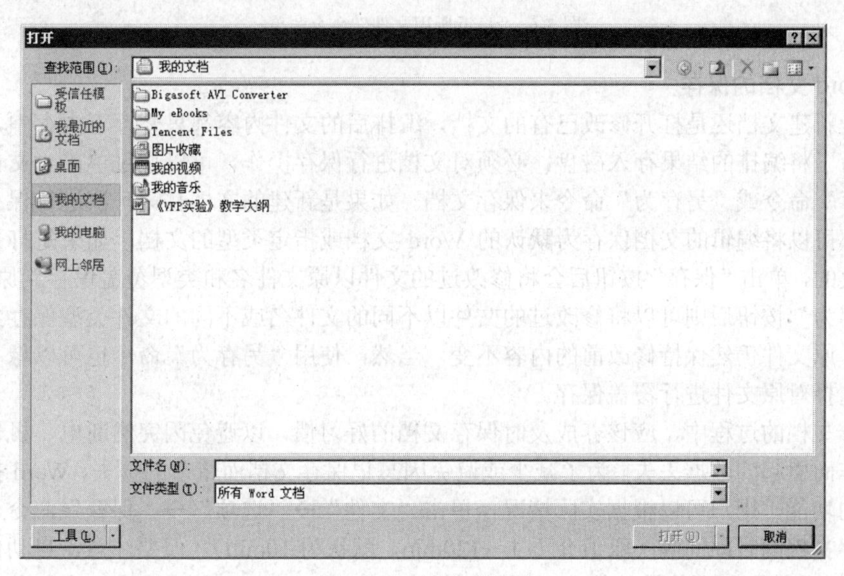

图 3-5 “打开”对话框

如果选定多个文档名，则也可同时打开多个文档。当文件名选定后，单击对话框中的“打开”按钮，则所有选定的文档被一一打开，最后打开的一个文档成为当前活动的文档。

用 Word 软件并非只能打开 Word 文档，只要文档类型属于 Word 可以转换的范围，都可以由 Word 软件自行转换后打开。只有要打开的文档类型超出了 Word 所能处理的文档类型的范围时，系统才会发出警告，并拒绝调入 Word 编辑环境。在“打开”对话框的“文件类型”下拉列表框中列出了所有 Word 能转换的其他文档类型。

如果要打开的是最近使用过的文档，则可执行“文件”选项卡中的“最近所用文件”命令，在随后出现的如图 3-6 所示的“最近所用文件”命令菜单中，分别单击“最近的位置”和“最近使用的文档”栏目中所需要的文件夹和 Word 文档名，即可打开用户指定的文档。

图 3-6 “最近所用文件”命令菜单

3．Word 文档的保存

无论是新建文档还是打开修改已有的文档，编排后的文件内容都只暂存于内存中，并未存到磁盘上。为了将编排的结果存入磁盘，必须对文档进行保存操作，可以通过单击“文件”选项卡中的“保存”命令或“另存为”命令来保存文档。如果是新建的文档且第一次进行保存操作，这两个命令都可以将编辑的文档保存为默认的 Word 文档或指定类型的文档；如果是打开已有的文档进行修改的，单击“保存”按钮后会将修改过的文件以原文件名和类型覆盖保存到原文档位置，单击“另存为”按钮后则可以将修改过的文件以不同的文件名或不同的文件类型保存到另外的地方，此时，原文件仍然保持修改前的内容不变。当然，使用“另存为”命令也可以像“保存”命令一样，选择对原文件进行覆盖保存。

在编排文档的过程中，应该养成及时保存文档的好习惯，以避免因突然断电、机器故障、死机或误操作而引起的数据丢失。为了减少或避免因忘记保存文档而带来的损失，Word 提供了自动保存文档的功能。用户可以根据实际情况，单击“文件”→“选项”→“保存”命令，在其中设定自动保存文档的时间间隔（取值介于 1～120min，默认为 10min）。但要注意，自动保存的文档只能是 Word 文档，而不能是其他非 Word 文档。

正如在 Word 中可以打开非 Word 格式文档，并对其进行编辑一样，用 Word 编辑的文档也可以保存为非 Word 格式的文档，以便提供给其他字处理软件编辑使用。Word 支持保存为非 Word 格式文档的种类很多，主要包括文档模板、纯文本和 RTF 格式文档等。

如果在文档编排结束后忘记了保存文档，直接点击“关闭”命令退出 Word 编辑窗口时，系统会弹出提示对话框，询问是否保存对该文档的修改，此时点击“是”按钮，系统同样可以保存文档并退出 Word 编辑环境。

4．基本编辑技术

（1）文本的输入

在 Word 编辑窗口中，有一个闪烁的竖型光标，通常被称为“插入点”，它标识着文字输入的位置。随着文本输入的进行，插入点会自动向右移动，当插入点到达页面右边界时会自动移到下一行，用户不要通过按 Enter 键进行换行操作，只有开始编辑一个新段落时或者想在文档中增加一个空行时，才需要按 Enter 键。每按一次 Enter 键就会产生一个段落标记符。

在文本输入过程中，无需过分担心所输入文本的格式、编排等事情，在完成文本录入任务后，可通过 Word 软件非常容易地对文本进行排版、格式化操作。输入效率的提高除了加强训练以外，掌握一些输入技巧也很重要。比如，中英文混合输入时，可按 Ctrl+Space 键进行中英文输入法的切换；需要输入一些特殊符号时，可右击输入法工具栏上的“软键盘”按钮，然后选择一种软键盘，单击相应的特殊字符即可。对于输入的英文，还可以通过按组合键 CTRL+F3 对输入的英文单词在 3 种格式（第一个字母大写其余小写、全部大写、全部小写）之间切换。

（2）文本的选定

要对文本进行格式设定或其他操作时，首先要选定文本。选定文本可以用键盘，当然更多的是用鼠标。除了人们最习惯的通过拖动鼠标来选择文本以外，掌握一些快速选取文本的方法（如表 3-1 所示）很有必要。

表 3–1 使用鼠标快速选取文本

要选取的文本	操作方法
选取一个字或词	在要选取的字或词上双击鼠标
选取一句文本	按住 Ctrl 键，在待选句中单击鼠标
选取一行文本	在待选行左侧文本选择条上（此时鼠标箭头变为向右指）单击鼠标
选取一段文本	在待选段左侧文本选择条上双击鼠标或在段内三击鼠标
选取全文	在文本选择条上三击鼠标
选取矩形文本区域	按下 Alt 键的同时在要选择的文本上拖动鼠标
选取连续区域文本	将插入点定位到待选文本起点，按住 Shift 键用鼠标单击终点
选取不连续区域文本	先拖动鼠标选择一个区域文本，按下 Ctrl 键再拖动鼠标选择其他区域文本

（3）文本的删除

按 Backspace 键可删除插入点前的字符；按 Del 键可删除插入点后的字符；当删除的文本较多时，可先选定要删除的文本，然后再按 Del 键或 Backspace 键删除，也可在选定文本后用“剪切”命令删除。要说明的是，按 Del 键或 Backspace 键删除被选文本时，被删除的内容并不送入剪贴板，而通过“剪切”命令删除时，被删除的文本内容会送入剪贴板中。

删除操作具有一定的破坏性，但用户不必担心误删除文本，因为 Word 提供了“撤销”和“重复”两个命令，当用户对自己的操作感到后悔时，可通过“撤销”命令很方便地撤销前几步操作。

（4）文本的移动

在文本编辑过程中，有时需要对文本的前后顺序进行重新调整，即将一段文字甚至几段文字从一个位置移到另一位置，这就是文本移动。

移动文本一般分为以下 4 个步骤：

- 选定要移动的文本；
- 将选定的文本剪切到剪贴板；
- 将插入点定位到需插入该段文本的位置；
- 粘贴剪贴板中的内容至新位置。

Word 还提供一种用鼠标快速移动文本的方法。具体操作步骤如下：

- 选定要移动的文本；
- 将鼠标指向所选文本，单击鼠标，此时箭头左方出现一条竖虚线，箭柄处有一个虚方框，拖动鼠标直到竖虚线定位到目的位置后松开鼠标。

（5）文本的复制

文本的复制也是将选定的文本从一个位置搬到另一个位置。不同的是移动完文本后，原位置处的文本不再存在；而复制完文本后，原处仍保留着被复制的文本。

复制文本操作方法可参照移动文本操作方法，只要将“剪切”改为“复制”即可。快速复制文本的方法是在拖动鼠标同时按下 Ctrl 键，就可实现复制功能。

复制、剪切、粘贴是在编辑文本过程中经常用到的操作，虽然多数人习惯用鼠标进行操作，但如果使用快捷键操作将更加方便快捷。以上 3 种操作的快捷键分别是 Ctrl+C、Ctrl+X、Ctrl+V。

（6）文本的查找与替换

查找与替换操作主要用于对文档中部分文本的内容或格式进行批量修改。单击“开始”选项卡的“编辑”命令组中的“替换”按钮，即可打开“查找和替换”对话框（如图 3-7 所示）。

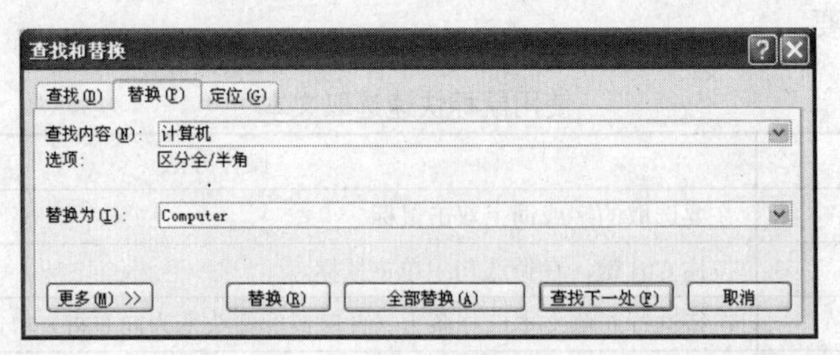

图 3-7 查找和替换对话框

在“查找和替换”对话框的“查找内容”文本框中输入要替换掉的内容，在“替换为”文本框中输入欲替换进的内容（图 3-7 中是将“计算机”替换为“Computer”）。单击“全部替换”按钮，系统将在“搜索选项”中所选范围内的文本实施替换操作，全部替换完后，在显示的替换结果消息框中单击“确定”按钮结束替换操作。

在图 3-7 所示的“查找和替换”对话框中，单击“更多”按钮，则会出现如图 3-8 所示的“查找和替换”对话框。在该对话框中，可以通过带格式的替换操作达到批量修改文本格式的目的。

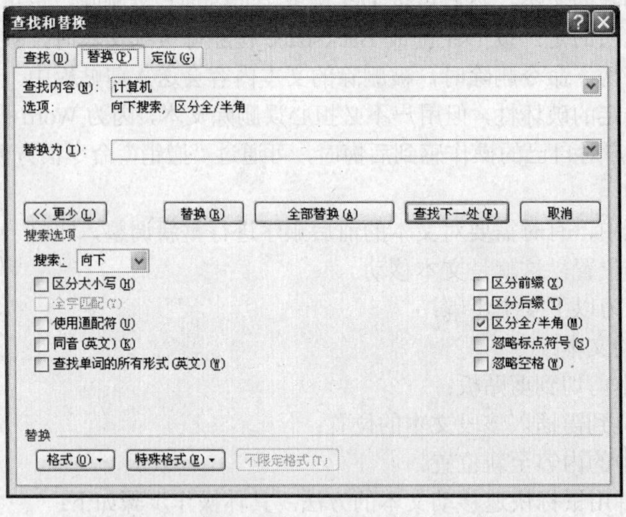

图 3-8 高级功能的“查找和替换”对话框

（7）撤销与恢复

在自定义快速访问工具栏（位于标题栏左端）中，有一个“撤销”按钮和一个“重复”按钮。它们分别代表一组“撤销××”和“重复××”的命令，其中“××”是依据执行该命令前的不同的操作而动态改变的。

在编辑文本过程中，如果产生一些错误的操作，可借助“撤销”与“重复”功能快速恢复至前期状态，这对于用户来说（尤其是初学者）无疑是非常实用的功能。

（8）多窗口编辑技术

Word 允许将一个文档窗口拆分为两个窗口，这样可将一个大文档不同位置的两部分分别显示在两个窗口中，方便编辑；Word 还允许同时打开多个文档进行编辑，每一个文档对应一个窗口。

① 窗口的拆分

使用“视图”选项卡中“窗口”命令组中的“拆分”按钮：单击“视图”→“窗口”→“拆分”，鼠标指针变成上下箭头形状且与屏幕上同时出现的一条灰色水平线相连，移动鼠标到要拆分的位置，单击鼠标左键确定。如果要把拆分了的两个窗口再合并为一个窗口，执行“视图”→“窗口”→“取消拆分”即可。

使用垂直滚动条上方的拆分条：将鼠标移到垂直滚动条上方的小横条上，当鼠标指针变成上一箭头形状时，向下拖动鼠标可将一个窗口拆分为两个。

② 多个文档窗口间的编辑

在“视图”选项卡“窗口”命令组中的“切换窗口”下拉菜单中列出了所有被打开的文档名，其中只有一个文档名前面含有✓符号，它表示该文档窗口是当前文档窗口。单击文档名或单击任务栏中相应的文档按钮可切换当前窗口，执行“窗口”命令组中的“全部重排”命令可将所有打开文档的窗口排列在屏幕上。各文档窗口间的内容可以进行剪切、复制、粘贴操作。

多个文档编辑工作结束后，如果要一个一个地分别保存和关闭，显然会比较费事。最简单的方法是一次操作完成全部文档的保存和关闭。具体方法是：按住 Shift 键，执行“文件”→“全部保存”和“文件”→“全部关闭”命令。

3.1.3 Word 文档的排版

文本输入、修改后，为了使文档具有更好的阅读和打印效果，需要对文档进行排版。如何编排出一篇赏心悦目的文档，这取决于文档的用途和要求以及作者的排版技巧和审美观等。本节介绍一些基本的排版功能。

1. 页面设置

页面设置决定了一篇文档的整体布局，包括文档的页边距、页方向、页大小、页眉页脚、装订线等设定。

单击“页面布局”选项卡中的“页面设置”命令，即可打开“页面设置”对话框（如图 3-9 所示）。

（1）页边距设置

页边距指明了文本正文距离纸张的上、下、左、右边界的大小；纸张方向指的是将所选规格的纸张进行纵向编排或横向编排文本；如果文档需要装订，还要设置装订线位置。

（2）纸张设置

可以根据实际需要选择合适的纸张规格大小，如 A4、16 开等，也可自定义纸张大小；纸张来源是要告诉打印机以什么方式取打印纸，一般在“首页”和“其他页”选项中选择“默认纸盒”即可。

需要注意的是，“纸张”对话框中还有一个“应用于”选项，它表明当前设置的纸张大小的应用范围可以是整个文档，或者是所选定的文本，还可以是所

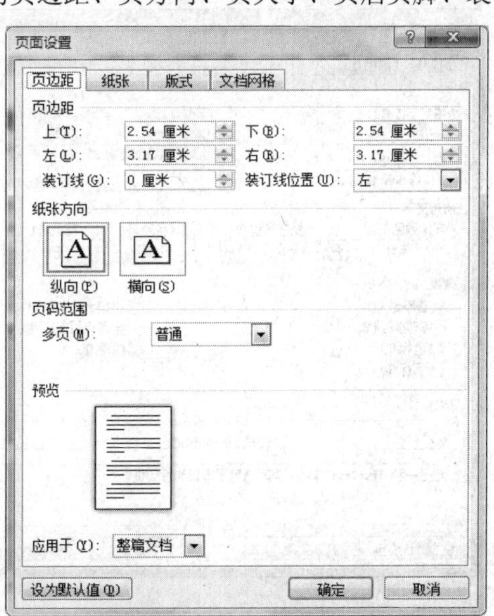

图 3-9 “页面设置”对话框

选定的节。这就是说，一篇文档可以设置不同的纸型。

（3）版式设置

版式是整个文档的页面格局，主要是根据对页眉/页脚的不同要求，设置不同的版式。通常页眉大多用文档的标题制作，页脚则主要设为页码。

在页眉/页脚设定中，默认为所有页的页眉/页脚均相同，但有时会有些特殊的要求：比如首页不同、奇偶页不同，这时就要在相应选项前的复选框中点击选择；甚至有时还要求前几页设置的页眉/页脚和后几页不同，这时还需要将文档先分为不同的节，然后再分别进行设置。

（4）文档网格设置

在“文档网格”对话框中，可设置文档每页的行数、每行的字符数等参数，还可以设置文字排列的方向（水平或垂直）等。

2．字体格式设置

字体格式设置主要包括对文字的字体、字形、大小、颜色、文字效果等属性的设置；还可根据排版的要求，改变字符间距、字宽度和水平位置。

选中要设置格式的字符，选择“开始”选项卡中的“字体”命令组命令，则可打开“字体”对话框（如图 3-10 所示）。

3．段落格式设置

一篇文档通常由许多段落组成，可以根据需要以段落为单位，为每个段落设置各自独有的格式或统一的格式。

段落格式设置主要包括段落的对齐方式、左右缩进大小、特殊格式（首行缩进、悬挂缩进）、行间距、段间距、换行和分页、中文版式等。

选中要设置格式的段落，选择“格式”选项卡中的“段落”命令组命令，则可打开“段落”对话框（如图 3-11 所示）。

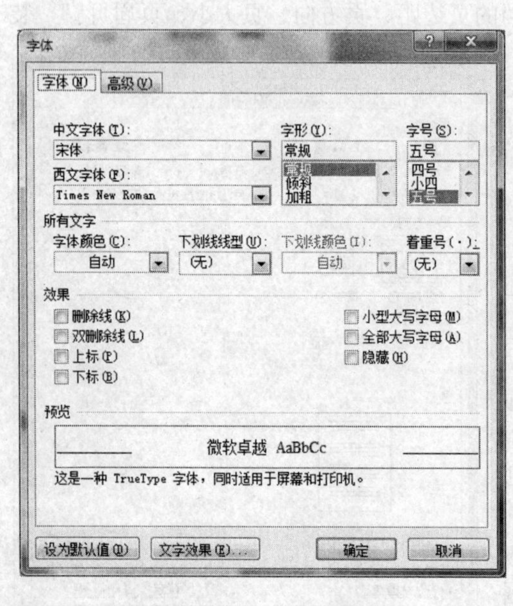

图 3-10 “字体”对话框

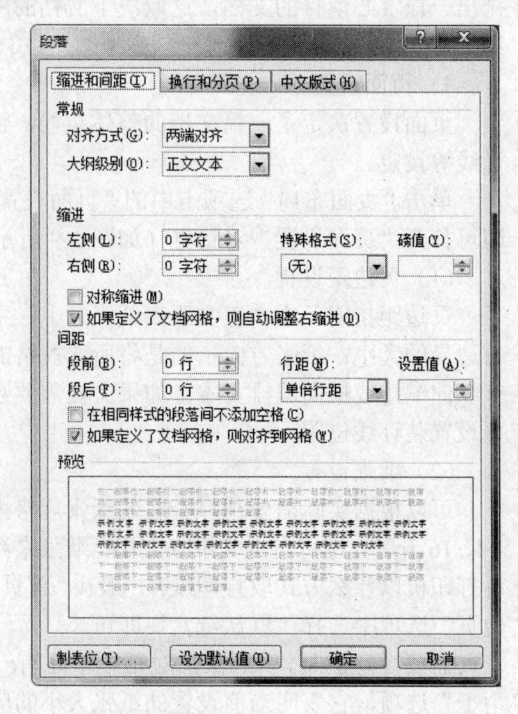

图 3-11 “段落”对话框

4. 页眉与页脚设置

页眉和页脚是打印在一页顶部和底部的注释性文字或图形。它不是随文本输入的，而是通过命令设置的。建立页眉、页脚通过使用“插入”选项卡“页眉和页脚”命令组中的相应命令或功能来实现。为简单起见，下面简述一下建立页眉的操作步骤。

① 单击“插入”选项卡“页眉和页脚”命令组中的“页眉”按钮，打开内置的“页眉”版式列表，如图 3-12 所示。如果在草稿视图或大纲视图下执行此命令，则 Word 会自动切换到页面视图。

② 在内置“页眉”版式列表中选择所需要的页眉版式，并随之键入页眉内容。当选定页眉版式后，Word 窗口中会自动添加一个名为“页眉和页脚工具”的选项卡并使其处于激活状态（如图 3-13 所示）。此时，仅能对页眉内容进行编辑操作，而不能对正文进行编辑操作。若要退出页眉编辑状态，单击“页眉和页脚工具”选项卡“关闭”命令组的“关闭页眉和页脚”按钮即可。

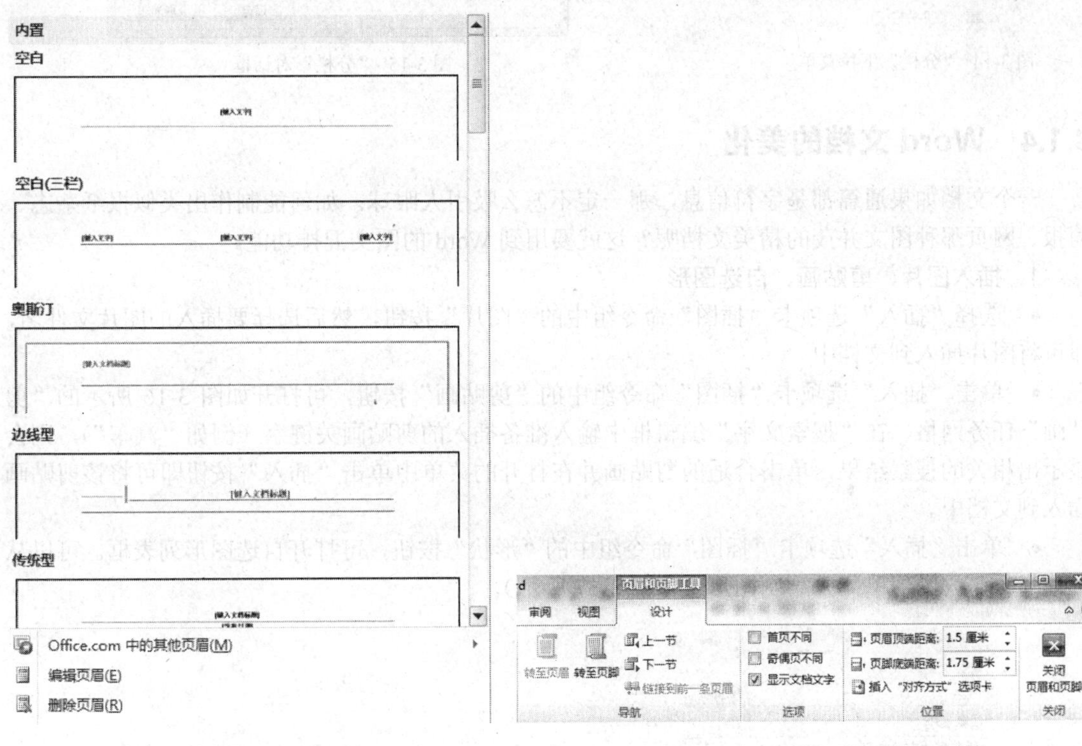

图 3-12 内置“页眉”版式列表

图 3-13 “页眉和页脚工具”选项卡

③ 如果内置“页眉”版式列表中没有所要的页眉版式，可以单击列表下方的“编辑页眉”命令，直接进入“页眉”编辑状态输入页眉内容。

④ 单击“关闭页眉和页脚”按钮，完成设置并返回文档编辑区。

5. 分栏设置

在日常生活中，经常会看到诸如报纸、杂志等编排的多栏排版格式。在 Word 中，同样可以实现多栏排版。分栏设置包括栏数、栏宽和栏间距 3 个参数设置以及在各栏间是否要加分隔线。为方便用户设置，Word 预设了的几种分栏方案供用户选择。

选择要分栏的段落，单击“页面布局”选项卡中“页面设置”命令组中的“分栏”按钮，打开如图 3-14 所示的“分栏”下拉菜单。在“分栏”菜单中，单击所需格式的分栏按钮即可。若“分栏”下拉菜单中所提供的分栏格式不能满足要求，则可单击菜单中“更多分栏”按钮，打开如图 3-15 所示的“分栏”对话框以进行详细设置。

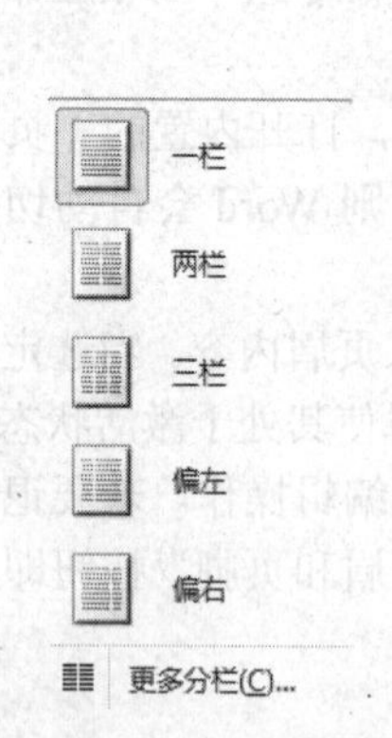

图 3-14 “分栏”下拉菜单

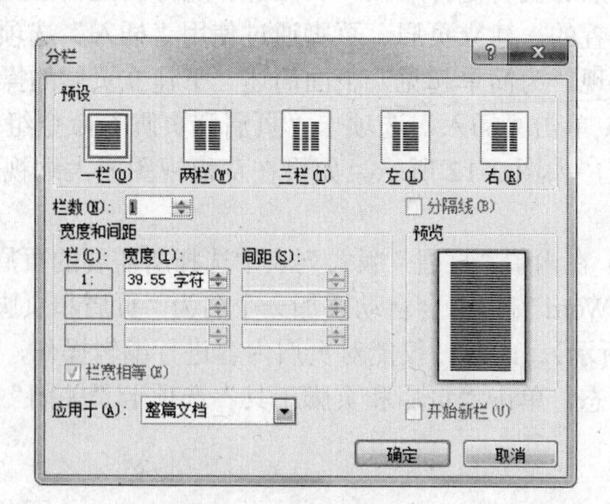

图 3-15 “分栏”对话框

3.1.4 Word 文档的美化

一个文档如果通篇都是字符信息，那一定不怎么吸引人眼球。如何能制作出类似报纸杂志、简报、网页那种图文并茂的精美文档呢？这就要用到 Word 的图文混排功能。

1．插入图片、剪贴画、自选图形

- 选择“插入”选项卡“插图”命令组中的“图片”按钮，然后选择要插入的图片文件名，即可将图片插入到文档中。
- 单击“插入”选项卡“插图”命令组中的“剪贴画”按钮，可打开如图 3-16 所示的“剪贴画”任务网格，在“搜索文字”编辑框中输入准备插入的剪贴画关键字（例如“汽车”），则会显示出相关的搜索结果，单击合适的剪贴画并在打开的菜单中单击“插入”按钮即可将该剪贴画插入到文档中。
- 单击“插入”选项卡“插图”命令组中的“形状”按钮，可打开自选图形列表框。可以从中选择所需的图形单元并绘制图形（如图 3-17 所示）。

图 3-16 “剪贴画”任务窗格

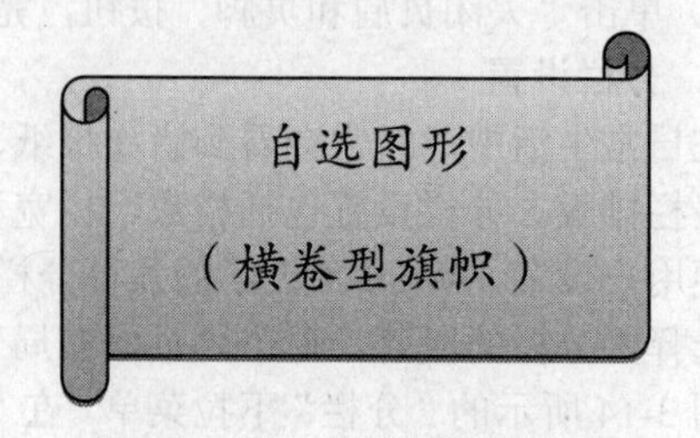

图 3-17 插入“自选图形”示例

提示

插入到文档中的上述对象可根据需要进行编辑、修改以及调整插入对象的大小、格式及文字环绕方式等，还可将不同的自选图形“组合”成一个复杂的整体，方法是按住 Shift 键，依次单击要组合的对象，然后右击组合体，通过快捷菜单的“组合”命令完成组合。

2. 插入文本框、艺术字

对于一些复杂的版面排版，仅通过“分栏”或图文混排等操作仍不能满足要求。为了提高排版的灵活性，可使用“文本框”技术。文本框可以看成一个包含图形、表格、文字等任何文本的局部文档，文本框是一个独立的对象，可以自由移动到页面上的任何位置，因此能满足复杂的版面要求。

单击“插入”选项卡中“文本”命令组的“文本框”按钮，可打开内置的文本框下拉列表框（如图 3-18 所示）。单击所需的文本框，即可在当前插入点插入一个文本框。如果要设置个性化的文本框，可单击内置列表框下面的“绘制文本框”命令，然后在文档中拖绘一个横排或竖排的文本框。值得一提的是，在拖动鼠标的过程中不必在意原来的文档，鼠标拖动所经过的文本不会进入到所绘制的文本框中。文本框遮住原来的文本也不要紧，可以设置文本框的文字环绕方式，让文本框内容与原文档和谐相处。

Word 还提供了艺术字功能，使用艺术字可以快速地将输入的文字转变成特殊风格的文字，节省了用户学习其他绘图软件来设计字体风格的时间。

单击“插入”选项卡“文本”命令组的“艺术字”按钮，会弹出艺术字外观样式列表框，选择其中一种艺术字样式，在弹出的形状框中键入艺术字文本。进而可以设置艺术字文本的样式以及艺术字形状的样式（如图 3-19 所示）。

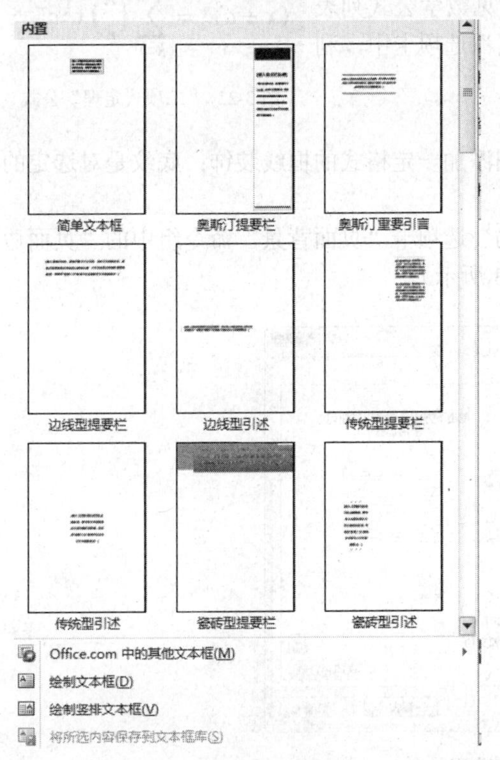

图 3-18 内置文本框下拉列表

Word 2010 使用技巧
插入艺术字

图 3-19 插入“艺术字”示例

3. 首字下沉

将插入点定位到需要设置首字下沉的段落中，单击“插入”选项卡中“文本”命令组的“首字下沉”按钮，可打开“首字下沉”下拉列表（如图3-20所示）。从中可选择“下沉”和“悬挂”两种下沉格式。若要设计更多的下沉选项，可单击下拉菜单中的“首字下沉选项”命令，将弹出如图3-21所示的“首字下沉”对话框，然后再详细设置。

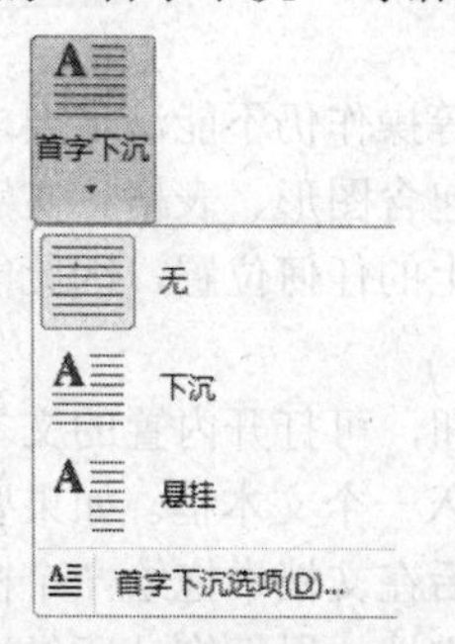

图3-20 “首字下沉”下拉菜单

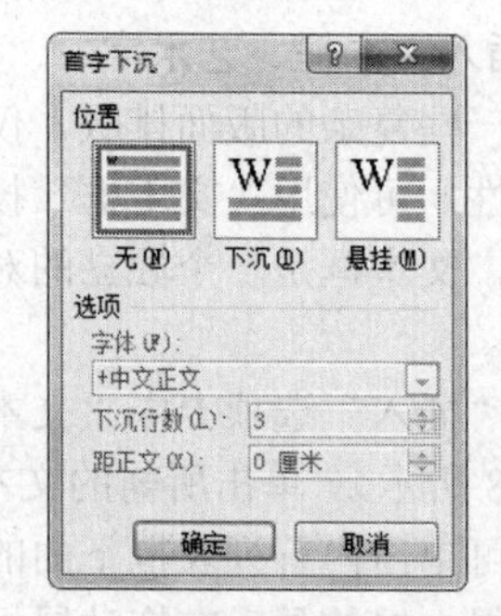

图3-21 “首字下沉”对话框

4. 公式的输入

在一些科技论文编辑中，经常会用到复杂公式的输入，Word提供了众多常见数学公式模板，可方便地解决常见数学公式的输入问题。同时还提供大量数学符号库，用户可以利用符号库构建个性化的复杂公式。

单击“插入”选项卡的“符号”命令组中的“公式”按钮，即可弹出内置的公式编辑模板，根据需要，在模板中选择相应的模板即可创建出相应的公式（如图3-22所示的“二项式定理”公式）。也可以单击内置的常见数学公式列表框下方的“插入新公式”命令，在弹出的“公式工具”选项卡中，利用系统提供的公式工具设计更加复杂的公式。

$$(x+a)^n=\sum_{k=0}^{n}\binom{n}{k}x^k a^{n-k}$$

图3-22 “二项式定理”公式

5. 边框和底纹

边框是在选定的文字或段落甚至整个页面的外围添加一定格式的框线装饰；底纹是对选定的文字或段落背景填充一定的颜色以增加美化效果。

选定好所要装饰的文字或段落，单击“页面布局”选项卡“页面背景”命令组中的“页面边框”按钮，会弹出“边框和底纹”对话框（如图3-23所示）。

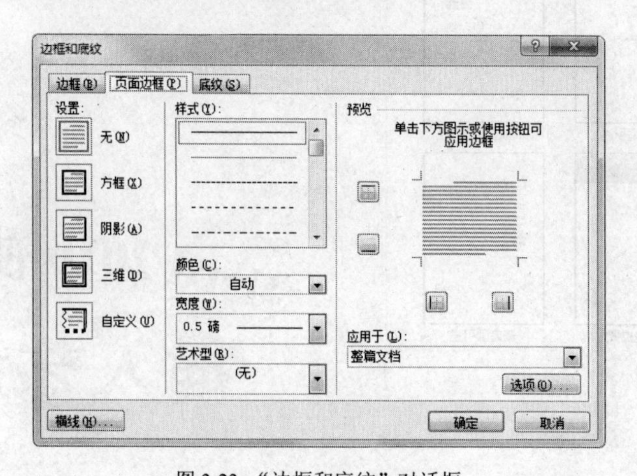

图3-23 “边框和底纹”对话框

在该对话框中选中“边框”选项卡，设置好所需的边框样式、颜色等即可；选择“页面边框”选项卡可为整个页面设置边框；在“底纹”对话框中选择所要填充的颜色可为选定的文字或段落添加背景颜色。

边框和底纹效果示例如图 3-24 所示。

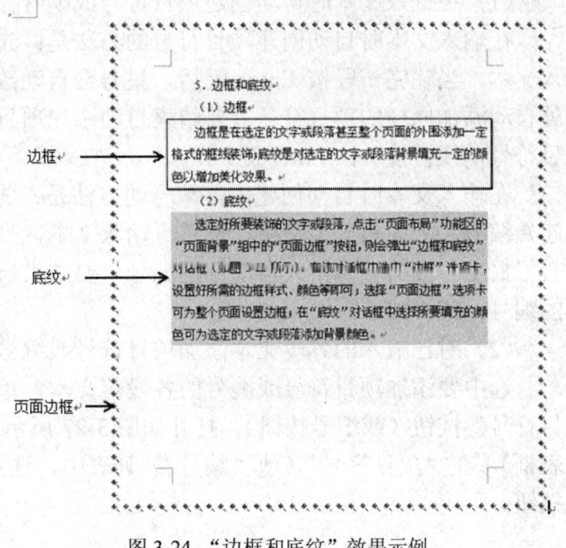

图 3-24　“边框和底纹”效果示例

6. 文档背景设置

底纹只是对所选中的文字或段落背景颜色的设定，Word 还提供了对整个文档背景效果的设置功能。利用该功能，除了可以将整个文档背景设定为不同的颜色外，还可以用不同颜色组合、纹理、图案、图片等作为文档背景进行设置，甚至可以将文档背景设成水印，从而形成多姿多彩的文档背景效果。

（1）填充效果

单击“页面布局”选项卡的“页面背景”命令组中的“页面颜色”按钮，选择其中的“填充效果”命令即可打开“填充效果”对话框（如图 3-25 所示）。通过该对话框可以对文档背景设置不同的色彩效果。

（2）水印制作

单击“页面布局”选项卡的“页面背景”命令组中的“水印”按钮，可打开内置的“水印”模板列表菜单。在列表中选择一个适合的水印模板即可，也可以单击列表框中的“自定义水印”命令，打开“水印”对话框（如图 3-26 所示）。在此，可对水印效果做更多的设定。

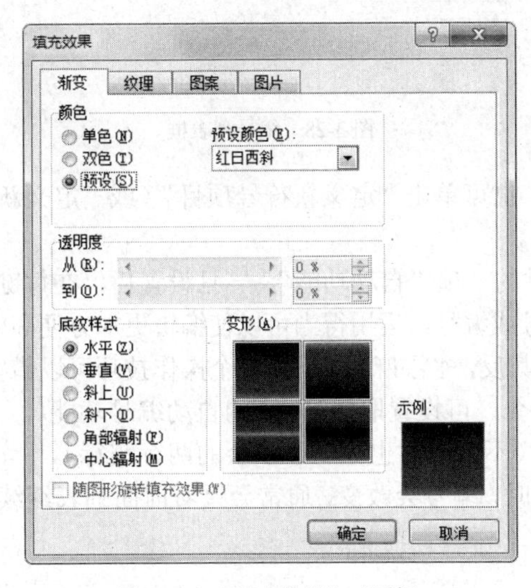

图 3-25　“填充效果”对话框

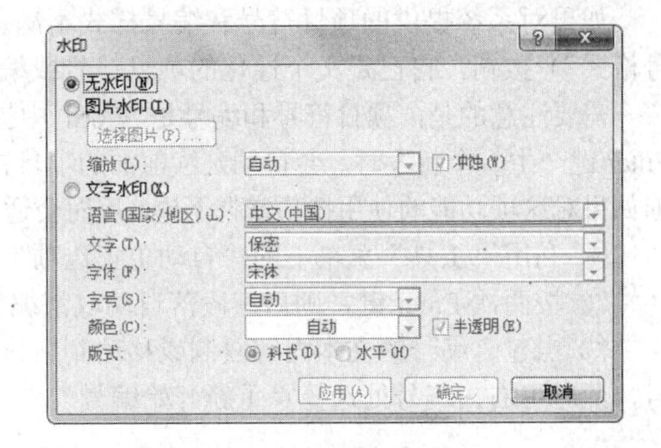

图 3-26　“水印”对话框

7. 项目符号和编号

项目符号是放在各段落前的符号，起强调作用；编号是在各段落前添加的数字序号，以提高文档编辑速度。合理地使用项目符号和编号，可以使文档的层次结构更清晰、更有条理。在 Word 中，可以在键入时自动给段落创建项目符号或编号，也可以给已输入的各段文本添加项目符号或编号。

（1）在键入文本时自动创建项目符号或编号

在输入文本时自动创建项目符号的方法是：先输入一个星号“*”，后面跟一个空格，然后输入文本。当输完一段按 Enter 键后，星号会自动改变成黑色圆点的项目符号，并在新的一段开始处自动添加同样的项目符号。要结束自动添加项目符号，可以按 BackSpace 键删除插入点前的项目符号，或再按一次 Enter 键。

在输入文本时自动创建段落编号的方法是：先输入如“1.”、“(1)”、“一、”、“A.”等格式的起始编号，后面跟一个空格，然后再输入文本，当输完一段按 Enter 键时，在新的一段开头处就会根据上一段的编号格式自动创建编号。要结束自动创建编号，可按 BackSpace 键删除插入点前的编号，或再按一次 Enter 键。

（2）对已输入的各段文本添加项目符号或编号

选中要添加项目符号或编号的各段落文本，单击“开始”选项卡的“段落”命令组中的“项目符号”按钮（或编号按钮），打开如图 3-27 所示的项目符号列表框（或如图 3-28 所示的编号列表框）。在“项目符号”（或“编号”）列表中，选定所需要的项目符号（或编号），单击“确定”按钮。

图 3-27 项目符号列表框

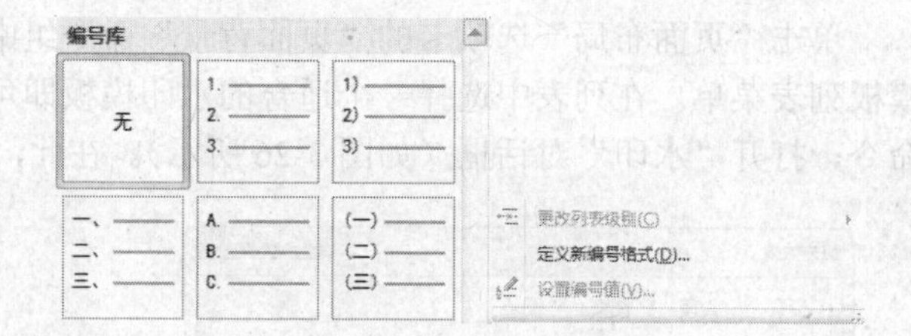

图 3-28 编号列表框

如果对系统提供的项目符号和编号样式不满意，也可单击“定义新符号项目”（或“定义新编号格式”）按钮，自己定义个性化的项目符号或编号。

需要注意的是，项目符号和编号是 Word 中提供的一项“自动功能”，一旦设置后，在每键入 Enter 键产生一个新段时，会自动延续前面的项目符号或编号，运用得当可以使编辑更加方便高效，但如果对这项功能的使用技巧掌握不透，反而会适得其反，平添麻烦。下面几个操作技巧可以借鉴。

① 利用“工具”菜单下的“自动更正选项”命令，可设置取消 Word 的自动编号功能。

② 按两次 Enter 键，则后续段落自动取消编号（不过同时也插入了多余的两行空行）。

③ 当包含编号的文本内容复制或移动到新位置时，编号会改变，通常会接着前面列表继续编号，此时可右击编号处选择“重新开始编号”。

3.1.5 Word 表格制作

表格是中文编辑过程中经常使用到的又一重要对象，Word 虽说是字处理软件，但同样提供强大的表格处理功能。

1. 表格的创建

表格可以看成是由若干行、列围成的单元格组成的。一个单元格就是一个方框，它是表格的基本单元。表格有规则的，也有不规则的，通常的做法是先插入一个若干行、列组成的规则表格，再按照具体要求进行修改；也可以用 Word 提供的内部表格模板自动套用表格格式。

（1）自动创建简单表格

简单表格就是规则表格，表格中只有横线和竖线，不出现斜线。Word 提供 3 种创建简单表格的方法。

① 用“插入”选项卡“表格”命令组中的“插入表格”按钮创建表格。

将光标移动到要插入表格的位置，单击“插入”选项卡“表格”命令组中的“表格”按钮，会弹出如图 3-29 所示的“插入表格”菜单。鼠标在表格框内向右下方向拖动，选定所需的行数和列数。松开鼠标，表格自动插入到当前光标处。

图 3-29 “插入表格”菜单

② 用“插入”选项卡“表格”命令组中的下拉菜单中的“插入表格”命令创建表格。

单击“插入”→“表格”→“表格”→“插入表格”命令，弹出如图 3-30 所示的“插入表格”对话框，输入列数和行数，单击确定即可。

③ 用“插入”选项卡“表格”命令组下拉菜单中的“文本转换为表格”功能创建表格。

选定要转换成表格的文本，单击“插入”→“表格”→“表格”→“文本转换成表格”命令，会弹出如图 3-31 所示的“将文字转换成表格”对话框，输入列数并在“文字分隔位置”选项中，确定文本间的分隔符类型，单击“确定”即可。图 3-32 和图 3-33 所示为转换前后示例效果图。

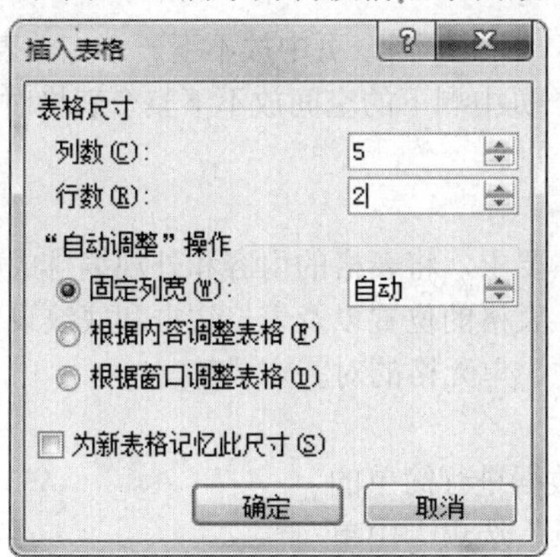

图 3-30 “插入表格”对话框

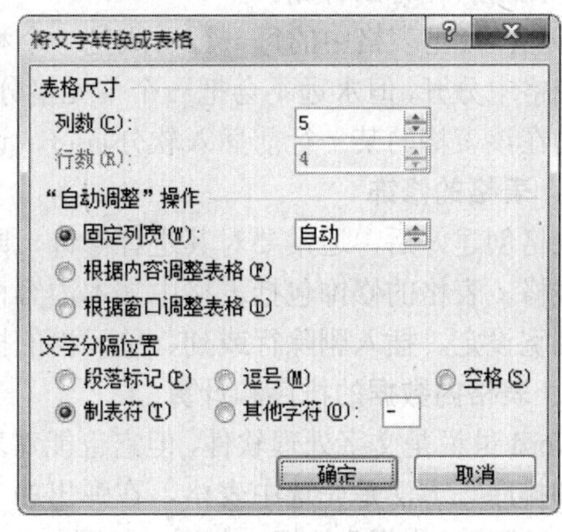

图 3-31 “将文字转换成表格”对话框

国家	金牌	银牌	铜牌	总数
中国	51	21	28	100
美国	36	38	36	110
俄罗斯	23	21	28	72

图 3-32 选定的要转换文本（以制表符分隔）

国家	金牌	银牌	铜牌	总数
中国	51	21	28	100
美国	36	38	36	110
俄罗斯	23	21	28	72

图 3-33 转换后的表格图示效果

（2）手工绘制复杂表格

自动生成的表格一般都比较规则，对于一些包含有斜线等的不规则表格只能采取手工绘制的办法。

① 单击“插入”选项卡“表格”命令组中的“表格”按钮，在打开的“插入表格”下拉菜单

中单击“绘制表格”命令，此时鼠标指针变成笔状，表明鼠标处在“手动制表”状态。

② 将铅笔形状的鼠标指针移到要绘制表格的位置，按住鼠标左键拖动鼠标绘出表格的外框虚线，放开鼠标左键后，可得到实线的表格。

当绘制了第一个表格框线后，屏幕上会新增一个“表格工具”选项卡，并显示激活状态。该选项卡分为“设计”和“布局”两个命令组（如图3-34所示）。

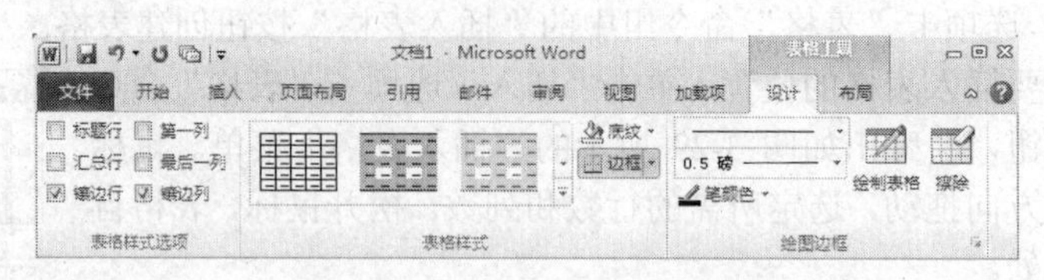

图3-34 “表格工具”选项卡

利用“表格工具”选项卡提供的工具，可以绘制出特定的复杂表格。

2．表格的编辑

创建一个新表格后，接下来就要向表格的单元格中输入有关文本或插入其他对象了。注意，不能在表格的单元格中再插入表格。向单元格中输入和编辑文本的方法和在正文中基本一样，但要注意以下几个问题。

① 表格的输入是以单元格为单位的，各单元格之间相互独立、互不干扰。

② 当输入到单元格中的文本超出单元格宽度时会自动转到下一行，此时单元格也会自动增加高度，以保证容纳下所输入的文本；反之，当单元格中的文本被删除时，Word会根据需要自动减小该单元格所在行的行高。

③ Word把表格中的每一行看成是一个独立的段落，因此，当一页中放不下一个完整表格时，会从表格中分开，但永远不会把一个单元格分开。如果一页中剩下的空间放不下整个表格时，Word会自动在该表格的某一行前插入软分页符，让其另起一页。

3．表格的修饰

表格创建好后，通常要对其进行修饰，即针对具体要求，将表格的内容和外观编排成美观实用的表格。表格的修饰包括表格中文本内容格式设定、表格的位置以及表格边框和底纹设定、行高和列宽设定、插入删除行或列、单元格的拆分与合并、单元格的对齐方式等。

4．表格内数据的排序和计算

Word虽说是文字处理软件，但它也能对表格中的数据进行简单的计算和排序。方法是先选中表格，在弹出的“表格工具”选项卡中单击“布局”→“数据”按钮，会弹出如图3-35所示的数据处理工具框，利用其中的工具可以对表格中的数据进行简单的排序、计算或转换文本等操作。

图3-35 表格数据处理工具栏

3.1.6 Word文档的打印

当文档编辑、排版完成后，就可以打印输出了。Word支持“所见即所得”，因此，打印前可利用打印预览功能先查看一下效果是否理想。如果满意则打印，否则可继续修改。

1．打印预览

执行“文件”→“打印”命令，则会在“打印”窗口面板的右侧看到打印预览的内容，如图3-36所示。

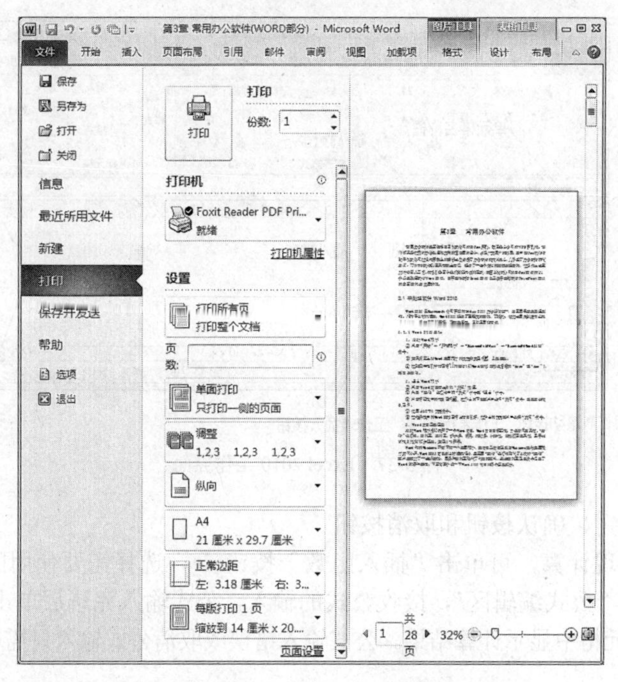

图 3-36 “打印”窗口面板

2. 打印

通过“打印预览”查看满意后即可进行打印了。Word 提供了多种灵活的打印功能，可以打印一份或多份文档，也可以打印文档的某一页或几页。当然，在打印前应该准备好并打开打印机。

3.2 电子表格处理软件 Excel 2010

3.2.1 Excel 2010 概述

在日常工作中，经常需要编制和处理各种表格，有了 Excel 2010，一切都变得轻松、简单。Excel 2010 是一款功能强大的电子表格处理软件，不仅能够建立和管理表格，还可以对表格中的数据进行复杂的运算、图表分析和统计等操作。

在系统中安装了 Excel 2010 后，用户进入和退出 Excel 2010 的方法与 Word 2010 相似，在此不再赘述。

Excel 2010 的工作界面与 Word 2010 相比有许多相似之处，如同样包括标题栏、选项卡、状态栏等，但根据其使用功能的差异，界面也有所变化，如图 3-37 所示。

（1）全选按钮

全选按钮用于选中工作表中所有行和列，一个工作表最多有 65536 行和 256 列。

（2）单元格名称框

单元格名称框中总是显示选中的单元格地址，单元格地址由单元格所在的行和列构成，列标在前，行标在后，如 B6。

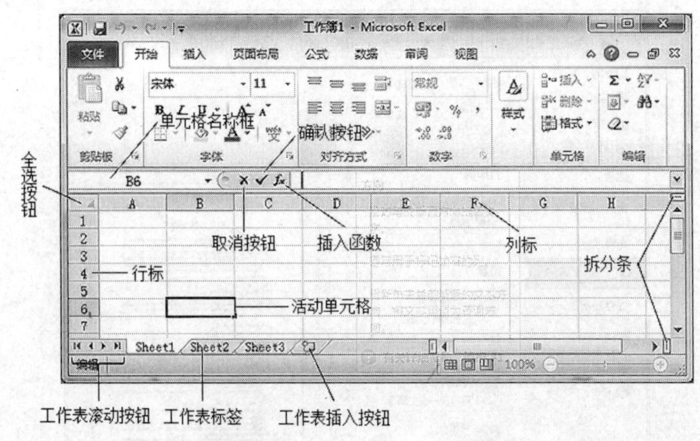

图 3-37 Excel 2010 工作界面

（3）插入函数按钮、确认按钮和取消按钮

若要使用公式实现计算，可单击“插入函数”按钮 f_x，选择需要使用的函数。“插入函数”按钮之后的区域称为“公式编辑区”，接收公式的输入，公式输入完毕后单击“确认”按钮✓完成公式的输入，并在单元格中显示计算结果。公式输入错误或取消公式输入只需单击“取消”按钮✕。

（4）活动单元格

在 Excel 表格中输入数据时，需要先选择输入的位置，选中的单元格称为活动单元格，单元格中可接收任意类型合法的数据。

（5）工作表标签

工作表的管理通过左下方工作表标签实现，单击标签名称可选择工作表，右击标签名称弹出的快捷菜单可对工作表进行插入、删除、重命名、移动、复制等操作。

（6）工作表滚动按钮

当前工作表数目较多，工作表标签处不能显示所有的工作表时，需要使用工作表滚动按钮来切换工作表。

（7）拆分条

使用拆分条可将工作簿窗口分割成多个区域：水平拆分条将窗口分割成上下两个窗口，垂直滚动条将窗口分割成左右两个窗口。这些窗口的工作方式是联动操作，对一个窗口的操作等同于对其余分窗口的操作。

3.2.2 工作表的建立与数据输入

工作表不能离开工作簿而单独存在，因此要建立工作表必须先建立工作簿。

1. 建立和保存工作簿

工作簿是 Excel 2010 建立和操作的文件，包含用户建立的工作表，一个工作簿最多可建立 255 个工作表。

建立工作簿的方法有多种，下面介绍常用的几种方法。

- 单击“开始”按钮，在开始菜单中选择“所有程序→Microsoft Office→Microsoft Excel 2010”菜单项，系统会启动 Excel 应用程序，同时自动新建一个 Excel 工作簿：“Book1”，并在其中默认新建 3 张工作表：“Sheet1”，“Sheet2” 和 “Sheet3”，如图 3-37 所示。
- 单击快捷访问工具栏上的新建按钮“□”（若没添加此按钮则可添加），也可以建立一个新的工作簿。

- 双击桌面上的 Excel 快捷方式图标。

工作簿的保存方法与 Word 文档相似，文件的扩展名是“.xlsx”，即一个工作簿对应一个扩展名为“.xlsx”的文件。

2．建立工作表

工作簿新建之后系统会默认建立三张工作表，上面已有叙述。若要再建立其他工作表，只需单击“工作表标签”右侧的“工作表插入”按钮，就可创建一个新的工作表。也可以在工作表标签名称处，单击鼠标右键，选择“插入”即可。

使用 Excel 操作的第一步是建立工作表，Excel 的一切操作均以工作表中的单元格为基本操作单位。下面介绍一些单元格（或区域）的选取方法。

3．单元格的选取

单元格是工作表的最小单位。要把数据输入到某个单元格中，或对某个单元格中的内容进行编辑，就要选取被操作的单元格。

（1）单个单元格的选取

用鼠标单击要选择的单元格，该单元格就被粗黑边框包围，表示选中了该单元格。该单元格被称为活动（或当前）单元格。

（2）多个连续单元格（单元格区域）的选取

方法一：用鼠标指向选择区域左上角第一个单元格，按下鼠标左键拖曳至选择区域右下角最后一个单元格。

方法二：用鼠标单击选择区域左上角第一个单元格，按住 Shift 键，再用鼠标单击选择区域右下角最后一个单元格。

（3）整行或整列单元格的选取

用鼠标单击工作表相应的行号或列标，即可选择一行或一列单元格。若此时用鼠标拖曳，可选择连续的整行或整列单元格。

（4）多个不连续单元格或单元格区域的选取

选择第一个单元格或单元格区域，按下 Ctrl 键不放，用鼠标再选择其他单元格或单元格区域，最后释放 Ctrl 键。

（5）多个不连续行或列的选取

用鼠标单击工作表相应的第一个选择行号或列标，按 Ctrl 键不放，再用鼠标单击其他选择的行号或列标，最后释放 Ctrl 键。

（6）全部单元格的选取

用鼠标单击“全选”按钮（见图 3-37 中工作表左上角行号与列标交叉处），可选取当前工作表中的全部单元格。

4．工作表数据的输入

（1）文本输入

输入文本时靠左对齐。要输入纯数字的文本（如：身份证号、电话号码等），此时在第一个数字前加上一个英文标点单引号“'”即可（如：'8303866）。若要设置文本的字体，则使用“开始”选项卡即可。

（2）数值输入

输入数值时靠右对齐，当输入的数值整数部分长度较长时，Excel 用科学记数法表示（如：2.2222E+12），小数部分超过格式设置时，超过部分 Excel 自动四舍五入后显示。

Excel 在计算时，用输入的数值参与计算，而不是显示的数值。例如：某个单元格数字格式设置为两位小数，此时输入数值 12.236，则单元格中显示数值为 12.24，但计算时仍用 12.236 参与运算。

另外，在输入分数（如：3/5）时，应先输入“0”及一个空格，然后再输入分数；或者在分数前加一个英文标点单引号也可以。否则 Excel 把它处理为日期数据（例如：3/5 处理为 3 月 5 日）。

（3）日期和时间输入

Excel 内置了一些日期与时间的格式。当输入数据与这些格式相匹配时，将它们识别为日期或时间。即 Execl 将输入的“常规”数字格式变为内部的日期或时间格式，在单元格中显示。

Execl 常用的内置日期与时间格式有：“dd-mm-yy”、“yyyy/mm/dd”、“yy/mm/dd”、“hh:mm AM”、“mm/dd”等。

例如：输入“99/3/4”，则单元格中显示为“1999-3-4”。

输入“3/4”，则单元格中显示为“3 月 4 日”。

输入时间时，小时、分钟和秒之间用冒号分割。若用 12 小时制表示时间，则再输入一个空格，后跟一个字母 a 或 p 表示上午或下午。

例如：输入“15:25”，则单元格中显示为“15:25”。

输入“11:30 a”，则单元格中显示为“11:30 AM”。

输入“1:36:20 p”，则单元格中显示为“1:36:20 PM”。

输入当天的日期，可按组合键“Ctrl+;”。

输入当天的时间，可按组合键“Ctrl+Shift+;”。

（4）系列数据自动填充输入

在向工作表输入数据时，有时会出现在某一个区域内填相同的数据，或一些系列的日期、数字、文本等数据，例如：在某一列或某一行填相同的邮编；或如系列一月、二月、……十二月；1、2、3……等。Excel 提供了系列数据自动填充输入功能，用户使用该功能可以快速地完成系列数据的输入，而不需要一个一个的输入这些数据。

① 相同数据的输入

方法一：选定输入相同数据的区域，输入数据，按 Ctrl+Enter 键。

方法二：选定数据区域左上角第一个单元格，输入数据，用鼠标指向该单元格右下角的填充柄（此时鼠标指针变为实心十字形），按下左键拖曳到最后一个单元格。

② 系列数据输入

如果要在工作表某一个区域输入有规律的数据，可以使用 Excel 的数据自动填充功能。它是根据输入的初始数据，然后到 Excel 自动填充序列登记表中查询，如果有该序列，则按该序列填充后继项，如果没有该序列，则用初始数据填充后继项（即复制）。

方法：先输入初始数据，用鼠标指向该单元格右下角的填充柄，按下鼠标左键向下或向右拖曳至填充的最后一个单元格。

例如：输入初始数据“星期一”，并拖曳该单元格右下角的填充柄，自动填充给后继项填入“星期二”、“星期三”、……等，如图 3-38、图 3-39 所示，这是使用 Excel 预制的填充的序列填充。

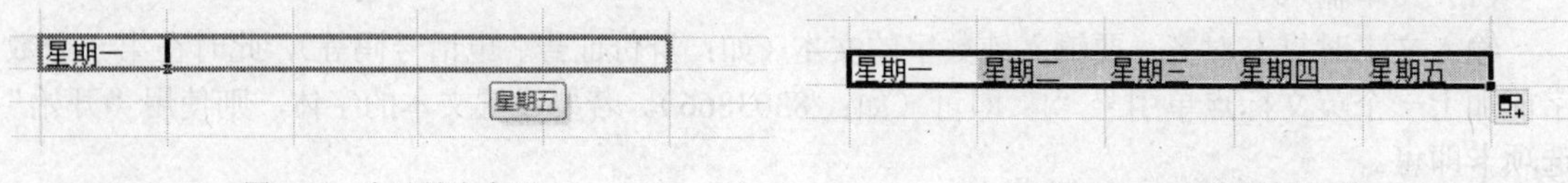

图 3-38　自动填充序列

图 3-39　自动填充序列

如果输入初始数据为一个数值，则应先按住 Ctrl 键，再拖曳该单元格右下角的填充柄，自动填充才给后继项填入数值的递增值，如图 3-40 所示。若没有按下 Ctrl 键，则只是复制该数值到后继项，如图 3-41 所示。

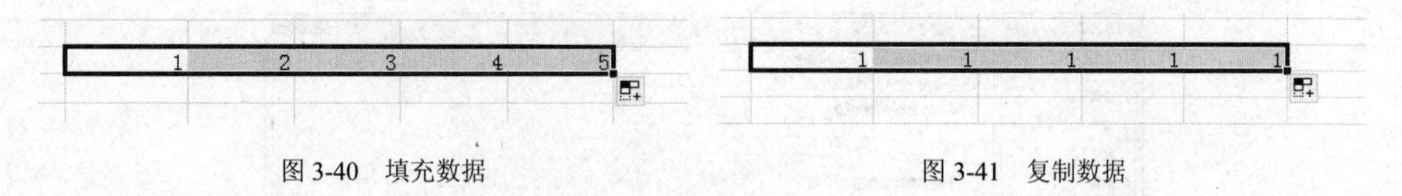

图 3-40　填充数据　　　　图 3-41　复制数据

如果输入初始数据为 Excel 自动填充序列登记表中的某一项，若此时先按下 Ctrl 键，再拖曳该单元格右下角的填充柄，则只是复制该数据到后继项。

例如：输入初始数据“星期一”，先按下 Ctrl 键，再拖曳该单元格右下角的填充柄，则被拖曳到的单元格都填充“星期一”，如图 3-42 所示。

如果输入初始数据为文字数字的混合体，在拖曳该单元格右下角的填充柄时，文字不变，数字递增。例如：输入初始数据“第 1 组”，再拖曳该单元格右下角的填充柄，自动填充给后继项填入“第 2 组”、“第 3 组”、……等，如图 3-43 所示。

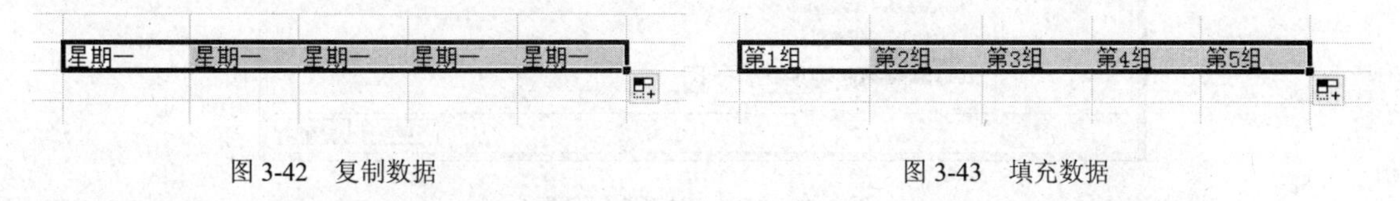

图 3-42　复制数据　　　　图 3-43　填充数据

③ 使用鼠标建立序列

选择要填充区域的第一个单元格并输入初始值，再选定区域中的下一个单元格并输入数据序列中的第二个数值，然后将输入初始值和第二个数值的单元格选中，拖曳该单元格区域右下角的填充柄，自动填充按两个数值之间的差值决定数据序列的步长，并按此步长给后继项填入数据值。例如在连续的两个单元格中分别输入 1 和 3，将两个单元格选中，利用填充柄进行拖动即可实现等差数列的填充，如图 3-44 和 3-45 所示。

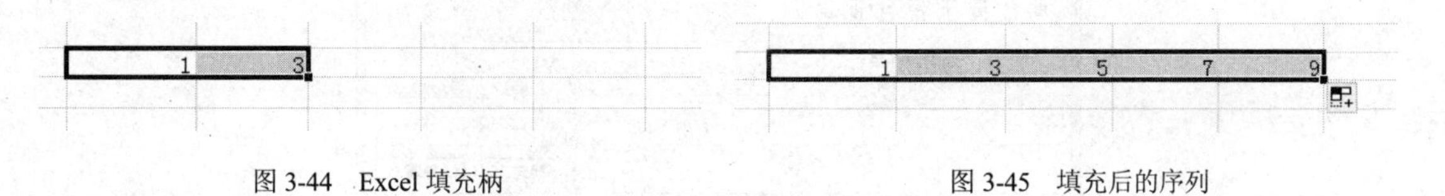

图 3-44　Excel 填充柄　　　　图 3-45　填充后的序列

（5）自定义序列

除了 Excel 提供的常用数据序列以外，用户还可以自定义序列，操作方法是：

① 选择“文件”选项卡中的“选项”命令。

② 在打开的“Excel 选项”对话框（图 3-46）中的左框选择“高级”命令，单击右框底端“常规”选项组中“编辑自定义列表”命令。

③ 在打开的“自定义序列”对话框（图 3-47）中的左框选择“新序列”命令，在右框输入新序列数据，中间用英文标点“,”隔开或以每个数据各占一行的形式输入也可以实现新序列数据的输入，输入完毕后单击最右侧的“添加”按钮即可将新序列插入到自定义序列的最后一行，如图 3-48 所示。

图 3-46 “Excel 选项”对话框

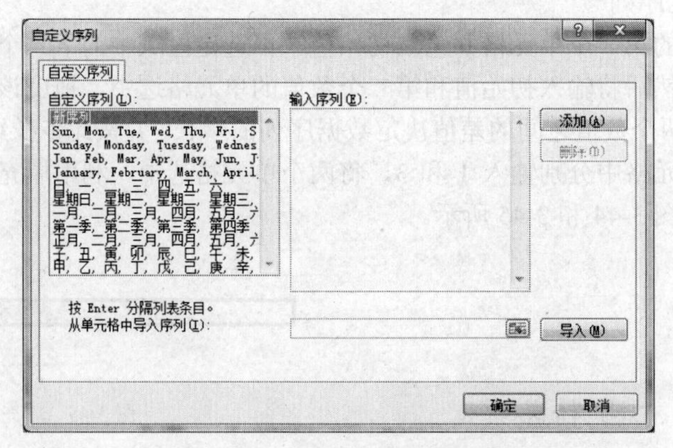

图 3-47 “自定义序列”对话框

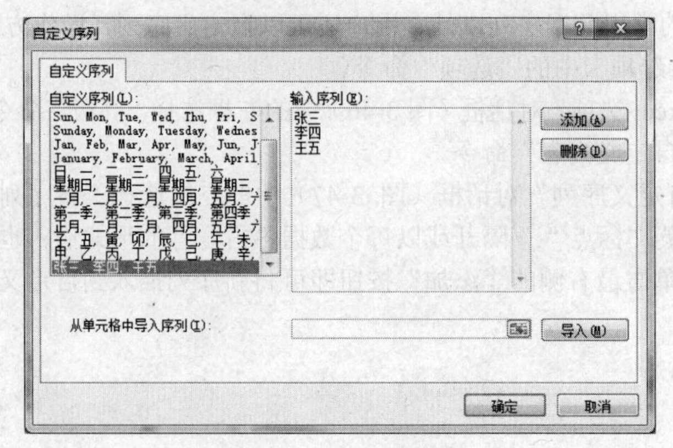

图 3-48 自定义一个序列

3.2.3 工作表的基本操作

1．工作表之间的切换

若要切换工作表，只要在工作表标签处单击需要显示的工作表名称，则该工作表就会显示在窗口中，即成为当前活动工作表，可以进行数据编辑。

2．工作表的插入

指向任意工作表名称处单击鼠标右键，在弹出的快捷菜单（如图 3-49 所示）中选择“插入”子菜单项，在打开的“插入”对话框（如图 3-50 所示）中选择“工作表”，单击“确定”按钮完成操作。

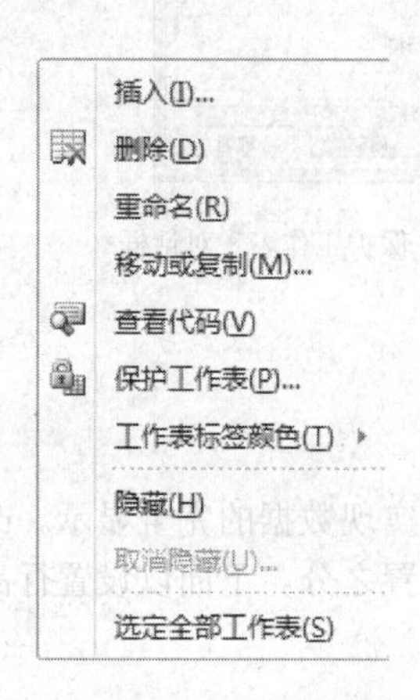

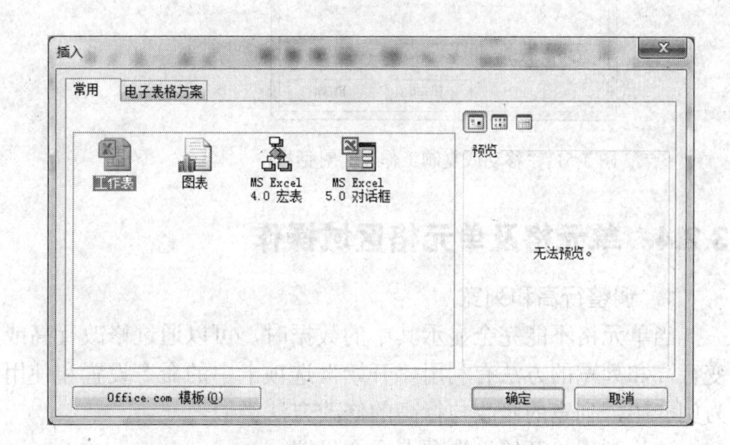

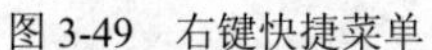
图 3-49 右键快捷菜单

图 3-50 “插入”对话框

3．工作表重命名

用鼠标左键双击工作表名称处，此时工作表名称变成选中状态（或反白显示），输入新工作表名称。或是指向工作表名称处单击鼠标右键，会显示图 3-49 所示快捷菜单，选择“重命名”菜单项，然后输入新工作表名称。

4．工作表的删除

在图 3-49 所示的快捷菜单中选择“删除”菜单项，即可删除指定的工作表。

5．工作表的移动和复制

工作表的移动和复制操作的实现需要先打开如图 3-51 所示的对话框，具体操作方法是，将鼠标移动到需要移动或复制的工作表名称处，单击鼠标右键，打开如图 3-49 所示的对话框，选择“移动或复制工作表（M）”菜单项，“移动或复制工作表”对话框（图 3-51）就会显示出来。

工作表的“移动”和“复制”操作的区别在于，系统默认设置为未选中“建立副本”复选框，即默认操作为“移动”。如果用户想进行复制操作，可选中“建立副本”复选框，完成复制操作。

在图 3-51 所示第 1 个下拉列表框中选择工作簿，在第 2 个列表框中选择需要移动或复制到哪个工作表之前，单击“确定”即可。

6．工作表的移动

同工作表的复制方法，只是不选中下方的“建立副本”选项。

7．保护工作表

Excel 2010 提供了保护工作表的功能，以防止工作表数据被他人任意更改和删除。实现的方法是单击图 3-49 中的“保护工作表”，在打开的“保护工作表”对话框（如图 3-52 所示）中设置该工作表处于保护状态时的密码，选择用户需要设置的项目，单击“确定”按钮。处于保护状态的工作表，依据允许操作的项目来完成操作，否则全部处于受保护状态，要想取消保护，需要提供相应密码。

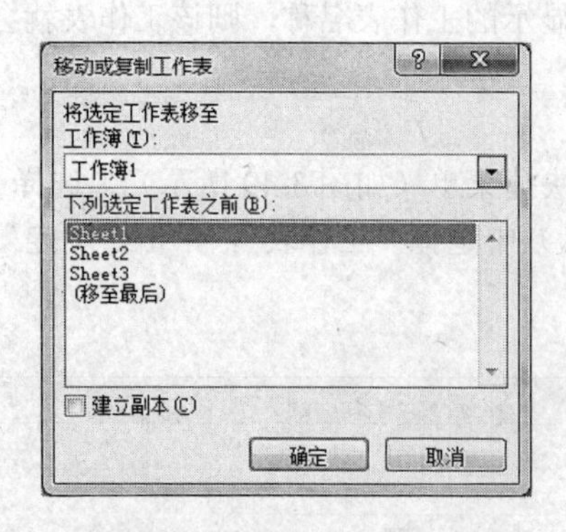

图 3-51 “移动或复制工作表”对话框

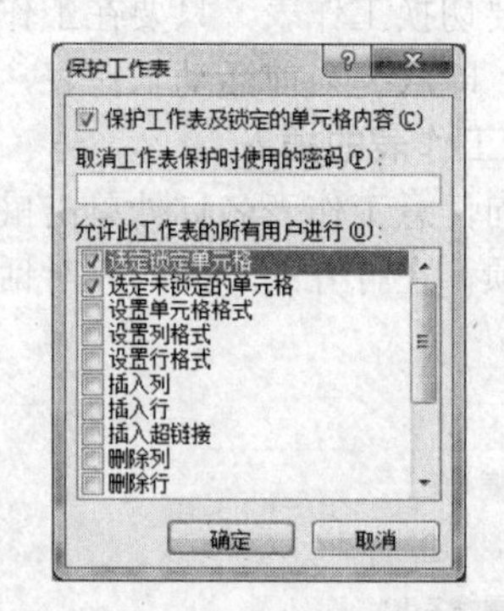

图 3-52 “保护工作表”对话框

3.2.4 单元格及单元格区域操作

1．调整行高和列宽

当单元格不能完全显示其中的数据时，可以通过修改行高或列宽来实现数据的完全显示。改变行高和列宽的方法有利用“开始”选项卡中的命令设置和使用鼠标设置之分。下面以设置行高为例介绍，列宽的修改与行高的修改方法类似。

（1）利用“开始”选项卡命令设置

打开“开始”选项卡，在右端“单元格”命令组中单击“格式”按钮（如图 3-53 所示），在打开的下拉菜单中单击“行高”命令，接着输入对应的行高即可。

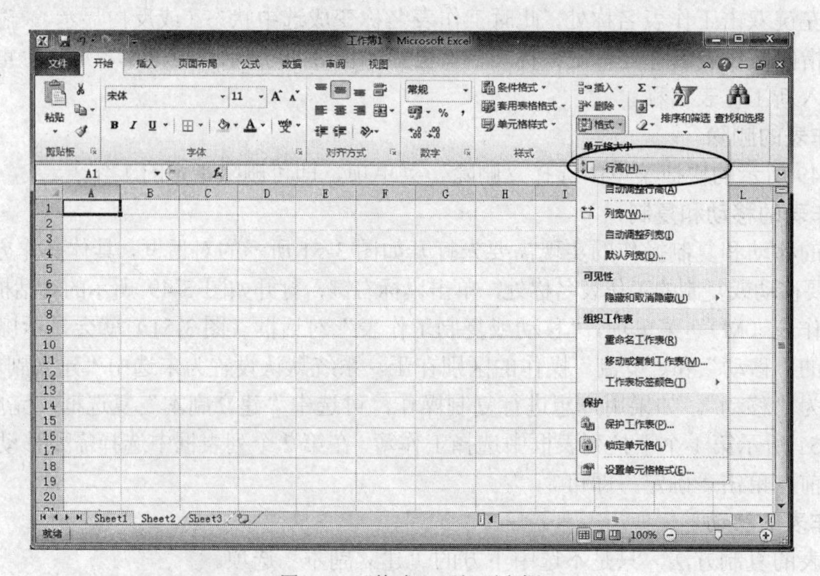

图 3-53 “格式”下拉列表框

若要使行高和列宽自动适应当前单元格的数据，最简便的方式是使用图 3-53 中的“自动调整行高”和“自动调整列宽”命令。

（2）使用鼠标设置

将鼠标移至两行交界处，当鼠标变成上下各带箭头形状指针时，按下鼠标左键拖动至适当行高释放即可，若双击左键，则按本行单元格数据所需的最大行高设置。

2．插入或删除单元格

选中需要插入单元格的位置，单击鼠标右键，在弹出的快捷菜单（见图 3-54）中选择“插入”命令，打开如图 3-55 所示的对话框，选择“活动单元格下移”，单击“确定”按钮，即可在当前单元格的上方插入一个单元格；选择“活动单元格右移”，即可实现在当前单元格的左侧插入一个单元格。根据图 3-55 还可以实现在当前单元格的上方插入一行或左侧插入一列。

若要实现删除单元格或列，只需在图 3-54 中选择“删除”命令，接下来的操作与插入类似。

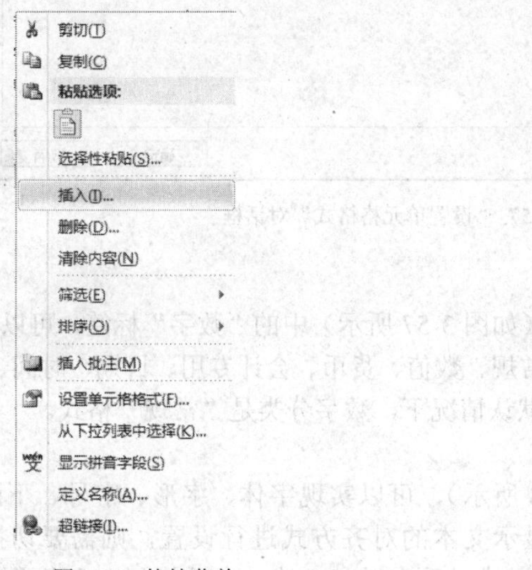

图 3-54 快捷菜单

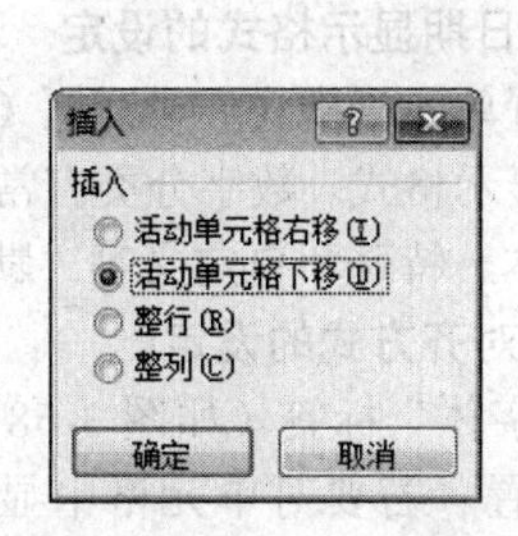

图 3-55 “插入”对话框

3．隐藏与取消隐藏

在 Excel 中允许把多行、多列或工作表中的数据隐藏起来，以使工作表更为简洁。

（1）隐藏行或列和取消隐藏

选择需要隐藏的多行或多列，指向图 3-53 下拉菜单中的“隐藏和取消隐藏”命令，在弹出的子菜单（如图 3-56 所示）中单击“隐藏行”或“隐藏列”，选择的行或列变为不可见，实现了隐藏。

若要取消隐藏，只需在图 3-56 中单击“取消隐藏行”或“取消隐藏列”即可。

（2）隐藏工作表和取消隐藏

在工作表标签处选择需要隐藏的工作表，在图 3-56 中单击“隐藏工作表”完成隐藏操作。若要取消隐藏，单击“取消隐藏工作表”命令，在弹出的对话框中选择需要显示的工作表名称，单击“确定”按钮。

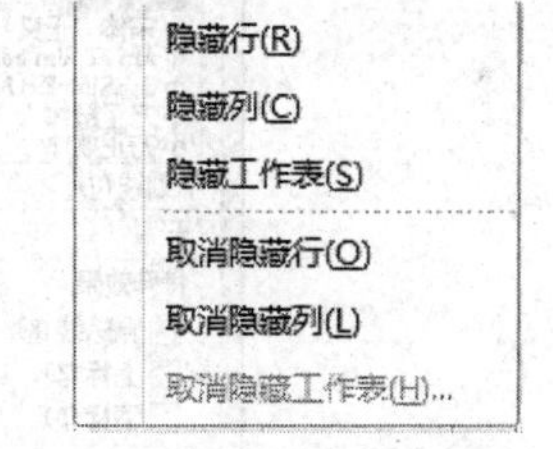

图 3-56 隐藏和取消隐藏子菜单

选择“开始”选项卡的“字体”或“对齐方式”或“数字”命令组右下角的按钮“ ”，可以打开“设置单元格格式”对话框（如图 3-57 所示），该对话框包含“数字”、“对齐”、“字体”、“边框”、“填充”、“保护”6 个标签，切换到相应标签可以对单元格或单元格区域进行格式设置。

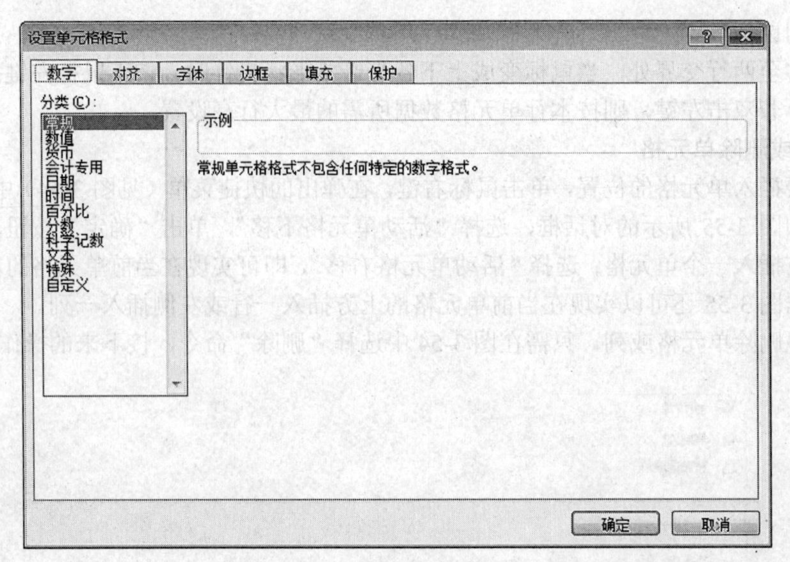

图 3-57 “设置单元格格式”对话框

4. 数字、日期显示格式的设定

打开“设置单元格格式”对话框（如图 3-57 所示）中的“数字”标签，可以设置单元格中数字、日期等的显示格式。数字分类有常规、数值、货币、会计专用、日期、时间、百分比、分数、科学记数、文本、特殊和自定义等。默认情况下，数字分类是“常规”格式。

5. 字体和对齐方式的设定

切换到“字体”标签（如图 3-58 所示），可以实现字体、字形、字号、下画线、颜色、特殊效果等的设置。若要对单元格中显示文本的对齐方式进行设置，则需要切换到“对齐”标签（如图 3-59 所示），实现水平对齐方式、垂直对齐方式、自动换行、合并单元格、文本方向等的设置。

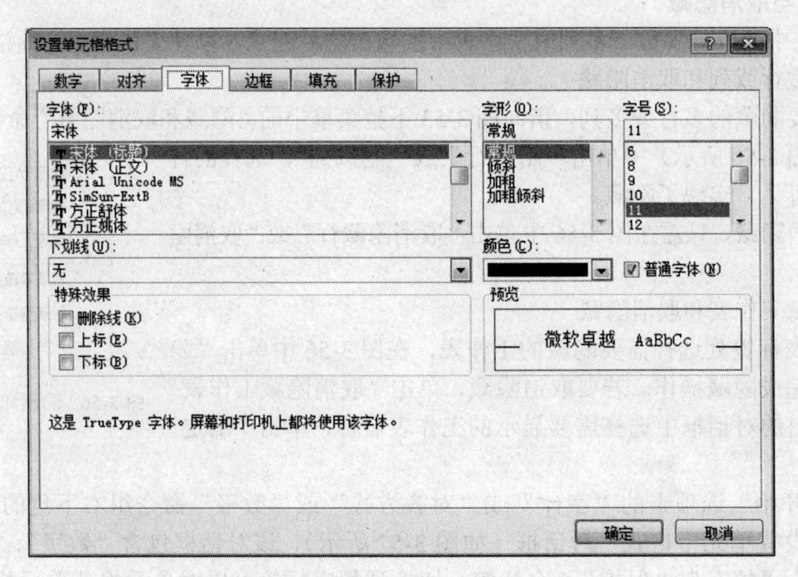

图 3-58 “字体”标签

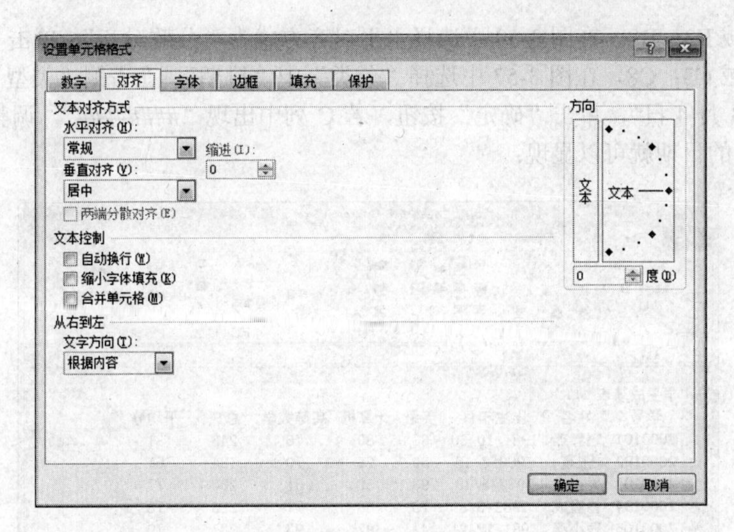

图 3-59 “对齐”标签

6. 表格边框的设置

在 Excel 中创建表格后，默认情况下没有表格框线，若要设置表格框线需要在“设置单元格格式”对话框中切换到“边框”标签（如图 3-60 所示），实现边框线条样式和颜色、边框预设范围等的操作。

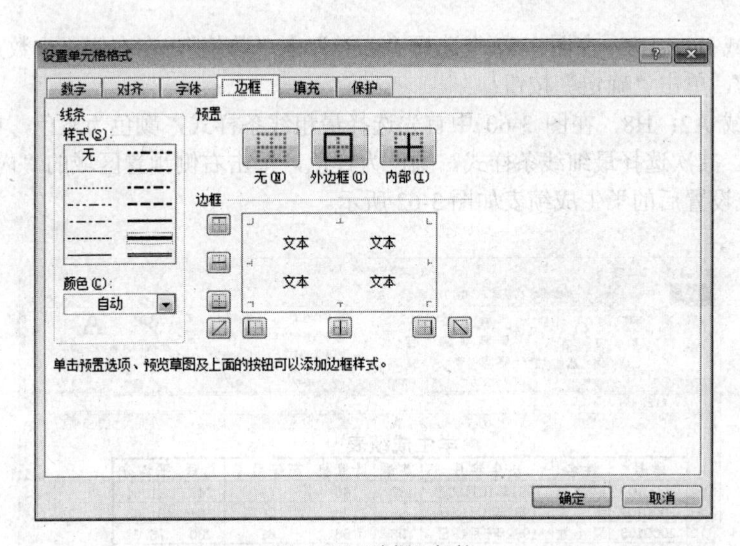

图 3-60 “边框”标签

【例 3-1】打开工作簿“学生成绩表.xlsx”（见图 3-61），合并单元格区域 A1：H1，设置字体为黑体 20 磅；设置 A2：H2 为仿宋、加粗、16 磅；设置 B3：B8 为“分散对齐”方式；设置 C3：C8 按形如“2001 年 3 月 14 日”日期格式显示；设置单元格区域数值 H3：H8 按 2 位小数显示；设置表格 A2：H8 外框线为最粗、蓝色实线，内框线为最细、红色实线。

① 选择区域 A1：H1，在图 3-59 下方勾选“合并单元格”选项，单击“确定”按钮，设置字体为黑体、20 磅；

② 选择区域 A2：H2，打开“设置单元格格式”对话框的“字体”标签，设置仿宋、加粗、16 磅，单击“确定”按钮；

③ 选择区域 B3：B8，在图 3-59 中选择水平对齐方式为“分散对齐”，单击“确定”按钮；

④ 选择区域 C3：C8，在图 3-57 中选择“分类”中“日期”，在右侧“类型”列表框中选择类型“1997 年 3 月 4 日”，单击“确定”按钮，若 C 列中出现“########”，调整 C 列列宽使其足够宽，新格式的日期就可以显现；

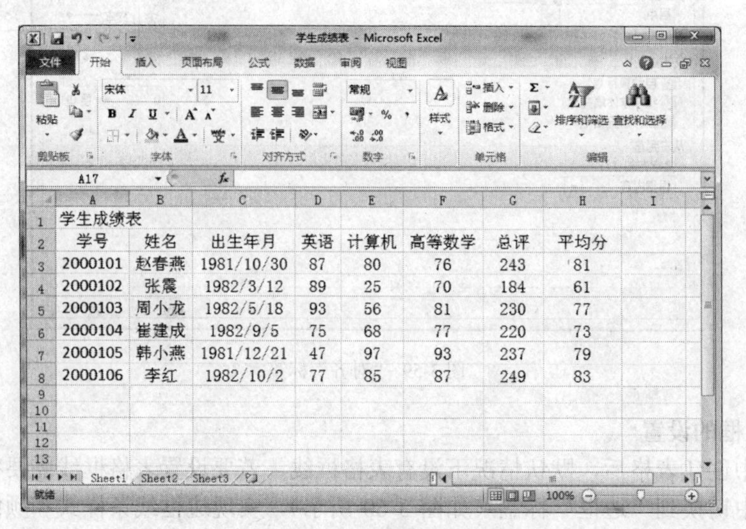

学生成绩表							
学号	姓名	出生年月	英语	计算机	高等数学	总评	平均分
2000101	赵春燕	1981/10/30	87	80	76	243	81
2000102	张震	1982/3/12	89	25	70	184	61
2000103	周小龙	1982/5/18	93	56	81	230	77
2000104	崔建成	1982/9/5	75	68	77	220	73
2000105	韩小燕	1981/12/21	47	97	93	237	79
2000106	李红	1982/10/2	77	85	87	249	83

图 3-61　学生成绩表

⑤ 选择区域 H3：H8，在图 3-57 中选择“分类”中“数值”，在右侧“小数点位数”后设置小数位数为“2”，单击“确定”按钮；

⑥ 选择区域 A2：H8，在图 3-60 中首先选择最粗线条样式，颜色为蓝色，单击右侧预置区域的“外边框”，其次选择最细线条样式，颜色为红色，单击右侧预置区域的“内部”，单击“确定”按钮。完成设置后的学生成绩表如图 3-62 所示。

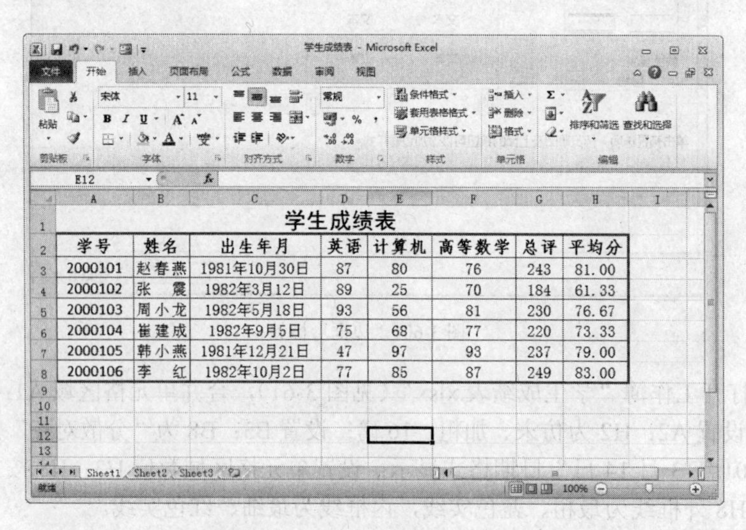

学生成绩表							
学号	姓名	出生年月	英语	计算机	高等数学	总评	平均分
2000101	赵春燕	1981年10月30日	87	80	76	243	81.00
2000102	张　震	1982年3月12日	89	25	70	184	61.33
2000103	周小龙	1982年5月18日	93	56	81	230	76.67
2000104	崔建成	1982年9月5日	75	68	77	220	73.33
2000105	韩小燕	1981年12月21日	47	97	93	237	79.00
2000106	李　红	1982年10月2日	77	85	87	249	83.00

图 3-62　设置完成后的学生成绩表

7. 自动格式化数据

自动格式化数据分为两种，一种是使用单元格样式，一种是套用表格格式。

（1）单元格样式

单元格样式是 Excel 提供的集字体、字号、对齐、边框、图案等多个特征于一体的组合，对单元格或单元格区域应用某种样式，即应用了样式所包含的所有格式设置。单元格样式包括内置样式和新建样式。内置样式是 Excel 内部定义好的样式，用户可以直接使用；新建样式是用户根据需要自定义的样式。

【例 3-2】打开工作簿“学生成绩表 1.xlsx”，设置 A1：H1 为新建样式“表标题”，字体为“黑体”，字号为 16 磅，填充颜色为“蓝色”，填充图案为“25%灰色”。设置单元格区域 A2：H8 样式为“20%-强调文字颜色 6”。

① 选择“开始”选项卡“样式”命令组中的“单元格样式”按钮，在弹出的下拉列表中选择下方的“新建单元格样式”命令，打开“样式”对话框（如图 3-63 所示）；

② 在“样式”对话框中设置样式名称为“表标题”，单击“格式”按钮，设置字体、字号，填充颜色和填充图案，单击“确定”按钮；

③ 选择区域 A1：H1，应用单元格样式为“表标题”，选择区域 A2：H8，应用单元格样式为“20%-强调文字颜色 6”。完成设置后的学生成绩表如图 3-64 所示。

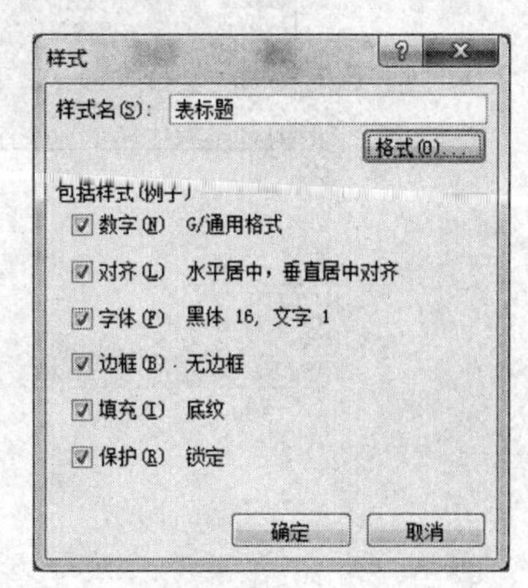

图 3-63　“样式”对话框

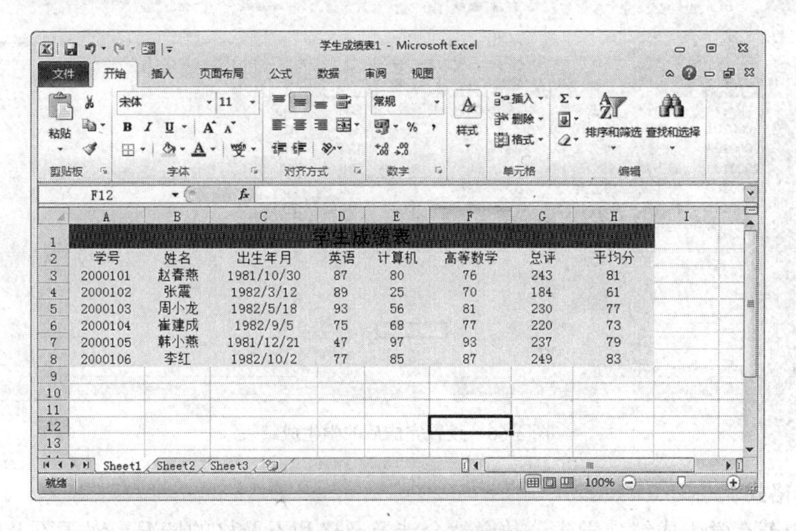

图 3-64　设置完成后的学生成绩表

（2）套用表格样式

套用表格样式是指将 Excel 提供的样式直接应用到指定的表格区域中，使表格具有与样式一致的效果。表格样式也分为内置和自定义两种。内置表格样式主要有“浅色”、“中等深浅”、“深色”3 种类别，每种类别又可以包含若干种。

【例 3-3】对“学生成绩表 1.xlsx”的 A1：H8 区域设置表格样式为“表格样式中等深浅 7”。

① 选择区域 A1：H8，选择“开始”选项卡中的“样式”命令组，单击“套用表格样式”命令；

② 在打开的下拉列表中选择“中等深浅”区域中的“表格样式中等深浅 7”（见图 3-65）。完成设置后如图 3-66 所示。

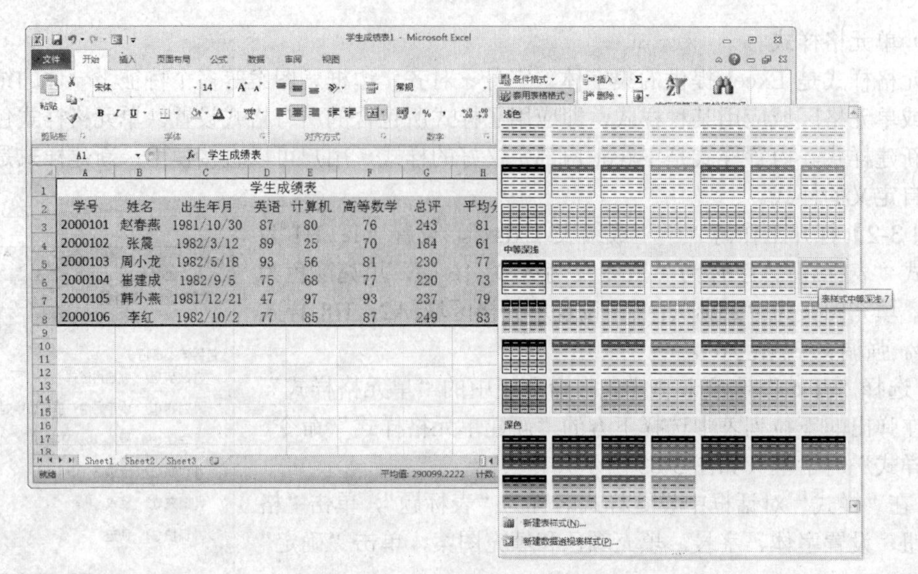

图 3-65　套用表格样式下拉列表框

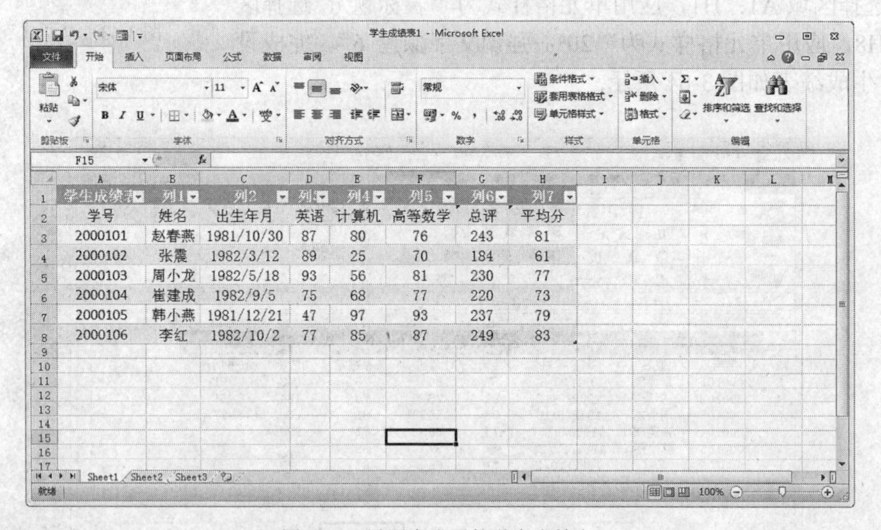

图 3-66　设置完成后的学生成绩表

8．条件格式

在表格中若有学生成绩，学生分数必然会涉及及格和不及格的情况。对于不及格的成绩若想以一定的格式显示（例如以红色、倾斜的形式显示不及格分数），就要用到条件格式。

【例 3-4】打开工作簿“学生成绩表 1.xlsx”，设置工作表中成绩不及格（<60）的分数为红色、加粗、倾斜。

① 选择成绩区域 D3：F8；

② 选择“开始”选项卡中的“样式”命令组，单击“条件格式”命令，依次选择“突出显示单元格格式”、“其他规则”，打开“新建格式规则”对话框（见图 3-67）；

③ 在对话框下方设置：“单元格值”、“小于”、“60”；

④ 单击“格式”按钮，打开“设置单元格格式”对话框，设置颜色为“红色”、字形为“加粗倾斜”，单击“确定”按钮；

⑤ 返回"新建格式规则"对话框后如图 3-68 所示，设置完毕后单击"确定"按钮，单元格区域 D3：F8 显示效果如图 3-69 所示。

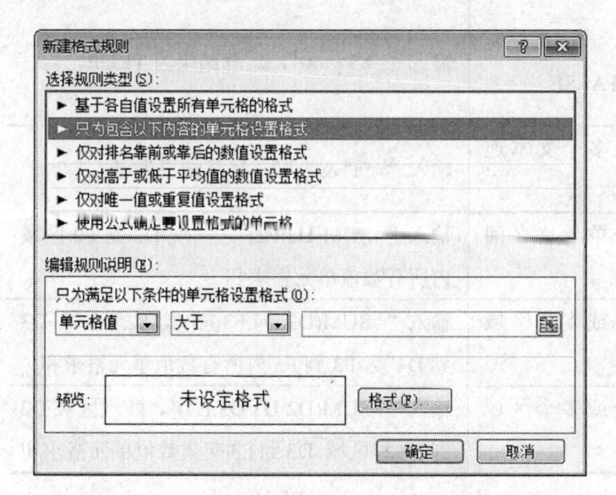

图 3-67 "新建格式规则"对话框

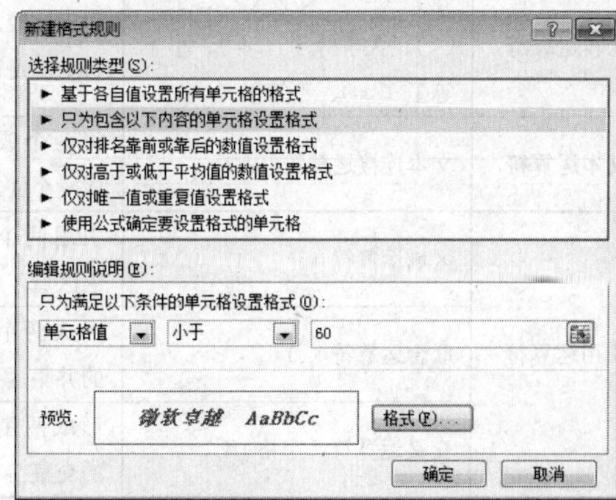

图 3-68 新建格式规则

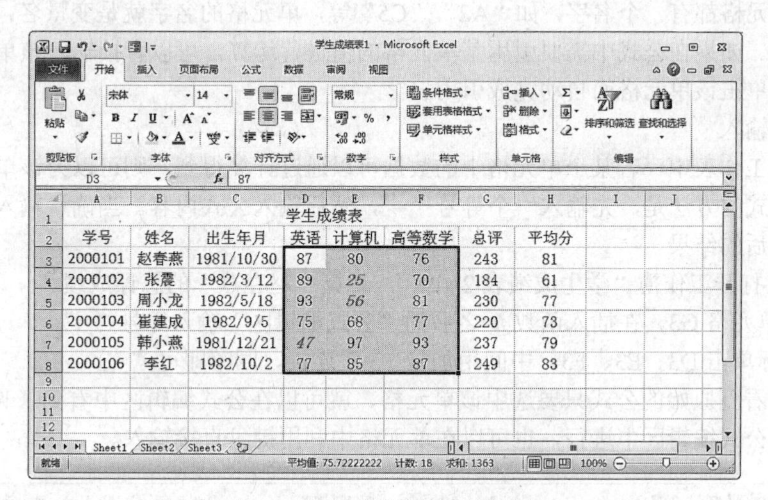

图 3-69 设置完成后的学生成绩表

3.2.5 公式与函数

1. 公式、函数的使用

Excel 具有很强的计算能力，只要在单元格中创建所需要的计算公式，就可以动态地计算出相应的结果。通过 Excel 的公式，不仅可以执行各种普通数学计算与统计，还可以进行因果分析、回归分析等复杂运算。这里只介绍简单的数学计算与统计。

公式由等号（"="）、常量、变量（单元格名称引用，如"B2"）、运算符和函数等组成。Excel 可使用的运算符如表 3-2 所示。

表 3-2 运算符

类 别	符 号	作 用	举 例
算术运算符	加（+）、减（-）、乘（*）、除（/）、乘幂（^）、百分比（%）	遵循运算符的优先级计算结果	输入"=D2+E2*2-F2/3"，则会对该表达式进行算术运算

续表

类　别	符　号	作　用	举　例
比较运算符	等于（=）、大于（>）、小于（<）、大于等于（>=）、小于等于（<=）、不等于（<>）	用于比较，产生结果为 TRUE 或 FALSE	输入“=85>=60”，运算结果为 TRUE
文本运算符	文本连接运算符（&）	将两个或多个文本连成一个文本	输入“="a" & "b"”，运算结果为 ab
引用运算符	区域运算符（:）	引用两个单元格之间的区域	输入“=SUM(D2:F2)”，实现 D2 到 F2 区域内所有数值单元格求和
	联合运算符（,）	形成两个或多个区域的并集	输入“=SUM(D3:D4,F3:F5)”，实现区域 D3 到 D4 及 F3 到 F5 内所有数值单元格求和
	交叉运算符（空格）	形成两个或多个区域的交集	输入“=SUM(D2:D3 D3:E3)”，实现区域 D2 到 D3 和区域 D3 到 E3 交集数值单元格求和

（1）单元格的引用

每一个单元格都有一个名字，如“A2”，“C5”等，单元格的名字就是变量名，单元格的内容则是变量的值。如果在公式中需要引用某单元格的值进行运算，可以直接输入该单元格的名字，也可以用鼠标单击该单元格而自动完成引用。

（2）公式输入

在 Excel 工作表中，若某个单元格中的数据可以通过计算得到，则可以为该单元格输入一个公式。输入公式的方法是，先输入一个等号“=”，然后输入公式内容。当确认输入后，在该单元格中显示计算后的结果。

【例 3-5】 打开工作簿“学生成绩表 2.xlsx”，计算“赵春燕”的总评成绩。

① 选中单元格 G3，在插入函数 *fx* 之后的“公式编辑区”输入等号“=”；

② 用鼠标单击 D3、E3、F3，中间用加号“+”连接，回车即可。

此时要想看到原始的公式只要选中该单元格，就可以在公式编辑区中看到（见图 3-70）。编辑公式可以在公式编辑区中进行，也可以在单元格中利用键盘直接输入。

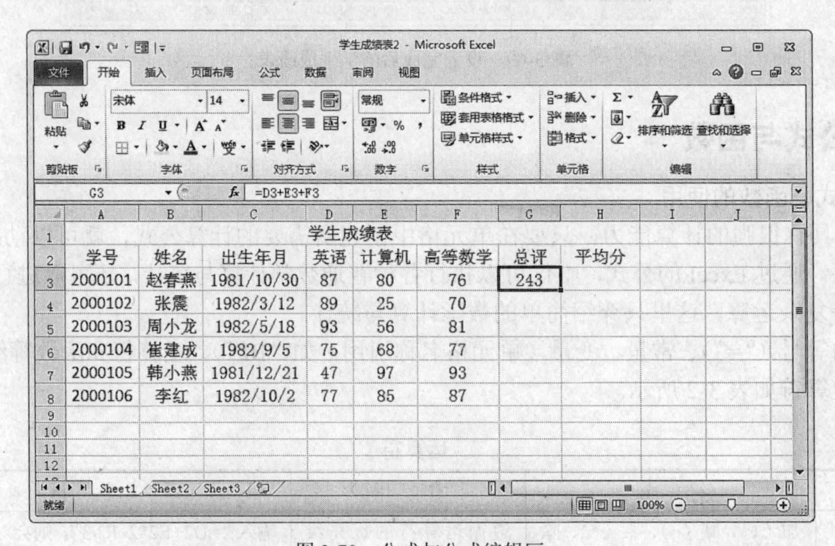

图 3-70　公式与公式编辑区

（3）相对引用与绝对引用

① 相对引用

相对引用方式是指用单元格名称引用单元格数据的一种方式。例如：在计算“赵春燕”的总评分公式中，要引用 D2、E2 和 F2 3 个单元格中的数据，则直接输入或单击这 3 个单元格的名称即可（“= D2+E2+F2”）。

相对引用方法的好处是，当编制的公式被复制到其他单元格中时，Excel 能够根据移动的位置自动调节引用的单元格。例如：要计算学生成绩表中所有学生的总评分，只需在第一个学生总评单元格中输入一个公式（方法如前面计算“赵春燕”的总评分操作），然后用鼠标指向该单元格右下角的填充柄，按下鼠标左键拖曳至最后一个学生总评分单元格释放鼠标左键，所有学生的总评分均被计算完成，如图 3-71 所示。

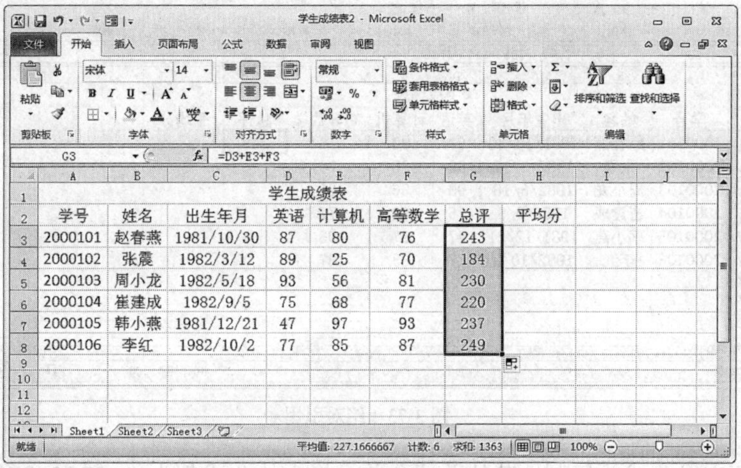

学生成绩表2 - Microsoft Excel
G3
=D3+E3+F3
学生成绩表
学号 姓名 出生年月 英语 计算机 高等数学 总评 平均分
2000101 赵春燕 1981/10/30 87 80 76 243
2000102 张震 1982/3/12 89 25 70 184
2000103 周小龙 1982/5/18 93 56 81 230
2000104 崔建成 1982/9/5 75 68 77 220
2000105 韩小燕 1981/12/21 47 97 93 237
2000106 李红 1982/10/2 77 85 87 249
平均值: 227.1666667 计数: 6 求和: 1363

图 3-71　相对引用

在公式的复制过程中，其公式中引用单元格的行号随向下移动的位置而自动改变。同样，如果在行方向进行复制公式操作，则公式中引用单元格的列标也随移动的位置而自动改变。如果复制公式操作既有行方向又有列方向的移动，则公式中引用单元格的行号和列标都随移动的位置而自动改变（见图 3-72）。

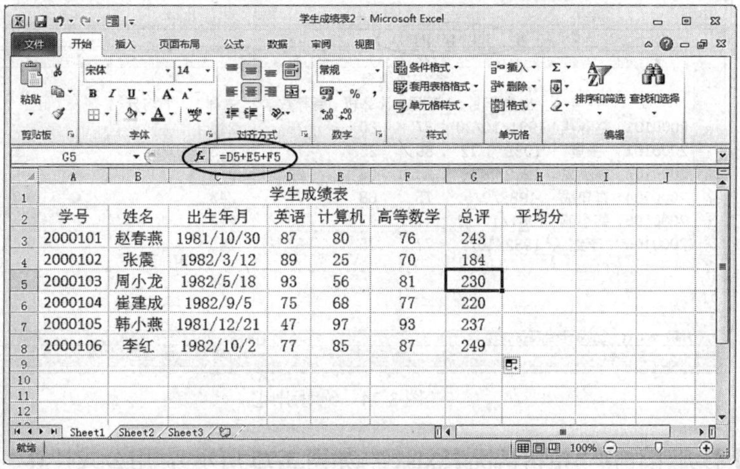

学生成绩表2 - Microsoft Excel
G5
=D5+E5+F5
学生成绩表
学号 姓名 出生年月 英语 计算机 高等数学 总评 平均分
2000101 赵春燕 1981/10/30 87 80 76 243
2000102 张震 1982/3/12 89 25 70 184
2000103 周小龙 1982/5/18 93 56 81 230
2000104 崔建成 1982/9/5 75 68 77 220
2000105 韩小燕 1981/12/21 47 97 93 237
2000106 李红 1982/10/2 77 85 87 249

图 3-72　相对引用

② 绝对引用

引用单元格时使用其绝对地址来定位，假如公式中要引用“A1”单元格，那么不论公式放在哪一个单元格中，被引用单元格的地址始终是“A1”。绝对引用在公式中的书写规定是在单元格名字的列标和行号前各加上一个“$”符号，即“$A$1”。

在行号和列标前面均加上“$”符号。在公式复制时，绝对引用单元格将不随公式位置的移动而改变单元格的引用。如对上例中的第一个总评分计算公式改为“=$D$2+$E$2+$F$2”后，界面如图 3-73 所示。

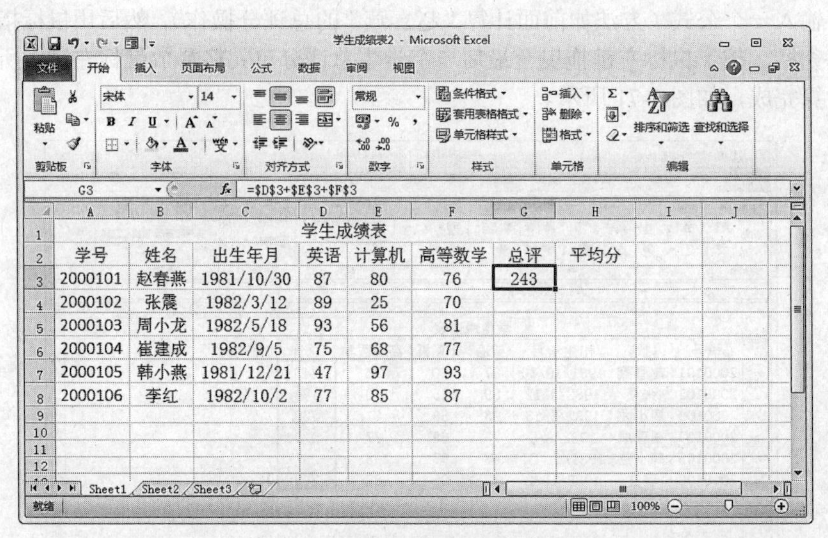

G3 =$D$3+$E$3+$F$3

学生成绩表							
学号	姓名	出生年月	英语	计算机	高等数学	总评	平均分
2000101	赵春燕	1981/10/30	87	80	76	243	
2000102	张震	1982/3/12	89	25	70		
2000103	周小龙	1982/5/18	93	56	81		
2000104	崔建成	1982/9/5	75	68	77		
2000105	韩小燕	1981/12/21	47	97	93		
2000106	李红	1982/10/2	77	85	87		

图 3-73　绝对引用

利用填充柄完成公式的复制，其他总评分单元格中的公式都为“=$D$2+$E$2+$F$2”。因而所有学生的总评单元格中填的都是第一个学生的总评分值 243，如图 3-74 所示。

G5 =$D$3+$E$3+$F$3

学生成绩表							
学号	姓名	出生年月	英语	计算机	高等数学	总评	平均分
2000101	赵春燕	1981/10/30	87	80	76	243	
2000102	张震	1982/3/12	89	25	70	243	
2000103	周小龙	1982/5/18	93	56	81	243	
2000104	崔建成	1982/9/5	75	68	77	243	
2000105	韩小燕	1981/12/21	47	97	93	243	
2000106	李红	1982/10/2	77	85	87	243	

图 3-74　绝对引用

【例 3-6】打开工作簿“植树情况表.xlsx”（如图 3-75 所示），用公式计算“总计”列的内容和总计列内容的合计，用公式计算所占比例的内容（所占比例=总计/合计），单元格中数字的格式为百分比，两位小数。

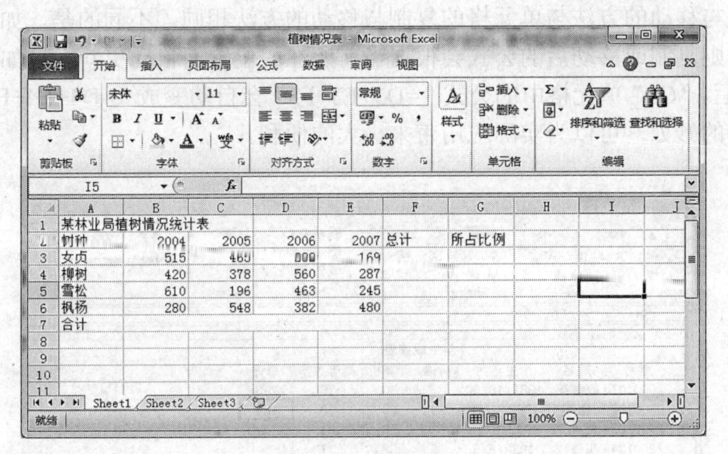

图 3-75　原始数据

① 选择单元格 F3，输入公式“=B3+C3+D3+E3”，按 Enter 键后完成计算，再次选中 F3，利用填充柄将公式向下复制到 F6；

② 选择单元格 F7，输入公式“=F3+F4+F5+F6”，按 Enter 键后完成计算；

③ 在单元格 G3 中输入公式“=F3/$B$7”，按 Enter 键后将结果设置为带两位小数的百分比，利用填充柄将公式向下复制到 G6，完成操作后如图 3-76 所示。

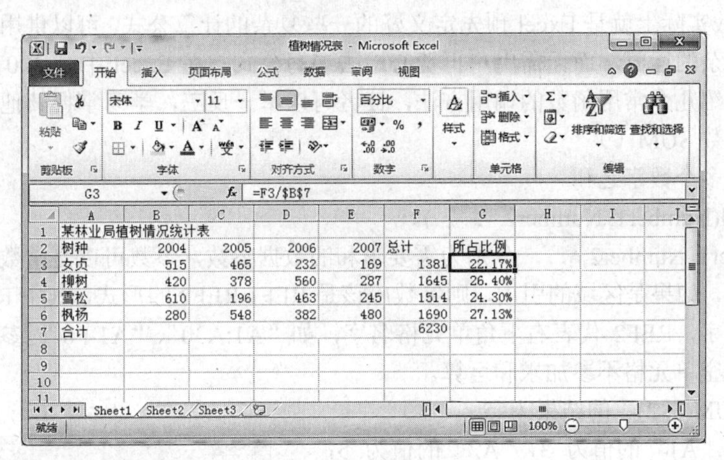

图 3-76　完成后结果

（4）不同工作表中数据的引用

前面讨论的单元格引用都是在同一张表中进行的，如果引用的单元格在另一张表中，则在引用时就需要加上工作表的名字和一个感叹号，如“Sheet2!C4”，引用的是“Sheet2”表中的“C4”单元格。编辑公式时可以先用鼠标单击被引用的工作表标签打开工作表，然后单击需要引用的单元格，最后按 Enter 键即可完成引用。

公式中所使用的所有表达式符号如运算符、引号、括号、函数名等必须为纯西文（半角）符号或英文标点，运算数如文本常量、变量名等可以使用中文符号。

2．公式的复制与移动

公式的复制与移动的方法与单元格的复制与移动的方法相同，不同的是，如果公式中有单元格的相对引用，则复制或移动后的公式会根据当前所在的位置而自动更新。例如将 G3 选中，复制、粘贴到 G4 后，“G3”单元格中的公式“=D3+E3+F3”会自动变成“=D4+E4+F4”（见图 3-77）。这正是相对引用的妙处，可以为实际应用带来极大的便利。

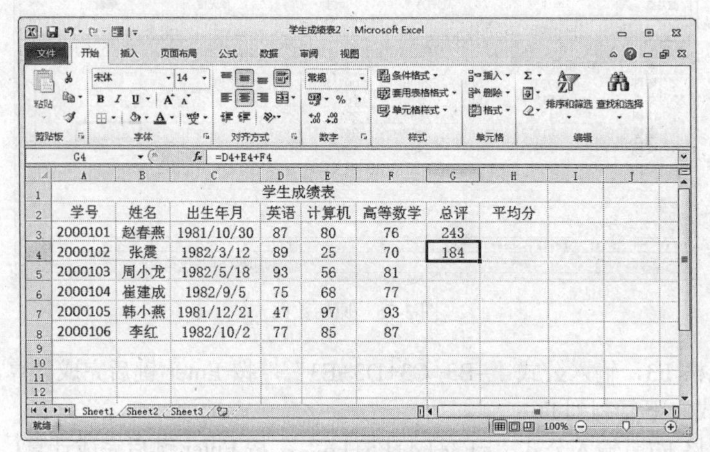

图 3-77　公式复制后的参数变化

3．常用函数的使用

Excel 的函数实际上就是 Excel 预先定义好的一些复杂的计算公式，可以供用户通过简单的调用来实现某些复杂的运算，而无需用户再费心地去书写公式。在 Excel 中有 400 多个函数可供使用，以下我们介绍几个常用函数的调用方法，读者可以举一反三，学习掌握其他函数的使用。

（1）求和函数 SUM（）

功能：计算多个数字之和。

格式：SUM(Number1, Number2, ...)。

其中 Number1, Number2, ... 分别为需要求和的数据参数，参数可以是常数、单元格或连续单元格区域引用，如果是区域的引用，则参数应该是 REF1:REF2 的形式，其中 REF1 代表区域左上角单元格的名字，REF2 代表右下角单元格名字，如“A1:A30”、“A1:F8”。参数区域中包含的非数值单元格和空单元格不参加求和运算。

例如：“=SUM(3, 2)”的结果为 5。

如果单元格“A1”的值为 3，“A2”的值为 5，则“=SUM(A1:A2)”的结果为 8。

如果单元格“A2”至“E2”分别存放着 5，15，30，40 和 50，则“=SUM(A2:C2)”的结果为 50；“=SUM(A1,B2:E2)”的结果为 140。

使用“插入函数”对话框（见图 3-78）可以实现输入和编辑含有函数的公式，“函数参数”对话框可以显示函数的名称、各个参数、函数功能和参数的描述。打开该对话框的操作步骤是：选中要存放结果的单元格，单击“公式”选项卡最左端的“插入函数”按钮（或单击公式编辑栏中的“插入函数”按钮 f_x）。

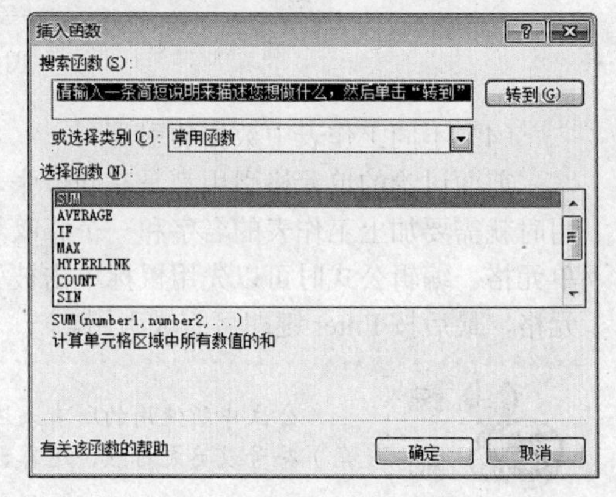

图 3-78 “插入函数”对话框

若知道函数的格式，可以在公式编辑栏中“插入函数”按钮 fx 的右侧公式编辑区直接输入函数。

（2）求平均值函数 AVERAGE（）

功能：计算多个数值的平均值。

格式：AVERAGE(Number1, Number2, . . .)。

参数区域中包含的非数值单元格和空单元格不参加求平均值运算。

例如“=AVERAGE (7, 5)”的结果为 6。

如果单元格“A1”的值为 3，“A2”的值为 5，则“=AVERAGE (A1:A2)”的结果为 4。

如果单元格“A2”至“E2”分别存放着 10，15，30，45 和 50，则“=AVERAGE (A2:D2)”的结果为 25；“=AVERAGE (A2:B2, D2:E2)”的结果为 30。

同样可以使用“函数参数”对话框编辑含有平均值函数的公式，以下不再赘述。

【例 3-7】打开工作簿“学生成绩表 2.xlsx”，计算每位学生成绩的平均分，保留一位小数。

① 选择单元格 H3，打开“插入函数”对话框，选择 SUM 函数，在弹出的“函数参数”对话框中输入“Number1”参数（如图 3-79 所示）或利用“切换”按钮选择数值区域，单击“确定”按钮，设置 H3 数字格式为 1 位小数；

② 利用填充柄将公式复制至 H8 完成所有学生平均分的计算，如图 3-80 所示。

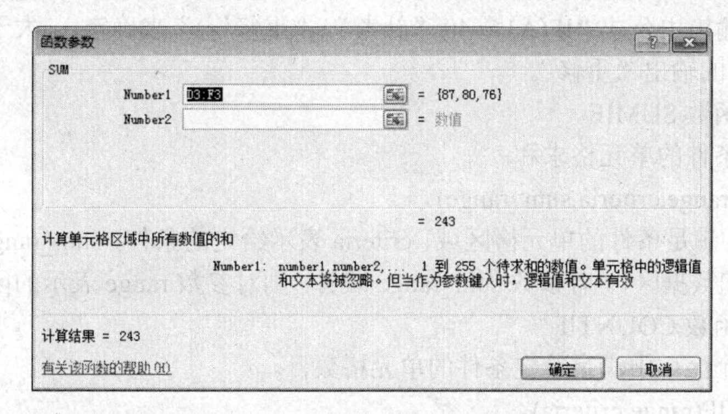

图 3-79　“函数参数”对话框

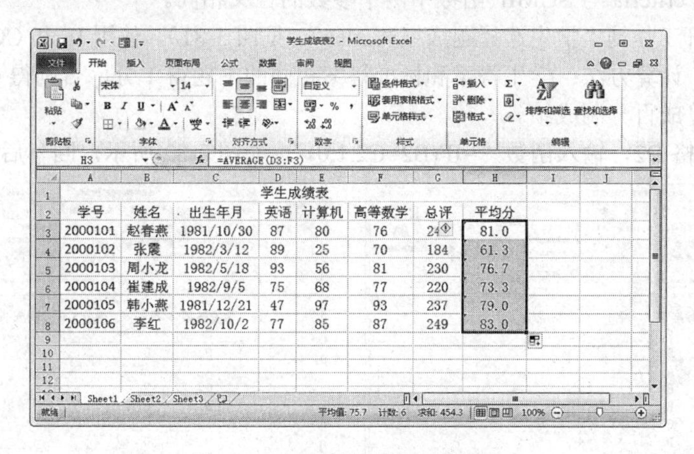

图 3-80　完成计算后的学生成绩表

（3）求最大值函数 MAX（）

功能：找出多个数字中的最大值。

格式：MAX(Number1, Number2, . . .)。

参数区域中包含的非数值单元格和空单元格不参加求最大（最小）值运算。

例如：单元格“A2”至“E2”分别存放着10，15，30，45和50，则“=MAX (A2:E2)”的结果为50。

求最小值只需将函数名改为MIN（）即可。

（4）条件分支函数IF（）

功能：执行条件判断，根据逻辑测试的真假值返回不同的结果。

格式：IF(logical_test, value_if_true, value_if_false)。

参数Logical_test为一个逻辑表达式，表示判断条件，其计算结果可以为TRUE（真）或FALSE（假）。例如表达式“5>3”的值为TRUE，而表达式“5=3”的值为FALSE。

参数 Value_if_true 是当 logical_test 为 TRUE 时返回的值，参数 Value_if_ false 是当 logical_test 为FALSE 时返回的值。

参数Value_if_true和Value_if_false可以是常量，也可以是函数和公式。

例如：单元格“A1”的值为58，则“=IF(A1>59,“及格”,“不及格”)”的结果等于“不及格”，因为条件“A1>59”不成立，所以输出Value_if_ false的值“不及格”。

例如：IF(A1>59,“及格”,IF(A1>=40,“补考”,“重修”))的含义是：大于59分的输出“及格”，小于60分的输出由公式“IF(A1>=40,“补考”,“重修”)”来确定，大于等于40分的输出“补考”，小于40分的输出“重修”。

（5）条件求和函数SUMIF

功能：对满足条件的单元格求和。

格式：SUMIF(range,criteria,sum_range)。

参数range表示满足条件的单元格区域，criteria表示给定的条件，sum_range表示满足条件的单元格对应的“求和数据区”。若参数sum_range缺省，则对参数range表示的区域进行累加求和。

（6）条件计数函数COUNTIF

功能：计算某个区域中满足给定条件的单元格数目。

格式：COUNTIF(range,criteria)。

参数range和criteria与SUMIF函数中两个参数的含义相同。

【例3-8】打开工作簿“学生选择题成绩表.xlsx”（见图3-81），使用IF和COUNTIF函数计算学生选择题成绩。计算方法：学生答案和标准答案相同的1题得1分，否则得0分，统计得分为“1”的个数并换算成百分制成绩。

① 选择单元格D2，输入函数“=IF(B2=C2,1,0)”，如图3-82所示，回车后显示得分1；

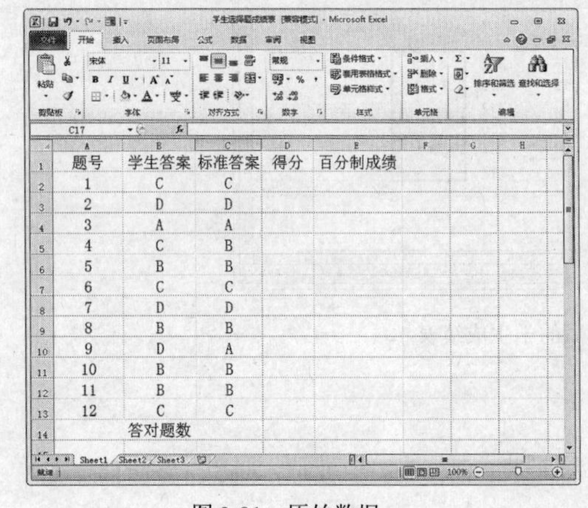

题号	学生答案	标准答案	得分	百分制成绩
1	C	C		
2	D	D		
3	A	A		
4	C	B		
5	B	B		
6	C	C		
7	D	D		
8	B	B		
9	D	A		
10	B	B		
11	B	B		
12	C	C		
	答对题数			

图3-81 原始数据

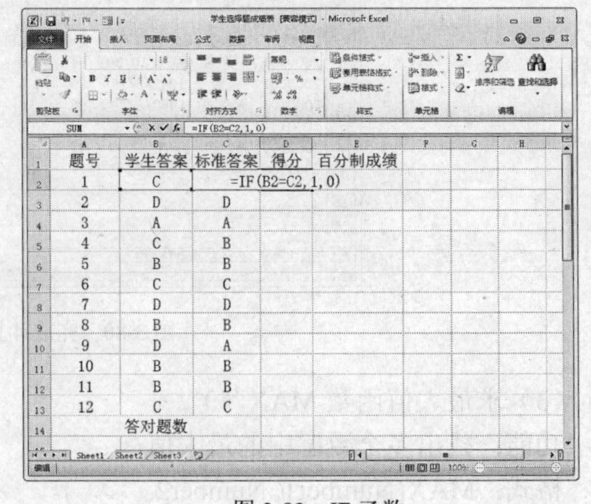

题号	学生答案	标准答案	得分	百分制成绩
1	C	C	=IF(B2=C2, 1, 0)	
2	D	D		
3	A	A		
4	C	B		
5	B	B		
6	C	C		
7	D	D		
8	B	B		
9	D	A		
10	B	B		
11	B	B		
12	C	C		
	答对题数			

图3-82 IF函数

② 使用填充柄将函数复制至单元格 D12，完成得分计算；

③ 选择单元格 D14，输入函数“=COUNTIF(D2:D13,1)”，如图 3-83 所示，按 Enter 键完成答对题数的计算；

④ 选择 E2 单元格，输入公式“=D14*100/12”，按 Enter 键完成百分制成绩的计算，如图 3-84 所示。

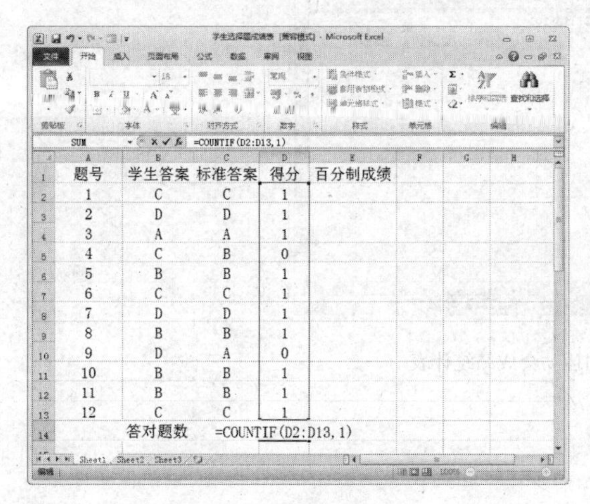

图 3-83 COUNTIF 函数

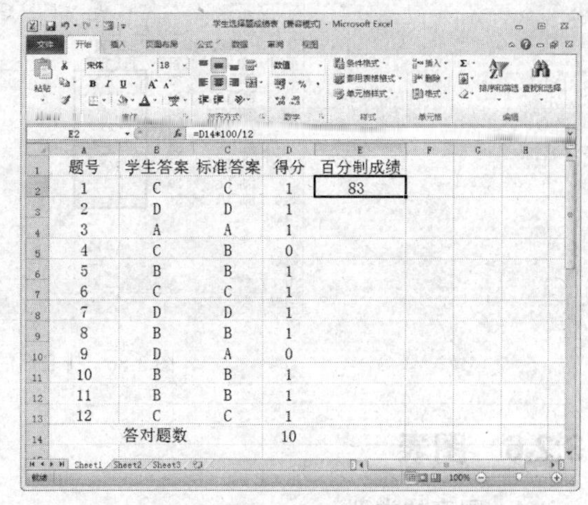

图 3-84 计算百分制成绩

（7）排名函数 RANK

功能：返回某数值在一列数字中相对于其他数值的大小排名。

格式：RANK(number,ref,order)。

参数 number 表示要排名的数值，ref 表示一组数值，order 有 0 和 1 之分，0 表示降序，1 表示升序。

【例 3-9】打开工作簿“运动会成绩排名.xlsx”，计算各单位成绩排名。

①选择单元格 C3，输入函数“=RANK(B3,$B$3:$B$10)”，如图 3-85 所示，注意区域 B3:B10 要采用单元格地址绝对引用的形式；

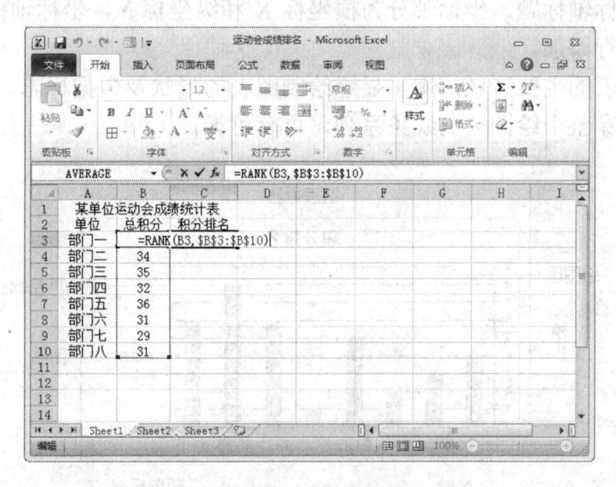

图 3-85 RANK 函数

② 使用填充柄将函数复制至单元格 C10，完成排名计算，如图 3-86 所示。

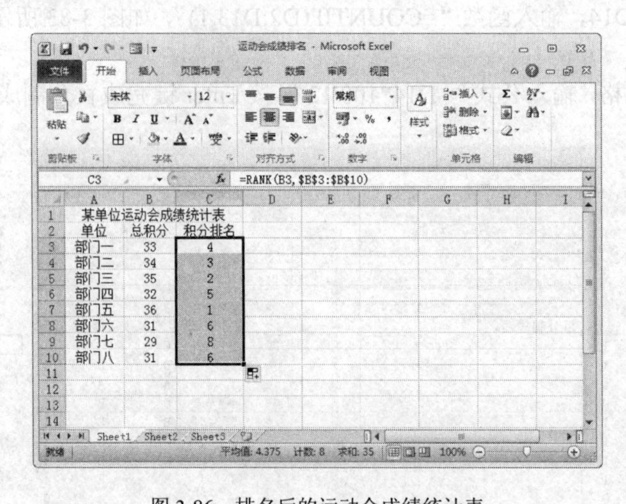

图 3-86　排名后的运动会成绩统计表

3.2.6　图表

1．图表的类型

在工作中，如果用户需要将枯燥的数据以活泼、直观的方式表现出来，使用图表是一种很好的方法。Excel 提供了多种图表类型表现数据，常用的图表类型有：柱形图、折线图、饼图、条形图、面积图、XY 散点图、股价图、曲面图、圆环图、气泡图、雷达图等，每一种图表类型又包含多个子类型。

2．图表的构成

一个图表主要由以下各部分组成（如图 3-87 所示）。

（1）图表标题。用来描述图表的作用，显示在图表的顶端。

（2）数据系列。一个数据系列对应选定单元格区域中的一行或一列数据。

（3）图例。显示数据系列的名称和颜色。

（4）坐标轴和坐标轴标题。坐标轴分为横坐标 X 和纵坐标 Y，坐标轴标题显示 X 轴和 Y 轴的名称，根据需要进行添加。

（5）绘图区。图表的主要区域，用于显示绘制图表的形状及数据标志。

（6）网格线。贯穿整个绘图区的线条系列，可有可无。

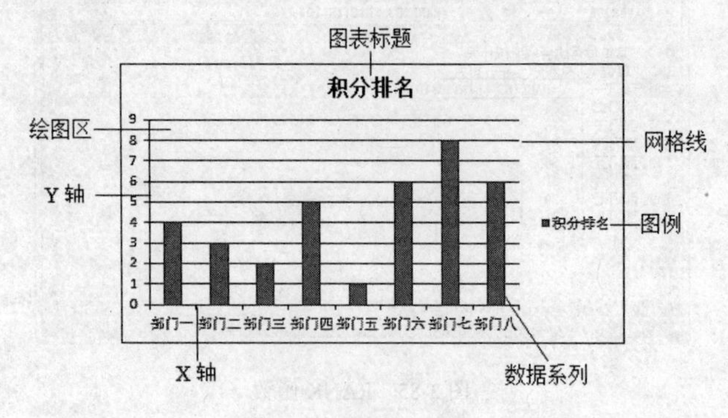

图 3-87　图表的构成

3．创建图表

在 Excel 中，可以将图表作为一个对象插入到源数据所在的工作表中，也可以根据源数据创建一个独立图表插入到工作表标签处。

创建图表的方法一种是单击“插入”选项卡，选择“图表”命令组直接列出的图表类型；另一种是单击“图表”命令组右下角的“创建图表”按钮，打开“插入图表”对话框（如图 3-88 所示），选择适当的图表类型。

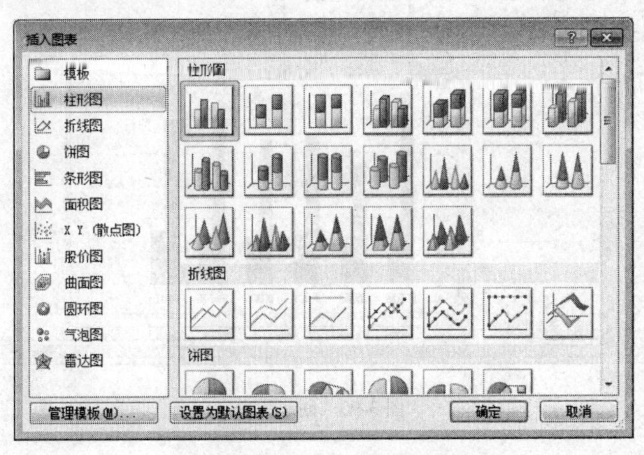

图 3-88 “插入图表”对话框

【例 3-10】打开工作簿“学生成绩表 2.xlsx”，对 B、G、H 3 列数据生成一张“簇状柱形图”，并嵌入“学生成绩表”工作表中，要求系列产生在列，图表标题为“学生成绩表”，数据标志显示值，无图例，最后将图表放置在区域 A10：F25 中。

① 选中不连续单元格区域 B2：B8、G2：H8；

② 依次单击“插入”→“柱形图”→“簇状柱形图”（如图 3-89 所示），完成后即在当前工作表插入一张图表（如图 3-90 所示），此时在功能区会出现“图表工具”选项卡，包含“设计”、“布局”、“格式”3 个标签；

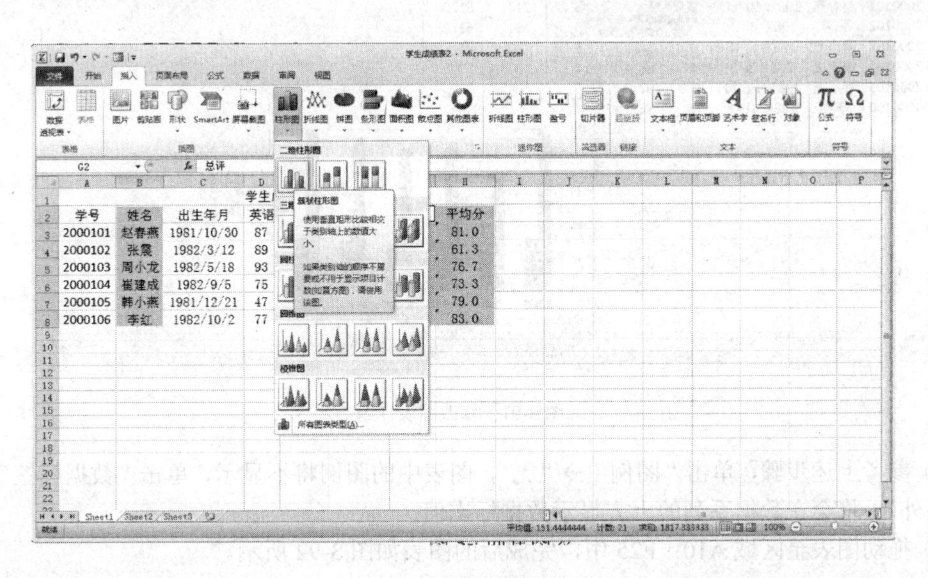

图 3-89 创建图表

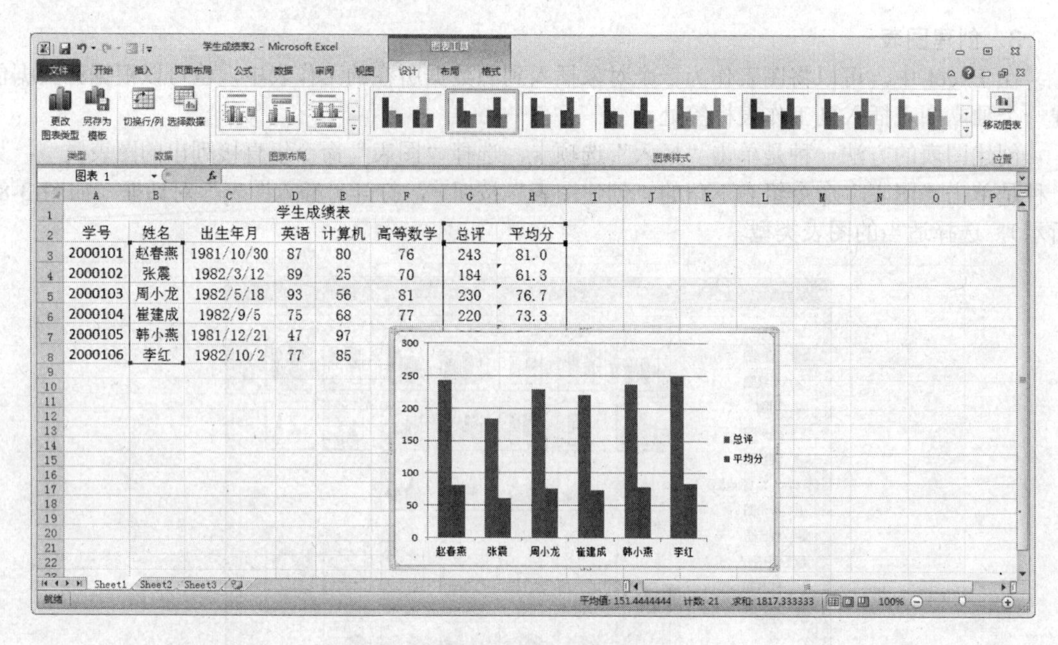

图 3-90　创建图表

③ 打开“图表工具”选项卡中的“布局”标签，依次单击“图表标题”→“图表上方”（如图 3-91 所示），输入标题文字“学生成绩表”；

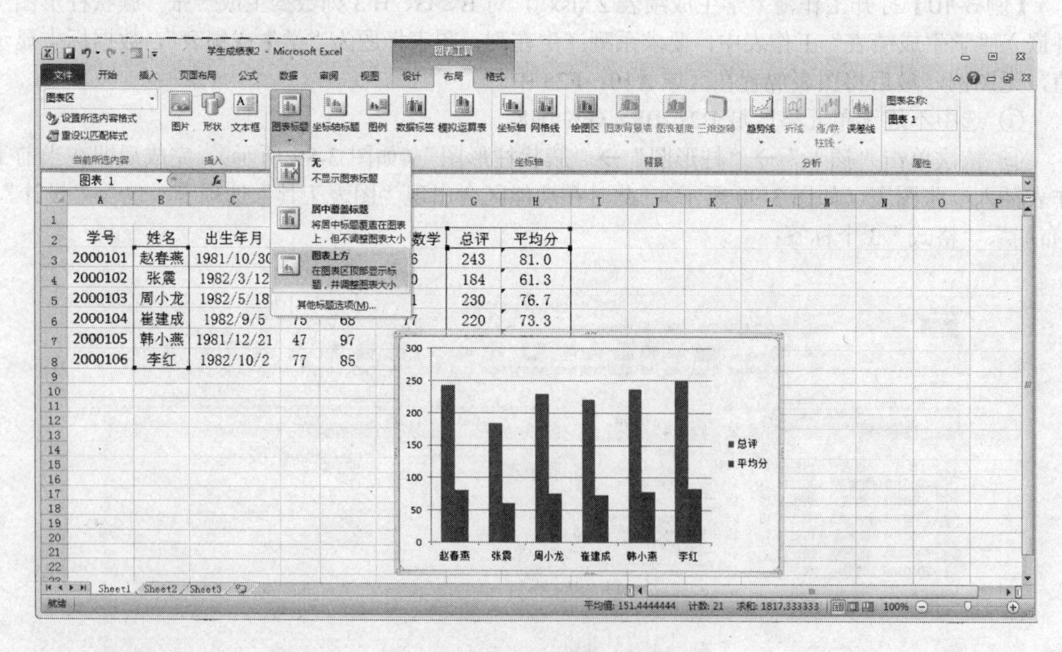

图 3-91　修改图表标题

④ 参考上述步骤，单击“图例”→“无”，图表中的图例将不显示，单击“数据标签”→“数据标签外”，将会在数据系列的上方显示数据标志值；

⑤ 拖动图表至区域 A10：F25 中，完成后的图表如图 3-92 所示。

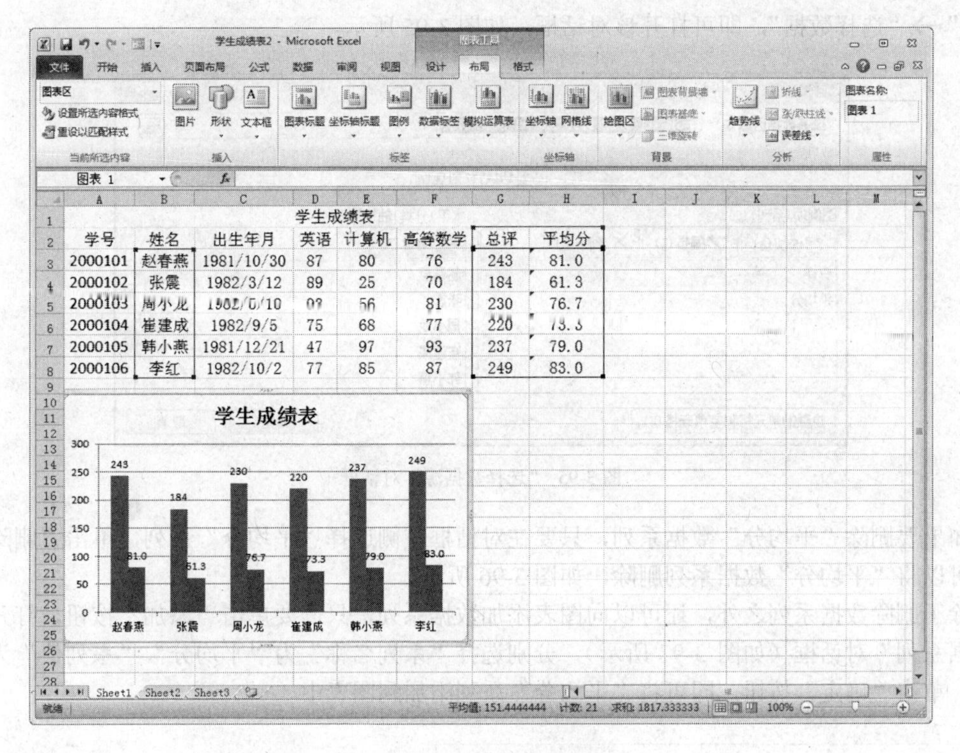

图 3-92 完成后的图表

4．编辑图表

在图表制作完成后，还可以对制作过程的各步骤进行调整或修改，即可以修改图表类型、图表数据源等。

（1）修改图表类型

指向图表单击鼠标右键，在打开的快捷菜单中选择“更改图表类型”或选择“图表工具”选项卡中的“设计”标签，单击最左端的“更改图表类型”按钮，打开“更改图表类型”对话框（如图 3-93 所示）。修改图表类型为“带数据标记的折线图”，如图 3-94 所示。

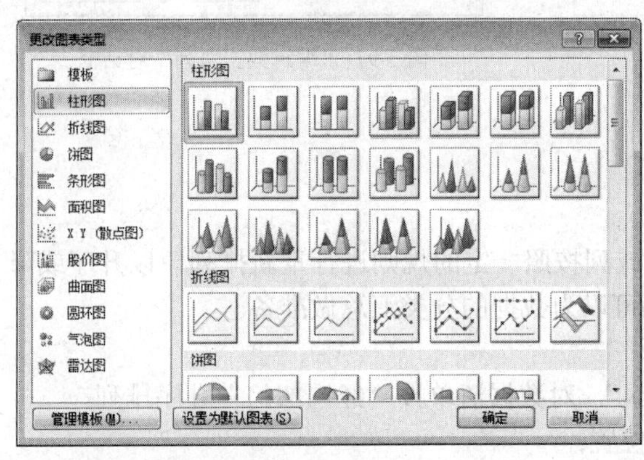

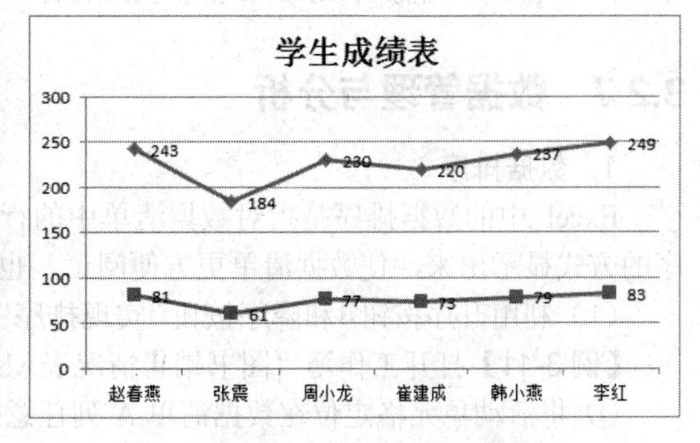

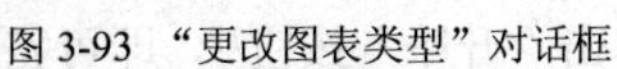

图 3-93 “更改图表类型”对话框　　图 3-94 带数据标记的折线图

（2）修改图表数据源

若要修改图表数据源，首先要打开“选择数据源”对话框，方法是依次单击“图表工具”→

“设计”→“选择数据”，即可打开该对话框，如图 3-95 所示。

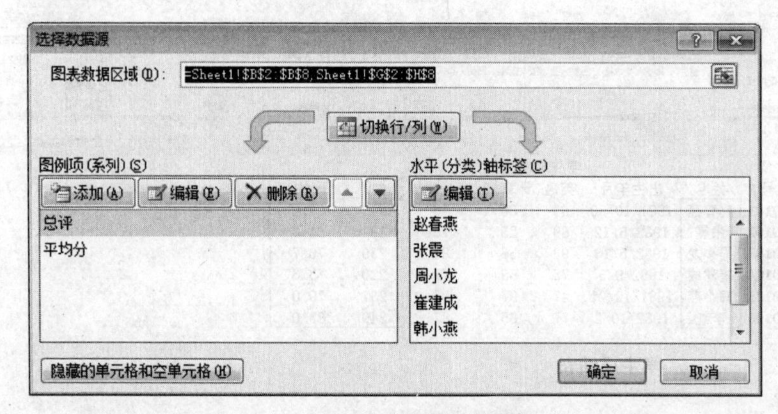

图 3-95 “选择数据源”对话框

如果要删除“平均分”数据系列，只要在对话框左侧选择“平均分”系列，单击“删除”按钮就可以将“平均分”数据系列删除，如图 3-96 所示。

除了删除数据系列之外，还可以向图表添加数据系列，只需要单击“添加”按钮，打开“编辑数据系列”对话框（如图 3-97 所示），分别选择“系列名称”为“平均分”，“系列值”为相应区域，单击“确定”按钮，即可将“平均分”系列添加到图表中。

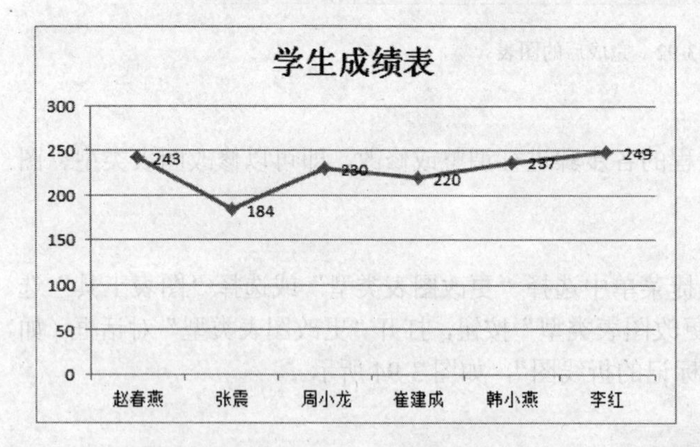

图 3-96 删除“平均分”数据系列后的图表

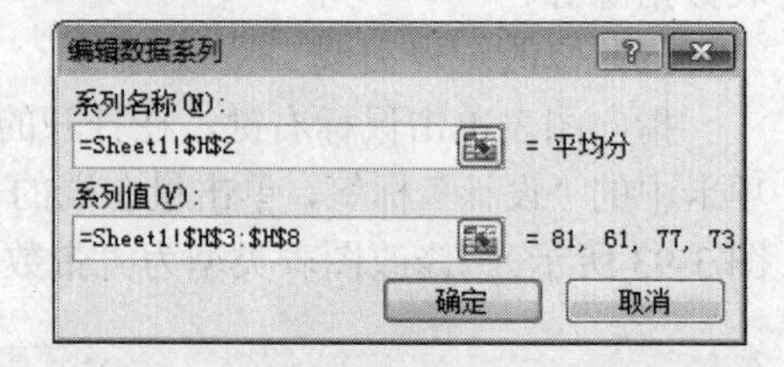

图 3-97 “编辑数据系列”对话框

3.2.7 数据管理与分析

1．数据排序

Excel 中的数据排序是指对数据清单中的行或列按照一定的规则进行重新排列，以升序或降序的方式显示出来，使数据清单更方便阅读，也可以为数据的分类汇总做准备。

（1）利用升序按钮和降序按钮实现排序

【例 3-11】打开工作簿“图书销售情况表.xlsx”，对数据清单按“经销部门”升序排列。

① 将活动单元格定位在数据清单 A 列任意位置；

② 打开“数据”选项卡，在“排序与筛选”命令组单击“升序”按钮，即可完成排序，排序后的数据清单如图 3-98 所示。

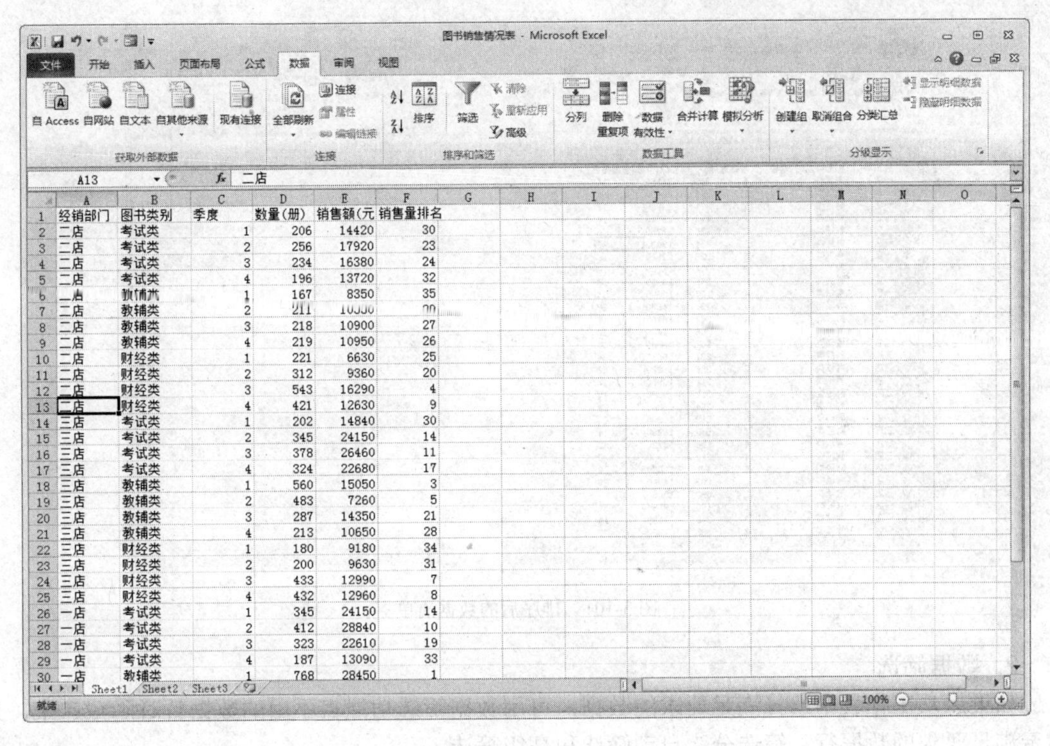

	A	B	C	D	E	F
1	经销部门	图书类别	季度	数量(册)	销售额(元	销售量排名
2	二店	考试类	1	206	14420	30
3	二店	考试类	2	256	17920	23
4	二店	考试类	3	234	16380	24
5	二店	考试类	4	196	13720	32
6	二店	教辅类	1	167	8350	35
7	二店	教辅类	2	211	[illegible]	[illegible]
8	二店	教辅类	3	218	10900	27
9	二店	教辅类	4	219	10950	26
10	二店	财经类	1	221	6630	25
11	二店	财经类	2	312	9360	20
12	二店	财经类	3	543	16290	4
13	二店	财经类	4	421	12630	9
14	三店	考试类	1	202	14840	30
15	三店	考试类	2	345	24150	14
16	三店	考试类	3	378	26460	11
17	三店	考试类	4	324	22680	17
18	三店	教辅类	1	560	15050	3
19	三店	教辅类	2	483	7260	5
20	三店	教辅类	3	287	14350	21
21	三店	教辅类	4	213	10650	28
22	三店	财经类	1	180	9180	34
23	三店	财经类	2	200	9630	31
24	三店	财经类	3	433	12990	7
25	三店	财经类	4	432	12960	8
26	一店	考试类	1	345	24150	14
27	一店	考试类	2	412	28840	10
28	一店	考试类	3	323	22610	19
29	一店	考试类	4	187	13090	33
30	一店	教辅类	1	768	28450	1

图 3-98　排序后的数据清单

（2）利用"排序"对话框实现排序

【例 3-12】打开工作簿"图书销售情况表.xlsx"，对数据清单按主要关键字"经销部门"（按笔划排序）升序排列和次要关键字"季度"升序排列。

① 将活动单元格定位在数据清单任意处，打开"数据"选项卡，在"排序与筛选"命令组中单击"排序"按钮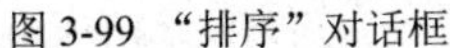，打开"排序"对话框，如图 3-99 所示；

② 在"排序"对话框中设置主要关键字为"经销部门"，次序为"升序"，单击"选项"按钮，打开"排序选项"对话框（如图 3-100 所示），选择"笔划排序"，单击"确定"按钮；

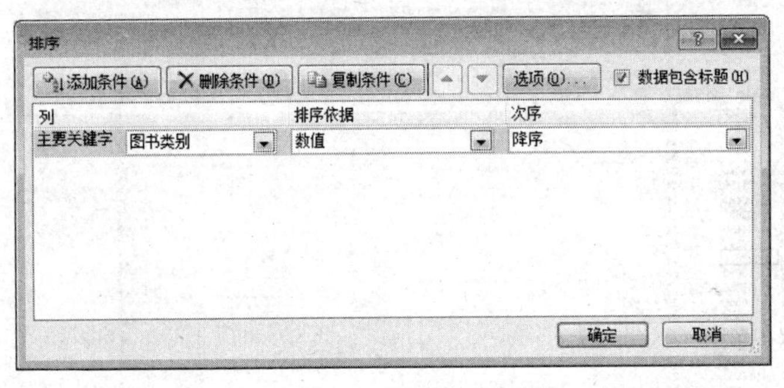

图 3-99　"排序"对话框

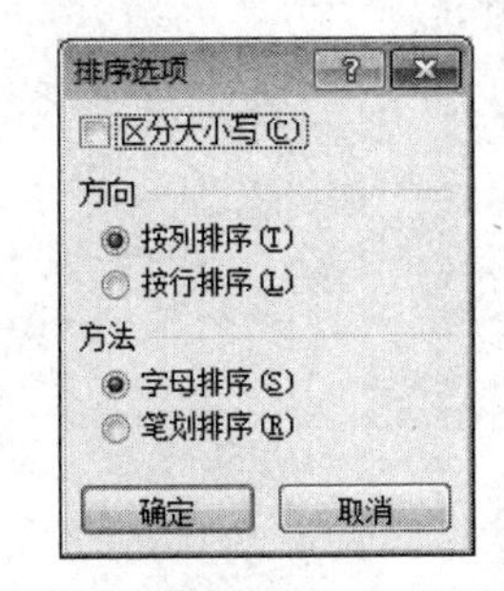

图 3-100　"排序选项"对话框

③ 在"排序"对话框中单击"添加条件"按钮，设置次要关键字为"季度"，次序为"升序"，单击"确定"按钮，完成排序。排序后的数据清单如图 3-101 所示。

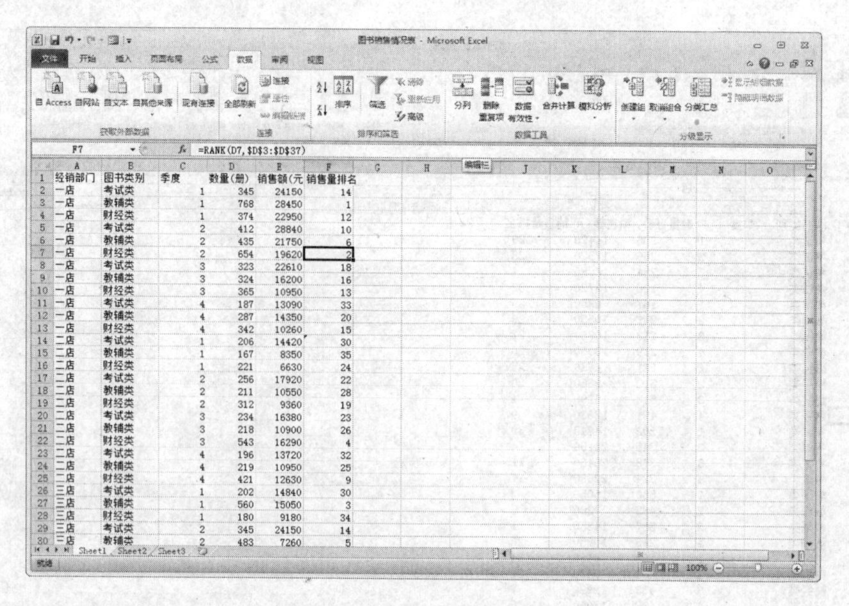

图 3-101 排序后的数据清单

2. 数据筛选

如果想从工作表中选择满足要求的数据，可用数据筛选功能将不用的数据暂时隐藏起来，只显示满足要求的数据行。筛选分为自动筛选和高级筛选。

（1）自动筛选

【例 3-13】打开工作簿“图书销售情况表.xlsx”，对数据清单进行自动筛选，条件是：“季度”为 1 季度。

① 将活动单元格定位在数据清单任意处，打开“数据”选项卡，在“排序与筛选”命令组中单击“筛选”按钮，此时每个字段的右侧出现一个按钮，单击此按钮会出现类似图 3-102 所示的列表框；

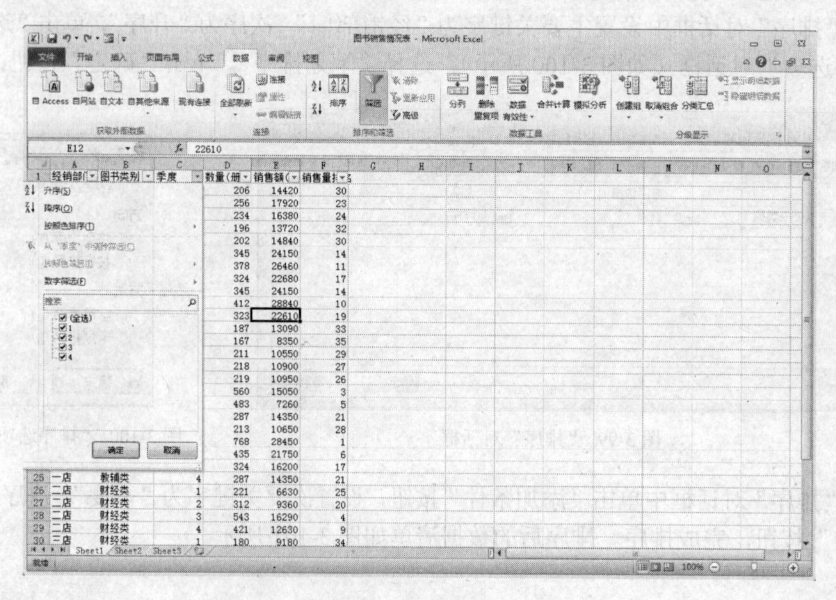

图 3-102 自动筛选

② 取消“全选”，勾选数字“1”，单击“确定”完成筛选，如图 3-103 所示。

	经销部门	图书类别	季度	数量(册)	销售额(元)	销售量排名
2	二店	考试类	1	206	14420	30
6	三店	考试类	1	202	14840	30
10	一店	考试类	1	345	24150	14
14	二店	教辅类	1	167	8350	35
18	三店	教辅类	1	560	15050	3
[illegible]	[illegible]	教辅类	1	768	28450	1
26	二店	财经类	1	[illegible]	[illegible]	[illegible]
30	三店	财经类	1	180	9180	34
34	一店	财经类	1	374	22950	12

图 3-103 自动筛选结果

若要取消筛选，只需再次单击“筛选”，所有记录便显示出来。

【例 3-14】打开工作簿“图书销售情况表.xlsx”，对数据清单进行自动筛选，条件是：“图书类别”为教辅类，数量（册）为大于 300 且小于 500。

① 将活动单元格定位在数据清单任意处，打开“数据”选项卡，在“排序与筛选”命令组中单击“筛选”按钮；

② 打开“图书类别”下拉列表框，取消“全选”，勾选“教辅类”；

③ 打开“数量（册）”下拉列表框，选择“数字筛选”子菜单中的“自定义筛选”命令（如图 3-104 所示），打开“自定义自动筛选方式”对话框（如图 3-105 所示）；

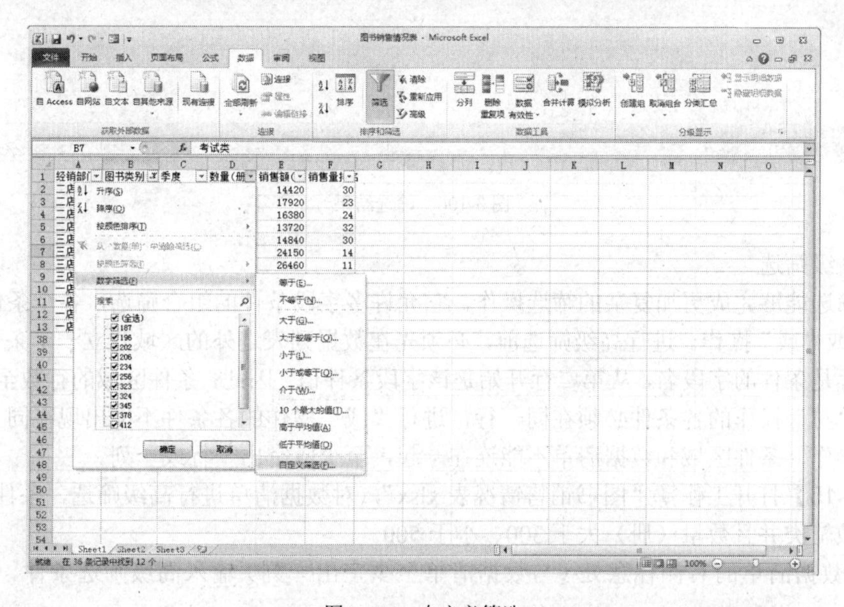

图 3-104 自定义筛选

图 3-105 “自定义自动筛选方式”对话框

④ 在对话框中“数量（册）”的第一个下拉列表框中设置“大于”，右侧输入框中输入“300”，在第二个下拉列表框中设置“小于”，右侧输入框中输入“500”，选择“与”方式连接两个条件，设置完毕单击“确定”按钮。筛选结果如图 3-106 所示。

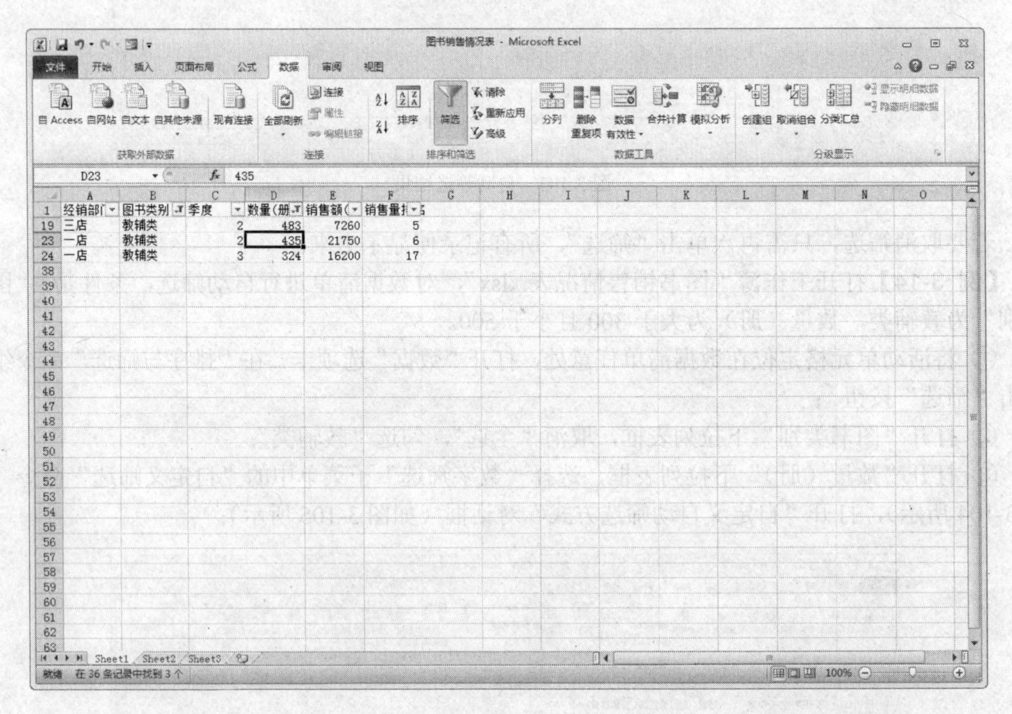

图 3-106 筛选结果

（2）高级筛选

高级筛选能够完成更加复杂的筛选操作，它允许多字段条件的组合筛选，各个条件之间进行“与”操作或“或”操作。进行高级筛选前，必须先在数据列表之外的区域建立一个条件区域，条件的第一行是条件的字段名，从第二行开始是该字段条件值。因此，条件区域的行数至少是两行。

进行“与”操作的各条件必须在同一行，进行“或”操作的各条件不能出现在同一行。不管进行哪种操作，条件区域和数据清单不能连在一起，至少应空出一行或一列。

【例 3-15】打开工作簿“图书销售情况表.xlsx”，对数据清单进行高级筛选，条件是：“图书类别”为教辅类并且数量（册）大于 300、小于 500。

① 在数据清单的右侧任意处（与数据清单至少空出一列）输入高级筛选条件，如图 3-107 所示；

② 将活动单元格定位在数据清单任意处，打开“数据”选项卡，在“排序与筛选”命令组中单击“高级”按钮，打开“高级筛选”对话框，如图 3-108 所示；

图书类别	数量（册）	数量（册）
教辅类	>300	<500

图 3-107 高级筛选条件

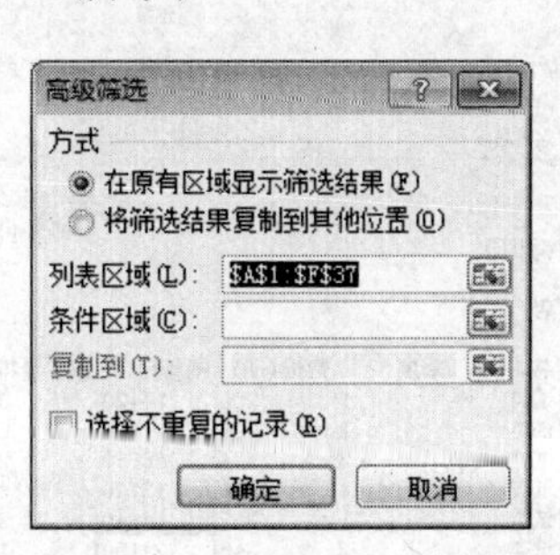

图 3-108 “高级筛选”对话框

③ 列表区域一般不用设置，如果不正确再重新选择，设置筛选的条件区域，单击“确定”按钮，完成筛选。筛选结果如图 3-109 所示。

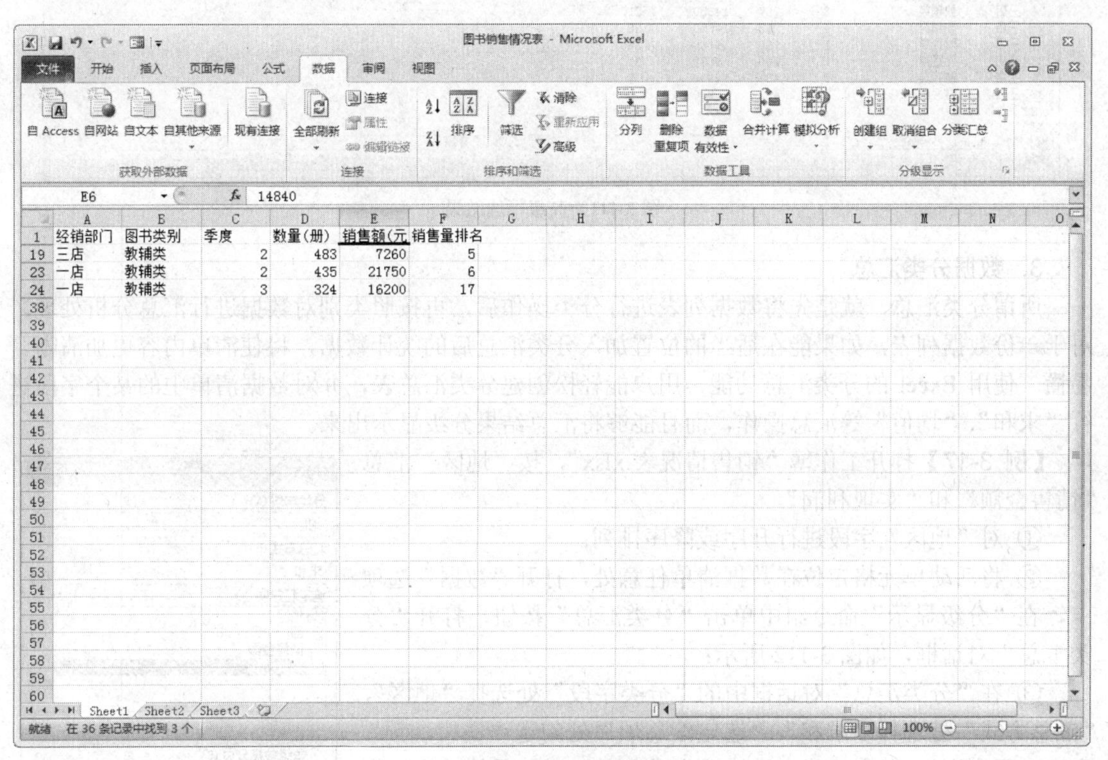

图 3-109 高级筛选结果

【例 3-16】打开工作簿“图书销售情况表.xlsx”，在数据清单上方插入 4 行，对数据清单进行高级筛选，条件是“图书类别”为考试类或“经销部门”为三店。

① 在数据清单的上方插入 4 行，输入高级筛选条件，如图 3-110 所示；

② 将活动单元格定位在数据清单任意处，打开“数据”选项卡，在“排序与筛选”命令组中单击“高级”按钮，打开“高级筛选”对话框；

③ 选择条件区域，单击“确定”按钮，完成高级筛选。筛选后结果如图 3-111 所示。

图书类别	经销部门
考试类	
	三店

图 3-110 高级筛选条件

	A	B	C	D	E	F
1	图书类别	经销部门				
2	考试类					
3		三店				
4						
5	经销部门	图书类别	季度	数量(册)	销售额(元	销售量排名
6	二店	考试类	1	206	14420	30
7	二店	考试类	2	256	17920	23
8	二店	考试类	3	234	16380	24
9	二店	考试类	4	196	13720	32
10	三店	考试类	1	202	14840	30
11	三店	考试类	2	345	24150	14
12	三店	考试类	3	378	26460	11
13	三店	考试类	4	324	22680	17
14	一店	考试类	1	345	24150	14
15	一店	考试类	2	412	28840	10
16	一店	考试类	3	323	22610	19
17	一店	考试类	4	187	13090	33
22	三店	教辅类	1	560	15050	3
23	三店	教辅类	2	483	7260	5
24	三店	教辅类	3	287	14350	21
25	三店	教辅类	4	213	10650	28
34	三店	财经类	1	180	9180	34
35	三店	财经类	2	200	9630	31
36	三店	财经类	3	433	12990	7
37	三店	财经类	4	432	12960	8
42						
43						

图 3-111 高级筛选结果

3. 数据分类汇总

所谓分类汇总，就是先将数据列表进行分类操作后，再按照类别对数据进行汇总分析处理。对于一份数据列表，如果能在适当的位置加入分类汇总后的统计数据，将使清单内容更加清晰、易懂。使用 Excel 的分类汇总功能，用户能轻松创建分类汇总表，并对数据清单中的某个字段进行“求和”、“均值”等汇总操作，而且能够将汇总结果分级显示出来。

【例 3-17】打开工作簿“销售情况表.xlsx”，按“地区”汇总“销售金额”和“实现利润”。

① 对“地区”字段进行升序或降序排列；

② 将活动单元格定位在数据清单任意处，打开“数据”选项卡，在“分级显示”命令组中单击“分类汇总”按钮，打开“分类汇总”对话框，如图 3-112 所示；

③ 在“分类汇总”对话框中的“分类字段”处选择“地区”，“汇总方式”处选择“求和”，“选定汇总项”处勾选“销售金额”和“实现利润”，单击“确定”按钮完成汇总。汇总后的结果如图 3-113 所示。

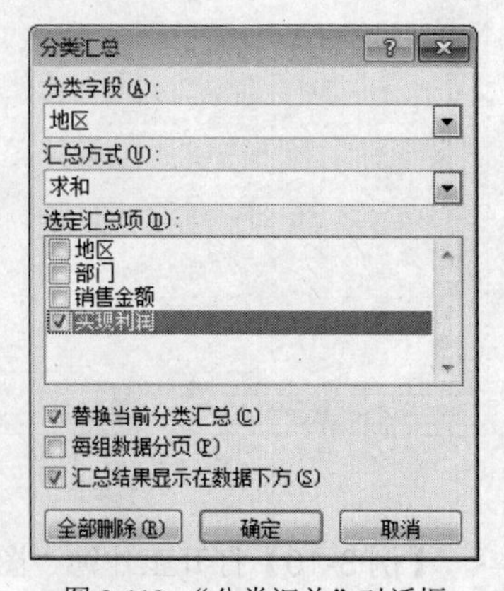

图 3-112 “分类汇总”对话框

完成分类汇总后，可以单击左边的“1”、“2”按钮，分别显示出“总计”和各地区“分类汇总”；单击左侧加号“+”显示明细记录，单击“-”只显示汇总值。

若要取消分类汇总，只需选定数据列表中任意一个单元格，再次打开“分类汇总”对话框，单击对话框左下角的“全部删除”按钮，便可撤消所作的分类统计。

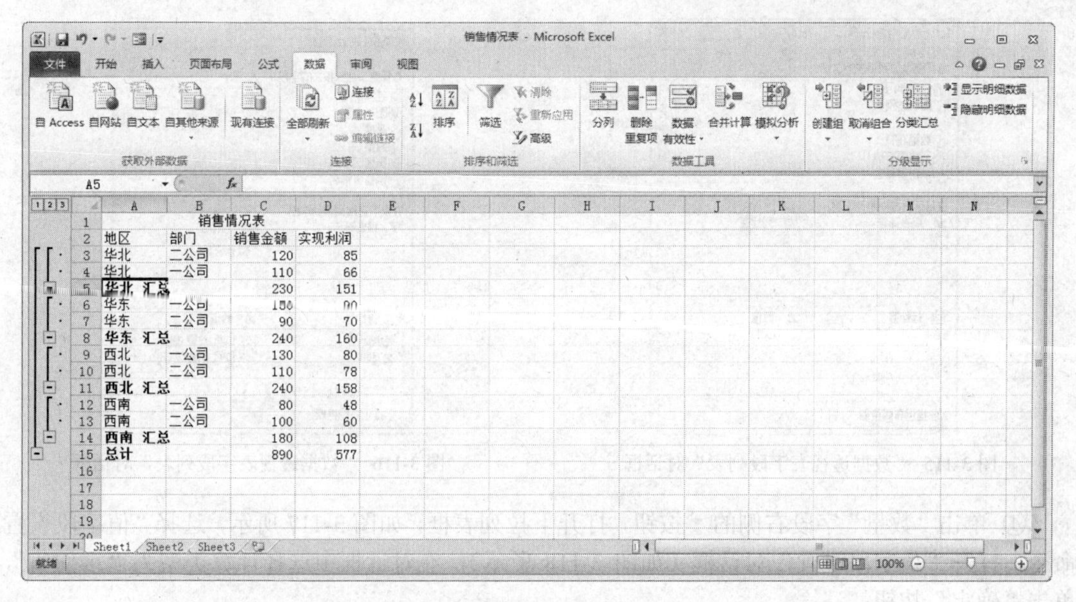

图 3-113 分类汇总表

4．数据透视表

数据透视表是一种交互式的表，可以从数据清单中提取信息，快速合并和比较数据，实现对数据的重新布局和分类汇总，还能进行某些计算，如求和、求均值与计数等。

【例 3-18】打开工作簿“图书销售情况表.xlsx”，对工作表内的数据清单建立数据透视表，行标签为“经销部门”，列标签为“图书类别”，数值为“数量”和“销售额”，值汇总方式为平均值且销售额的平均值保留 1 位小数，并置于现工作表 H2：L14 单元格区域。

显示各分店不同种类图书销售数量均值、销售额均值以及汇总信息。

① 将活动单元格定位在数据清单任意处，打开“插入”选项卡，在“表格”命令组中单击“数据透视表”按钮，打开“创建数据透视表”对话框，如图 3-114 所示；

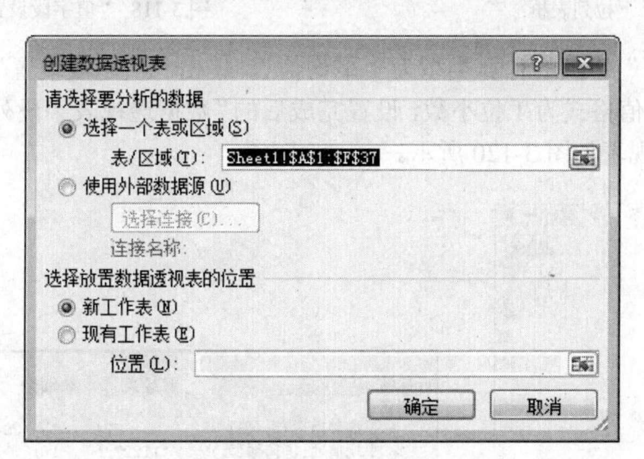

图 3-114 “创建数据透视表”对话框

② 在对话框的下方设置数据透视表的位置为现有工作表并选择位置为 H2：L14，单击“确定”按钮，打开“数据透视表字段列表”对话框，如图 3-115 所示；

③ 在对话框中设置行标签、列标签和数值字段，如图 3-116 所示；

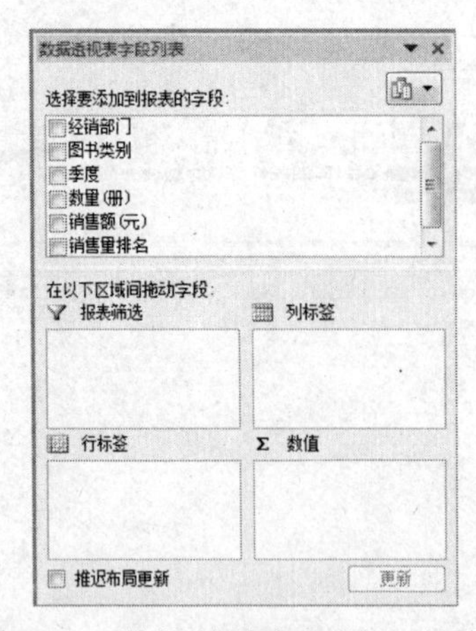

图 3-115 “数据透视表字段列表”对话框

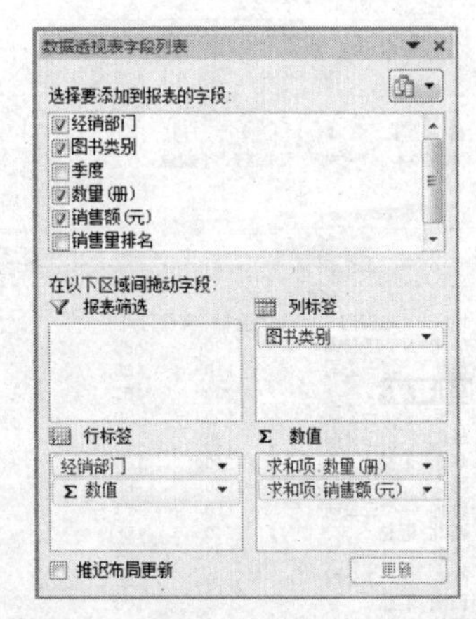

图 3-116 “数据透视表字段列表”对话框

④ 单击“数量”字段右侧的 按钮，打开下拉列表框，如图 3-117 所示，选择“值字段设置”命令，打开“值字段设置”对话框（如图 3-118 所示），在对话框中选择计算类型为“平均值”，单击“确定”按钮；

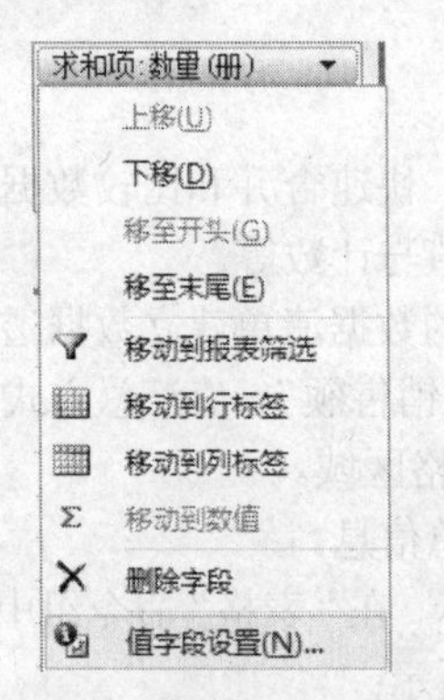

图 3-117 “数量”下拉列表框

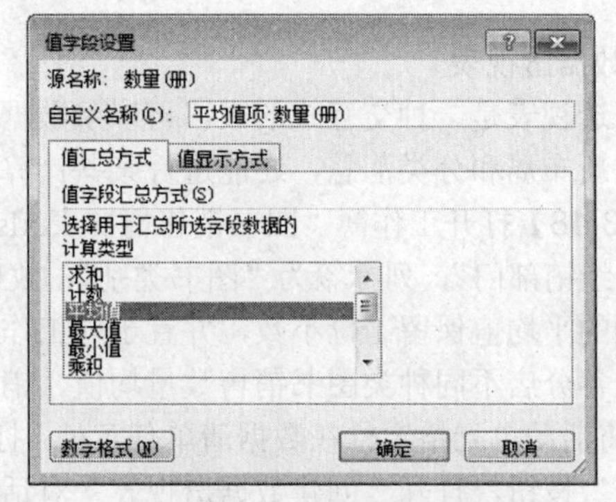

图 3-118 “值字段设置”对话框

⑤ 设置“销售额”字段的计算类型为“平均值”，单击“值字段设置”对话框左下角的“数字格式”按钮，设置数值格式为 1 位小数，设置完成后的“数据透视表字段列表”对话框如图 3-119 所示，对应的数据透视表如图 3-120 所示。

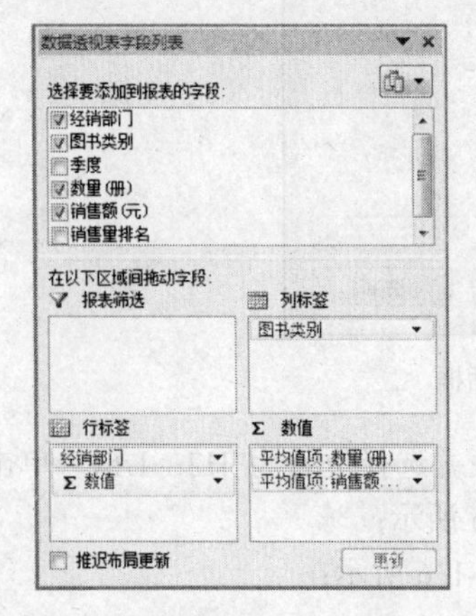

图 3-119 “数据透视表字段列表”对话框

行标签	列标签 财经类	教辅类	考试类	总计
二店				
平均值项:数量(册)	374	204	223	267
平均值项:销售额(元)	11227.5	10187.5	15610.0	12341.7
三店				
平均值项:数量(册)	311	386	312	336
平均值项:销售额(元)	11190.0	11827.5	22032.5	15016.7
一店				
平均值项:数量(册)	434	454	317	401
平均值项:销售额(元)	15945.0	20187.5	22172.5	19435.0
平均值项:数量(册)汇总	**373**	**348**	**284**	**335**
平均值项:销售额(元)汇总	**12787.5**	**14067.5**	**19938.3**	**15597.8**

图 3-120 完成的数据透视表

3.2.8 工作表的打印

工作表编辑完成后，可以对其进行页面设置，然后打印出来。

1. 页面设置

选择“页面布局”选项卡，单击“页面设置”命令组右下角页面设置按钮，打开“页面设置”对话框，如图 3-121 所示。该对话框包括页面、页边距、页眉/页脚、工作表 4 个标签，通过标签的切换，可以实现纸张大小、页面边距、自定义页眉/页脚、奇偶页不同、打印区域、顶端标题行等的设置。

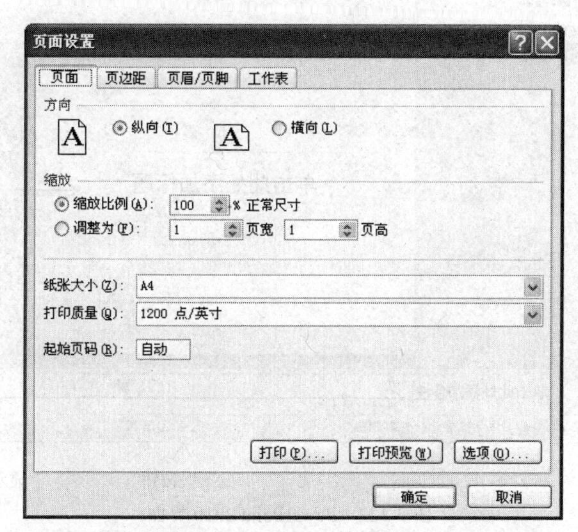

图 3-121 “页面设置”对话框

2. 打印

页面设置完成后，最好先进行打印预览，浏览页面设置和预期的效果是否相符，若不一致可以继续进行调整，直至达到理想效果。打印时只需单击“文件”选项卡，选择“打印”命令，设置好打印范围和打印份数后就可以打印了。

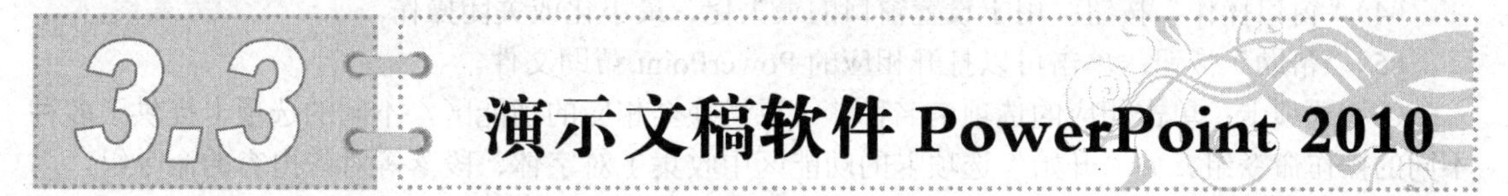

3.3 演示文稿软件 PowerPoint 2010

在计算机日益普及的今天，公司的很多活动，教学使用的课件，各种会议的演讲报告等，都可以利用计算机直接展示演讲内容。美国微软公司出品的 Microsoft Office2010 办公软件系列中的 PowerPoint 就是一种功能强大的演示文稿制作软件。使用该软件不仅可以方便的创建演示文稿，还可以利用多媒体技术创建具有悦耳音响效果和图文并茂的演示文稿。

3.3.1 PowerPoint 2010 基础操作

1. PowerPoint 2010 界面介绍

相对于老版本的 PowerPoint，PowerPoint 2010 具有新颖而优美的工作界面，其方便、快捷且优化的界面布局可以为用户节省许多操作时间。它的工作界面由“文件”选项卡、快速访问工具栏、标题栏、“窗口操作”按钮、“帮助”按钮、选项卡、功能区、幻灯片窗格、备注窗格、滚动条、状态栏、“视图”按钮、显示比例等组成，界面构成如图 3-122 所示。

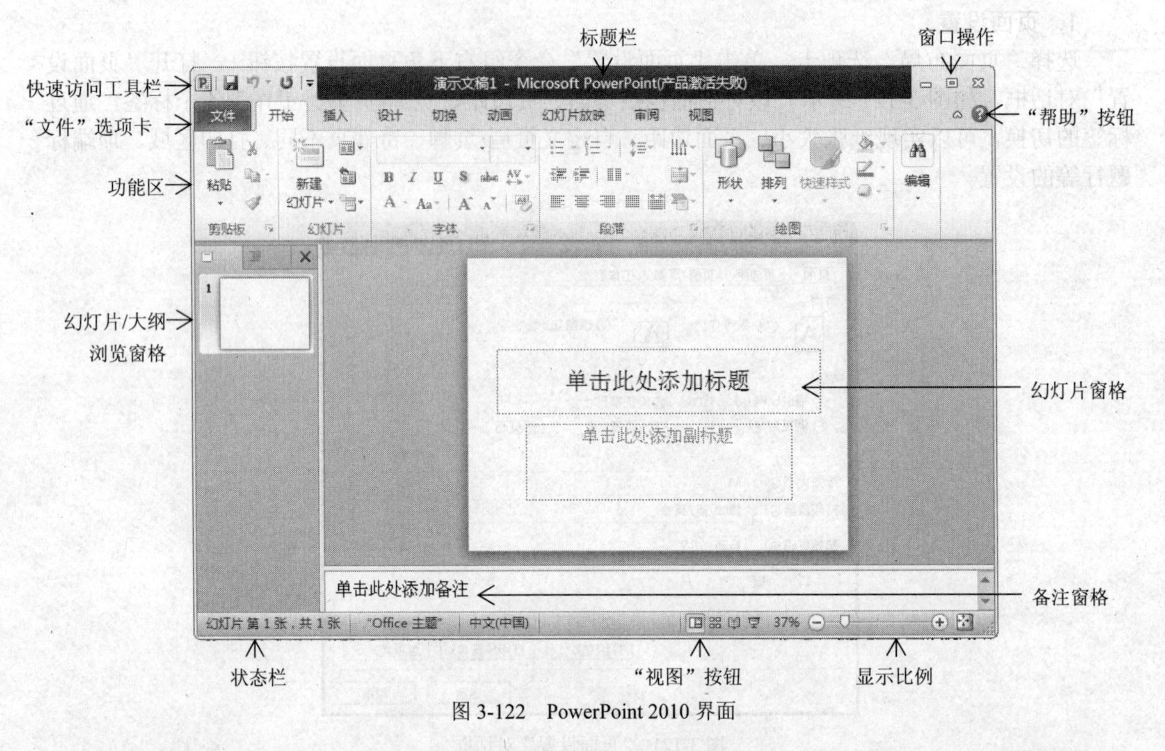

图 3-122　PowerPoint 2010 界面

（1）“文件”选项卡：单击该选项卡，在打开的功能区中可选择对演示文稿执行新建、保存、打印等操作。

（2）快速访问工具栏：该工具栏集成了多个常用的按钮，默认状态下包括“保存”、“撤销”、“恢复”按钮，用户也可以根据需要进行添加或更改。

（3）标题栏：用于显示演示文稿的标题和类型。

（4）“窗口操作”按钮：用于设置窗口的最大化、最小化或关闭操作。

（5）“帮助”按钮：单击可以打开相应的 PowerPoint 帮助文件。

（6）选项卡：单击相应的选项卡名称，可以切换至相应的功能区，不同的选项卡提供了多种不同的操作命令组。如“开始”选项卡的功能区中收集了对字体、段落等对应内容的命令组。

（7）幻灯片窗格：显示幻灯片或幻灯片文本大纲的缩略图。

（8）备注窗格：用于添加与幻灯片内容相关的注释，供用户演讲演示文稿时参考使用。

（9）滚动条：拖动滚动条可浏览演示文稿所有幻灯片的内容。

（10）状态栏：显示当前的状态信息，如页数、字数及输入法等信息。

（11）“视图”按钮：单击要显示的视图类型按钮即可切换至相应的视图方式下对文档进行查看。

（12）显示比例：用于设置幻灯片编辑区域的显示比例，用户可以拖动滑块来进行方便快捷的调整。

2．幻灯片的基本操作

启动 PowerPoint 2010，创建演示文稿后，系统将默认新建一个名为“演示文稿 1”的演示文稿，由于默认创建的演示文稿只有一张幻灯片，所以用户需要根据演示内容来操作幻灯片，主要包括插入、删除、移动和复制幻灯片。

（1）插入幻灯片

插入幻灯片主要通过以下 3 种方法来实现。

方法一：选择幻灯片，依次单击“开始”选项卡→“幻灯片”命令组→“新建幻灯片”命令，选择相应的幻灯片版式。

方法二：选择幻灯片，单击鼠标右键，选择“新建幻灯片”命令，即可在选择的幻灯片之后插入新幻灯片。

方法三：选择幻灯片后按 Enter 建，即可插入新幻灯片。

（2）删除幻灯片

对于不需要的幻灯片，用户可以通过下列 3 种方法删除幻灯片。

方法一：选择需要删除的幻灯片，依次单击“开始”→“幻灯片”→“删除”命令即可。

方法二：选择需要删除的幻灯片，右击选择“删除幻灯片”命令。

方法三：选择需要删除的幻灯片，按 Delete 键。

（3）移动幻灯片

在 PowerPoint 2010 中，移动幻灯片是将幻灯片从一个位置移动到另一个位置，而原位置不保留幻灯片。在移动幻灯片时，用户可以一次移动单张或同时移动多张幻灯片。

① 移动单张幻灯片

移动单张幻灯片可以在普通视图中的“幻灯片”选项卡或幻灯片浏览视图下实施。首先选择需要移动的幻灯片，然后拖曳鼠标至合适的位置后即可。

另外，还可以选择需要移动的幻灯片，执行“开始”→“剪贴板”→“剪切”命令，选择放置幻灯片的位置，执行“剪贴板”→“粘贴”命令。

② 同时移动多张幻灯片

选择第一张需要移动的幻灯片，按住 Ctrl 键的同时选择其他需要移动的幻灯片，拖动鼠标至合适的位置。

（4）复制幻灯片

复制幻灯片是将该幻灯片的副本从一个位置移动到另一个位置，而原位置保留该幻灯片。用户可以通过复制幻灯片的方法，来保持新建幻灯片与已建幻灯片的设计风格一致。

① 在同一个演示文稿中复制幻灯片

选择需要复制的幻灯片，执行“开始”→“剪贴板”→“复制”命令，或执行“幻灯片”→“新建幻灯片”→“复制所选幻灯片”命令。

② 在不同的演示文稿中复制幻灯片

同时打开两个演示文稿，执行“视图”→“窗口”→“全部重排”命令，在其中一个演示文稿中选择需要移动的幻灯片，拖动鼠标到另一个演示文稿中即可。

3．更改幻灯片视图

在 PowerPoint 中经常需要更改视图，PowerPoint 2010 为用户提供了普通、幻灯片浏览、备注页与幻灯片放映 4 种视图方式。用户可以通过“视图”选项卡“演示文稿视图”命令组中的各项命令，在各个视图之间进行切换，如图 3-123 所示。

在 PowerPoint 2010 界面的状态栏右侧也提供了“视图”按钮的快捷方式，方便用户在 4 种视图之间进行切换。在“视图”按钮后还有缩放滑块以及一个使幻灯片在放大和缩小后重新适应窗口大小的按钮，如图 3-124 所示。

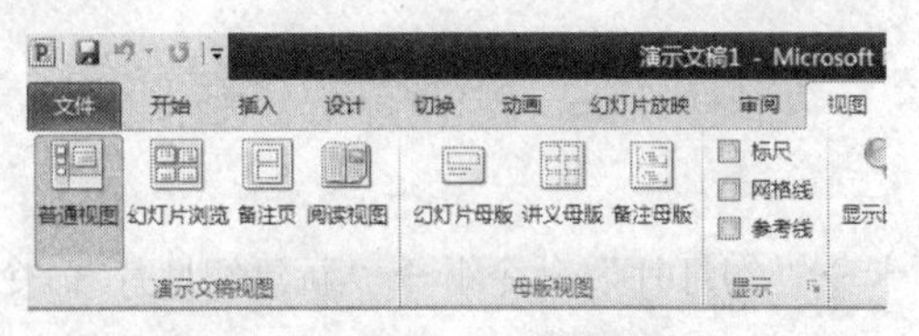

图 3-123 演示文稿视图

图 3-124 "视图"按钮的快捷方式

4. 向幻灯片中添加文本

（1）在占位符中输入文字。

启动 PowerPoint 2010 之后，系统会新建一个默认的"标题幻灯片"版式，幻灯片中的虚线边框为占位符，用户可以在占位符中输入标题、副标题或正文文本，如图 3-125 所示。

要在幻灯片上的占位符中添加正文或标题文本，可以在占位符中单击鼠标，然后输入或粘贴文本。使用同样的方法，在下面的文本框中输入副标题，如图 3-126 所示。如果文本的大小超过了占位符的大小，PowerPoint 会在输入文本时以递减方式减小字体大小和行间距，使文本适应占位符的大小。

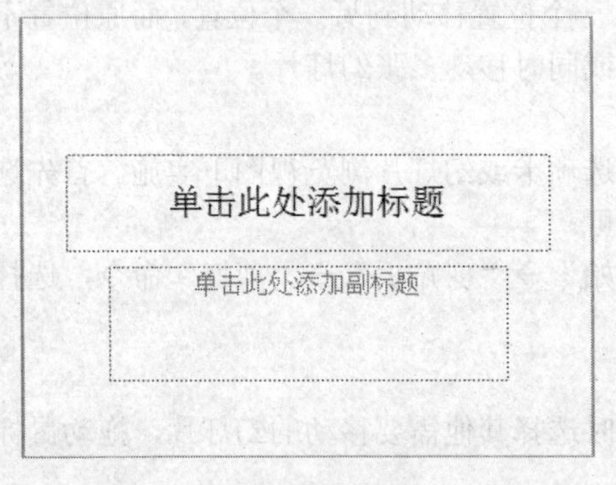

图 3-125 "标题幻灯片"版式

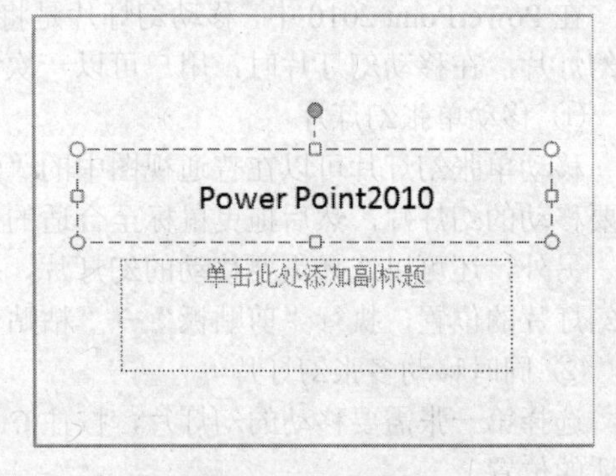

图 3-126 输入标题

（2）将文本添加到文本框中

使用文本框可以将文本设置到幻灯片上的任意位置，例如可以通过创建文本框并将其放置在图片旁边来为图片添加标题，还可以在文本框中为文本设置边框、填充、阴影或三维效果。

向文本框中添加文本的操作步骤如下：

步骤一：执行"插入"→"文本"→"文本框"命令，在弹出的下拉列表中选择"横排文本框"命令或"垂直文本框"命令，如图 3-127 所示；

步骤二：按住鼠标左键不放，在要插入文本框的位置拖动绘出文本框，并在文本框中输入文字，然后再调整文本框的位置即可，如图 3-128 所示。

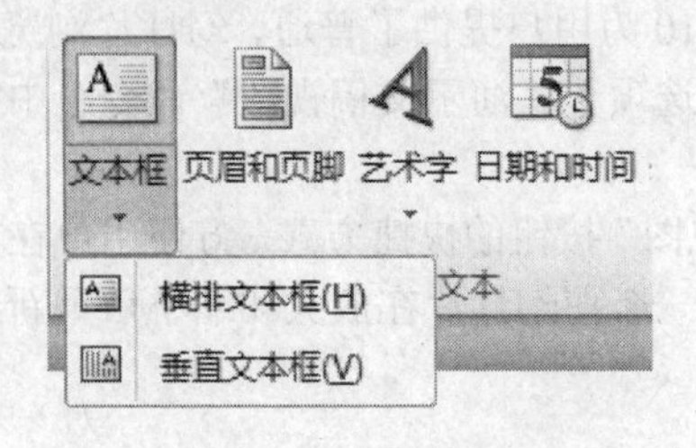

图 3-127 选择文本框

图 3-128 在文本框中输入文本

（3）将文本添加到形状中

在矩形、椭圆、心形和箭头总汇等形状中都可以包含文本。在形状中输入文本时，文本会附加到形状上，并随形状一起移动和旋转，也可以输入覆盖于形状并且不会随形状一起移动的文本。

向形状中添加文本，并使之成为形状的组成部分，操作步骤如下：

步骤一：执行“开始”→“绘图”→“形状”命令，在弹出的下拉列表中选择一种形状，如图 3-129 所示；

步骤二：在幻灯片中绘制形状，并在绘制的形状上右击鼠标，在弹出的快捷菜单中选择“编辑文字”命令，即可在绘制的形状中输入或粘贴文本，如图 3-130 所示。

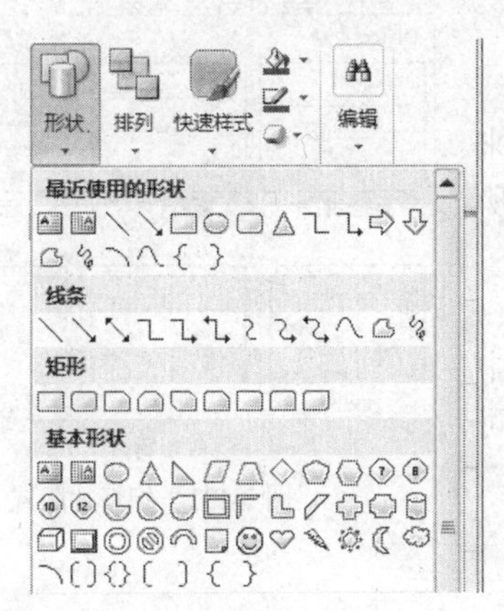

图 3-129 “形状”列表

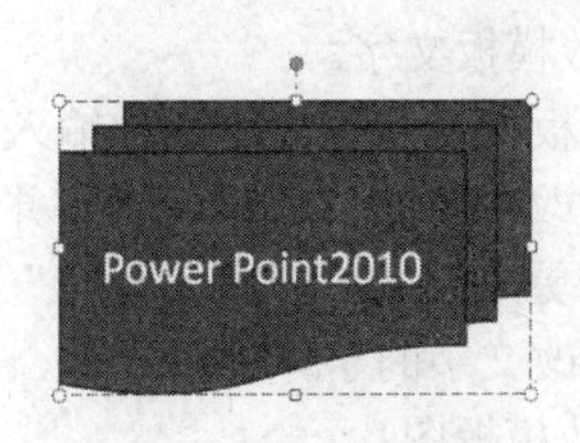

图 3-130　在形状中添加文字

3.3.2　幻灯片的美化

1. 设置幻灯片母版

母版是模板的一部分，主要用来定义演示文稿中所有幻灯片的格式，其内容主要包括文本与对象在幻灯片中的位置、文本与对象占位符的大小、文本样式、效果、主题颜色、背景灯信息。其中，占位符是一种带有虚线或阴影边缘的边框，可以放置标题、正文、图片、表格、图表等对象。

用户可以通过设置母版来创建一个具有特色风格的幻灯片模板。PowerPoint 主要提供了幻灯片母版、讲义母版与备注母版 3 种母版。

（1）幻灯片母版

幻灯片母版是制作幻灯片的模板载体，使用它可以为幻灯片设计不同的版式。经过幻灯片母版设计后的幻灯片样式将在“新建幻灯片”下拉列表框中显示出来，以后可以直接调用这种幻灯片样式。依次单击“视图”→“母版视图”→“幻灯片母版”按钮，便可进入幻灯片母版视图。

（2）讲义母版

讲义母版视图，可以在其中更改打印设计和版式，例如更改打印之前的页面设置和改变幻灯片的方向；定义在讲义母版中显示的幻灯片数量；设置页眉、页脚、日期和页码；编辑主题和设置背景样式。依次单击“视图”→“母版视图”→“讲义母版”按钮，便可进入讲义母版视图。

（3）备注母版

若在查看幻灯片内容时需要将幻灯片和备注显示在同一页面中，就可以在备注母版视图中进行查看。与讲义母版相比，备注母版在“占位符”工具栏中多了幻灯片图像和正文两格设置对象。依次单击“视图”→“母版视图”→“备注母版”按钮，便可进入备注母版视图。

2．编辑幻灯片

（1）更改版式

创建演示文稿后，系统默认新建的都是“标题幻灯片”版式，为了丰富幻灯片内容，体现幻灯片的实用性，需要更改幻灯片的版式。PowerPoint 主要为用户提供了“标题幻灯片”、“标题和内容”、“节标题”、“两栏内容”、“比较”、“仅标题”、“空白”、“内容与标题”、“图片与标题”、“标题与竖排文字”、“垂直排列标题与文本” 11 种版式。

用户可以通过依次单击“开始”→“幻灯片”→“版式”按钮，或在幻灯片上右键单击“版式”命令的方法，根据需要来更改幻灯片的版式，如图 3-131 所示。

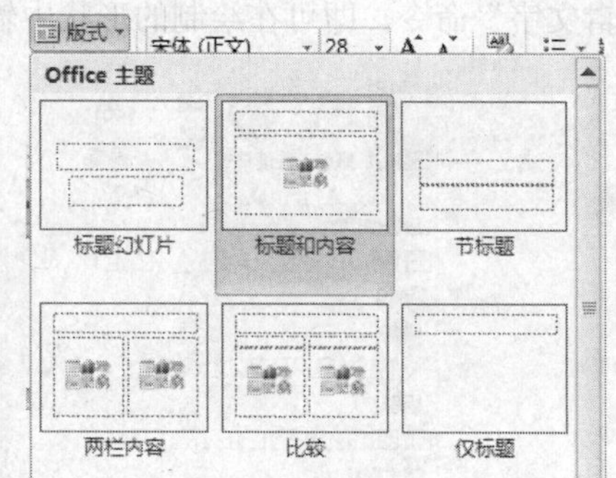

图 3-131 幻灯片版式

（2）更改模板

在使用 PowerPoint 制作演示文稿时，需要使用模板来制作精彩的幻灯片，因为模板中包含独特的设计格式，所以在使用模板时，需要编辑模板中的部分占位符或格式。

① 更改模板文字。

更改模板文字与在幻灯片中输入文字一样，在模板中单击需要更改文字的占位符，删除并输入文字即可。也可以选中需要更改的文字，在“开始”选项卡中的“字体”命令组中更改文字的字体、字号等。

② 更改模板图片。

单击“视图”→“演示文稿视图”→“幻灯片母版”按钮，切换到“幻灯片母版”视图，选择幻灯片并选中需要更改的图片，删除或重新设置图片格式即可。

（3）设置配色方案

设置配色方案就是设置 PowerPoint 整体窗口的颜色。在启用 PowerPoint 时，系统默认的窗口颜色是蓝色，可以通过依次单击“文件”→“选项”按钮，在弹出的对话框中设置配色方案。PowerPoint 为用户提供了蓝色、黑色和银色 3 种颜色，如图 3-132 所示。

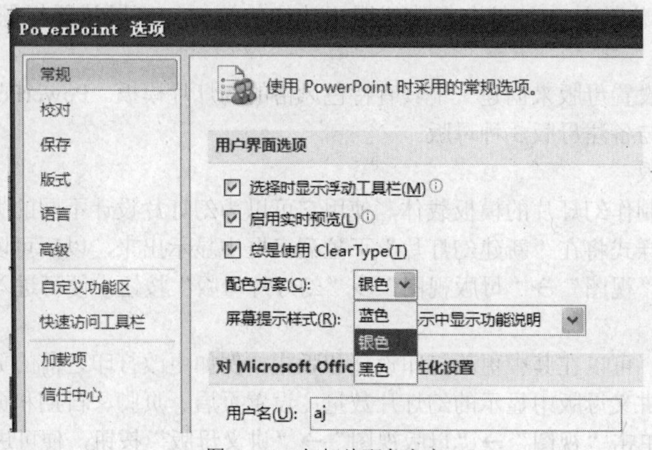

图 3-132 幻灯片配色方案

（4）更改主题

在制作幻灯片的过程中，可以根据幻灯片的制作内容及演示效果随时更改幻灯片的主题。PowerPoint 2010 提供了 24 种主题，为了满足各种需求，还可以自定义主题。简单的自定义主题，就是在“设计”选项卡中的“主题”命令组中自定义主题中的颜色、字体与效果。

在演示文稿中更改主题样式时，默认情况下会同时更改所有幻灯片的主题。对于具有一定针对性的幻灯片，需要单独应用某种主题时，在“主题”列表中选择一种主题，右键单击执行“应用于选定幻灯片”命令，如图 3-133 所示。

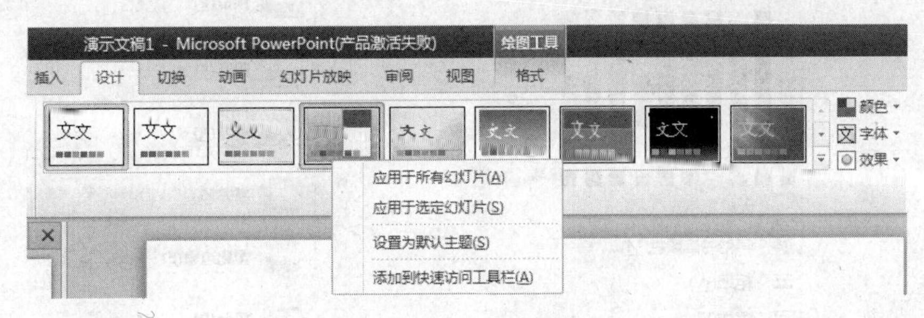

图 3-133 幻灯片主题

3. 插入对象

（1）插入图片

插入图片，是指将本地计算机中的图片或剪贴画插入到幻灯片中。用户可以通过“插入”选项卡插入图片与剪贴画，也可以在“标题与内容”、“两栏内容”、“比较”、“内容与标题”与“图片与标题”幻灯片中插入图片与剪贴画。

① 插入图片

执行“插入”→“图像” →“图片”命令，在弹出的“插入图片”对话框中，选择需要插入的图片，即可插入来自文件中的图片。

② 插入剪贴画

剪贴画是 PowerPoint 自带的图片集，主要以“剪贴画”任务窗格进行显示，在幻灯片中，执行“插入”→“图像”→“剪贴画”命令，即可打开“剪贴画”任务窗格。在任务窗格中选择图片即可插入剪贴画。

③ 设置图片样式

插入图片之后，应该设置图片的样式。设置图片样式主要包括设置图片的样式类型、设置图片形状、设置图片边框与设置图片效果等。设置方法如下所述。

设置图片样式：在幻灯片中选择图片，在“格式”选项卡中的“图片样式”命令组中选择一种样式，即可设置图片的样式，如图 3-134 所示。

设置图片形状：在“图片样式”命令组中的“图片形状”下拉列表中，可选择形状的类型，如图 3-135 所示。

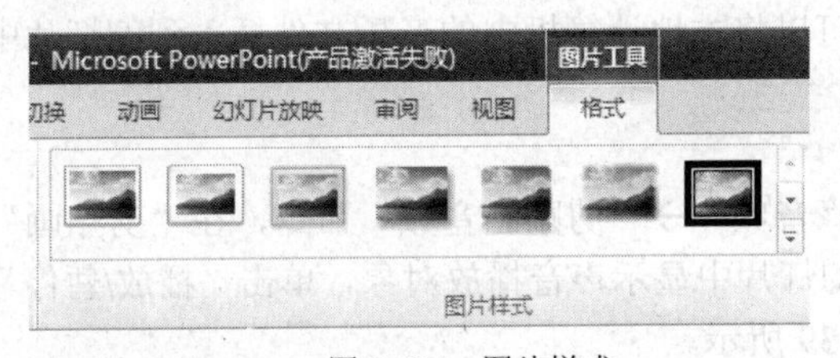

图 3-134 图片样式

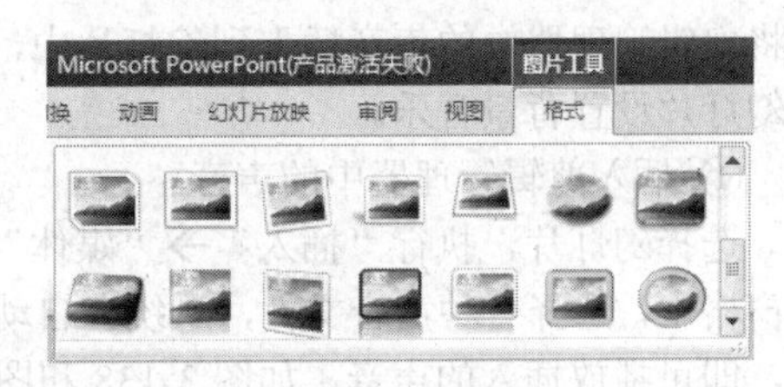

图 3-135 图片形状

设置图片边框：在“图片边框”下拉列表中，可以设置图片的主题颜色、轮廓颜色、有无轮廓、粗细及虚线类别，如图 3-136 所示。

设置图片效果：在“图片效果”下拉列表中，可以设置图片的预设、阴影、映像等7种图片效果，如图3-137所示。

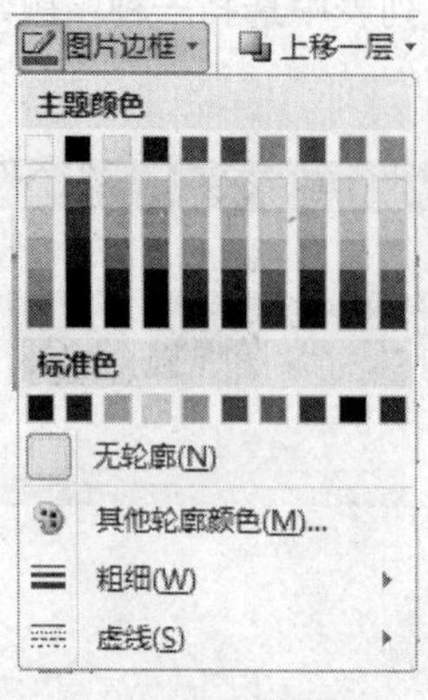

图3-136 图片边框

图3-137 图片效果

（2）插入图形

在制作演示文稿中，往往需要利用流程图、层次结构图及列表来显示幻灯片的内容。PowerPoint为用户提供了列表、流程、循环等7类SmartArt图形，具体内容如表3-3所示。

表3–3 SmartArt图形列表主题

图形类别	说 明
列表	包括基本列表、垂直框列表、分组列表等24种图形
流程	包括基本流程、连续箭头流程、流程箭头等32种图形
循环	包括基本循环、文本循环、多项循环、齿轮等14种图形
层次结构	包括组织结构图、层次结构、标注的层次结构等7种图形
关系	包括平衡、漏斗、平衡箭头、公式等31种图形
矩阵	包括基本矩阵、带标题的矩阵与网络矩阵3种图形
棱锥图	包括基本棱锥图、I倒棱锥图、棱锥型列表与分段棱锥图4种图形
图片	包括重音图片、螺旋图、交替图片圆形、图片重点流程等31种图形

操作步骤：选择幻灯片，在幻灯片中执行“插入”→“插图”→“SmartArt”命令，弹出“选择SmartArt图形”对话框，选择需要插入的SmartArt图形即可。

（3）插入音频

在PowerPoint 2010中，通过为幻灯片插入声音可以增加幻灯片生动活泼的动感效果。除了可以将剪辑管理器中的声音插入到幻灯片中，还可以将本地计算机中的音乐文件插入到幻灯片中，为幻灯片设置背景音乐。

① 插入剪辑管理器中的声音

选择幻灯片，执行“插入”→“媒体”→“音频”→“剪贴画音频”命令，在“剪贴画”任务窗格中，选择一种声音文件，系统会自动在幻灯片中显示声音播放对象，单击“播放/暂停”按钮，即可播放插入的声音，如图3-138和图3-139所示。

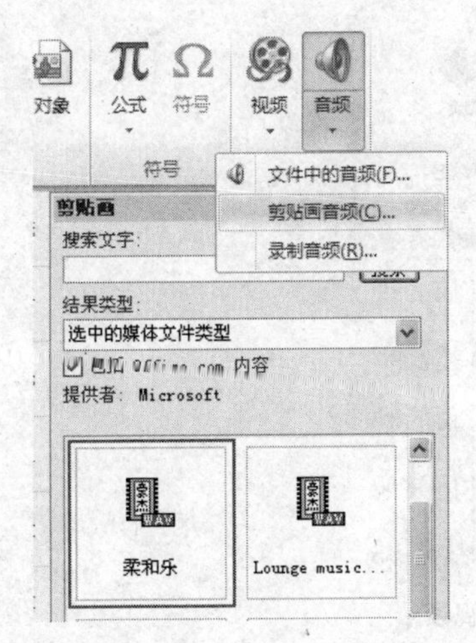

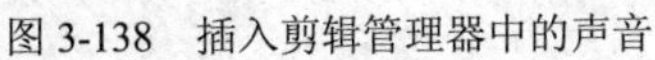

图 3-138 插入剪辑管理器中的声音

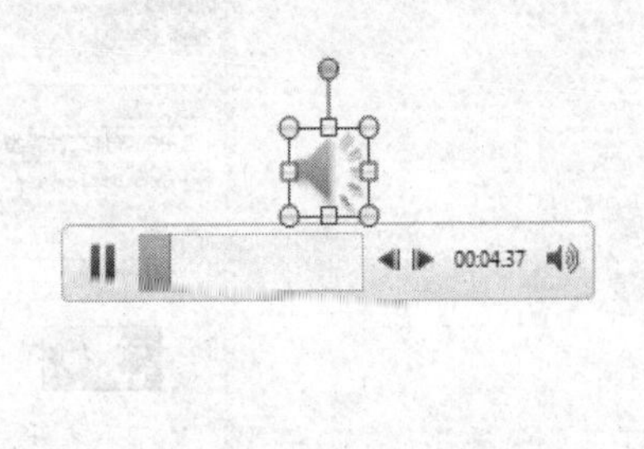

图 3-139 剪贴画音频的播放和暂停

② 插入来自文件的声音

选择幻灯片，执行“插入”→“媒体”→“音频”→“文件中的音频”命令，在弹出的“插入音频”对话框中，选择音频文件，单击“插入”按钮，如图 3-140 所示。

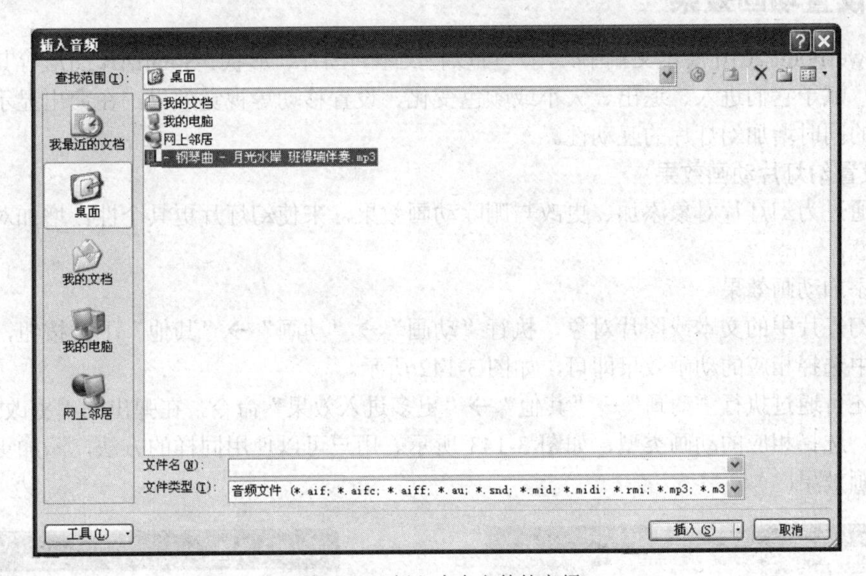

图 3-140 插入来自文件的音频

③ 录制声音

执行“插入”→“媒体”→“音频”→“录制音频”命令，在弹出的“录音”对话框中输入名称，单击“录制”命令。录制完毕后单击“停止”命令即可。

（4）插入视频

在幻灯片中，可以像插入音频那样为幻灯片插入剪贴画或来自文件的视频，这更加丰富了幻灯片内容的表现形式。在幻灯片中可以插入的视频文件格式有：AVI、ASF、MPEG、WMV 等。

① 插入剪贴画中的视频

选择幻灯片，执行“插入”→“媒体”→“视频”→“剪贴画视频”命令，在弹出的“剪贴画”任务窗格中，单击“搜索”按钮，在列表中选择一种影片文件，如图 3-141 所示。

图 3-141 插入剪贴画中的视频

② 插入来自文件的视频

选择幻灯片，执行“插入”→“媒体”→“视频”→“文件中的视频”命令，在弹出的“插入视频文件”对话框中，选择相应的视频文件，单击“插入”按钮。

3.3.3 设置动画效果

在 PowerPoint 2010 演示文稿中，用户可以将文本、图片、形状、SmartArt 图形等其他对象制作成动画，赋予它们进入、退出、大小或颜色变化、设置移动等视觉效果，在突出显示幻灯片中对象效果的同时增加幻灯片的互动性。

1. 设置幻灯片动画效果

用户通过为幻灯片对象添加、更改与删除动画效果，来使幻灯片更具个性，增加对象的互动性和多彩性。

(1) 添加动画效果

选择幻灯片中的文本或图片对象，执行“动画”→“动画”→“其他”下拉按钮，在打开的下拉列表中选择相应的动画效果即可，如图 3-142 所示。

用户还可通过执行“动画”→“其他”→“更多进入效果”命令，在弹出的“更改进入效果”对话框中，选择相应的动画类型，如图 3-143 所示。用户可以使用同样的方法，添加更多强调或退出的动画效果。

图 3-142 动画效果下拉列表

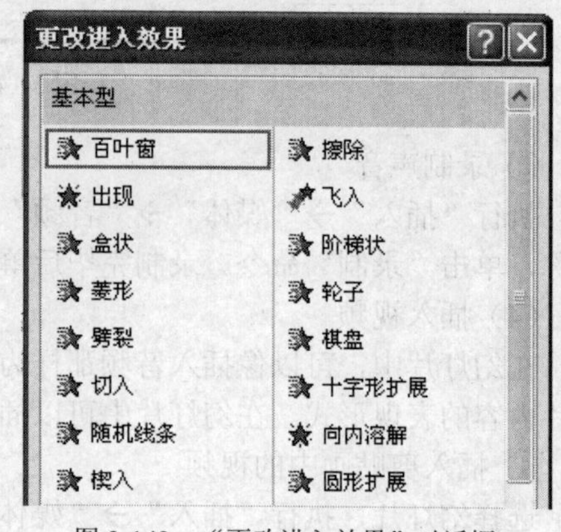

图 3-143 “更改进入效果”对话框

（2）更改动画效果

为文本或图片对象添加动画效果后，单击对象前面的动画序列按钮 1，执行“动画”→“其他”命令，在打开的列表中选择另外一种动画效果，即可更改当前的动画效果。

（3）删除动画效果

当用户不再需要为某个对象添加的动画效果时，单击对象前面的动画序列按钮 1，按 Delete 键或执行“动画”→“其他”→“无”命令，即可删除该动画效果。

（4）调整动画序列

设置了动画效果后，还可以根据需要调整动画的序列，具体操作步骤如下所述。

① 选择需要重新排列动画顺序的幻灯片。

② 执行“动画”→“高级动画”→“动画窗格”命令。

③ 在弹出的“动画窗格”对话框中选择要移动的项目，单击下方的↑和↓按钮来调整动画的序列，或将需要重新排列的幻灯片直接拖到其他位置。

2．设置幻灯片切换效果

切换效果是指幻灯片之间衔接的特殊效果。在幻灯片放映的过程中，由一张幻灯片转换到另一张幻灯片时，可以设置多种不同的切换方式，如“碎片”、“溶解”、“擦除”等。

具体操作步骤如下所述。

① 选择需要添加切换效果的幻灯片，执行“切换”→“切换到此幻灯片”命令。

② 单击切换效果列表框右侧的三角按钮，在弹出的下拉列表中选择一种切换效果，如图 3-144 所示。

图 3-144　幻灯片切换效果下拉列表

③ 设置完成后，执行“预览”→“预览”，可以进行切换效果预览。

3.3.4　幻灯片的放映

1．串联幻灯片

串联幻灯片是运用 PowerPoint 2010 中的超链接功能，链接相关的幻灯片。其中，超链接是一个幻灯片指向另一个幻灯片等目标的链接关系。用户可以使用 PowerPoint 2010 中的超级链接功能，链接幻灯片与电子邮件、新建文档等其他程序。

（1）文本框链接

在幻灯片中选择相应的文本，执行“插入”→“链接”→“超链接”命令，在弹出的“插入超链接”对话框中的“链接到”列表中，选择“本文档中的位置”选项卡，并在“请选择文档中的位置”列表框中选择相应的选项，如图 3-145 所示。

（2）动作按钮链接

执行“插入”→“插图”→“形状”命令，在其列表中选择“动作按钮”栏中相应的形状，在幻灯片中拖动鼠标绘制该形状，如图 3-146 所示。

在弹出的“动作设置”对话框中，执行“超链接到”下拉列表中的“幻灯片”命令，在“幻灯片标题”列表框中，选择需要链接的幻灯片即可。

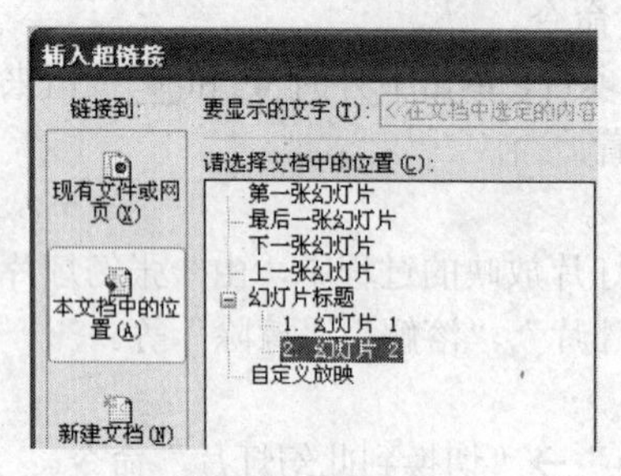

图 3-145 文本框链接幻灯片

图 3-146 “形状”列表中的动作按钮

（3）设置动作链接

可以为选定的对象添加一个操作，以指定单击该对象时或鼠标移过对象时执行的链接操作。具体操作步骤如下所述。

① 在幻灯片中选择需要建立动作的对象。

② 执行“插入”→“链接”→“动作”命令，弹出“动作设置”对话框，如图 3-147 所示。

③ 在“动作设置”对话框中选择“单击鼠标”选项卡，单击“超链接到”单选项，并单击右方的下三角按钮，在下拉菜单中选择要链接到的幻灯片选项。

④ 在对话框中勾选“播放声音”按钮，单击右方的下三角按钮，在弹出的下拉菜单中选择一种声音，为幻灯片添加声音特效，如图 3-148 所示。

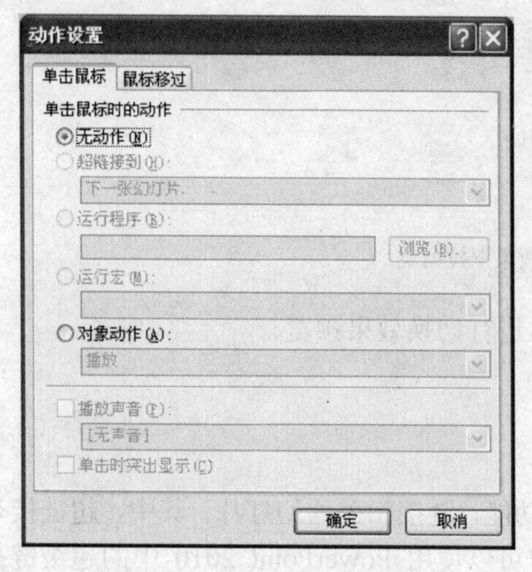

图 3-147 “动作设置”对话框

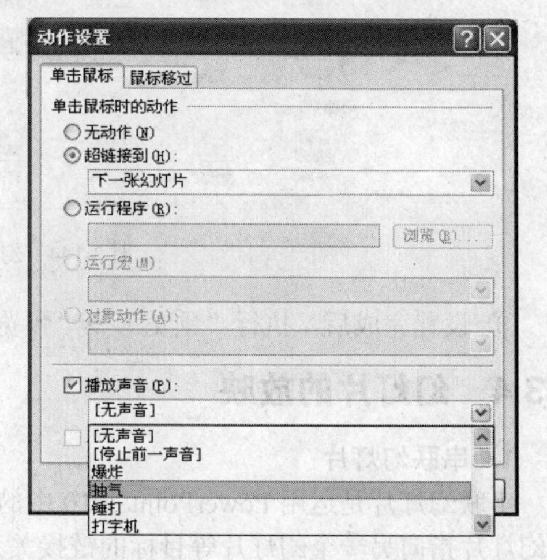

图 3-148 为“动作设置”添加声音

（4）链接其他对象

① 链接其他演示文稿

在“插入”选项卡的“链接”命令组中，执行“超链接”命令，选择“原有文件和网页”选项卡，在“当前文件夹”列表框中选择需要链接的演示文稿。

② 链接电子邮件

在“插入超链接”对话框中，选择“电子邮件地址”选项卡，在“电子邮件地址”文本框中输入邮件地址，并在“主题”文本框中输入邮件主题名称，单击“确定”按钮，如图 3-149 所示。

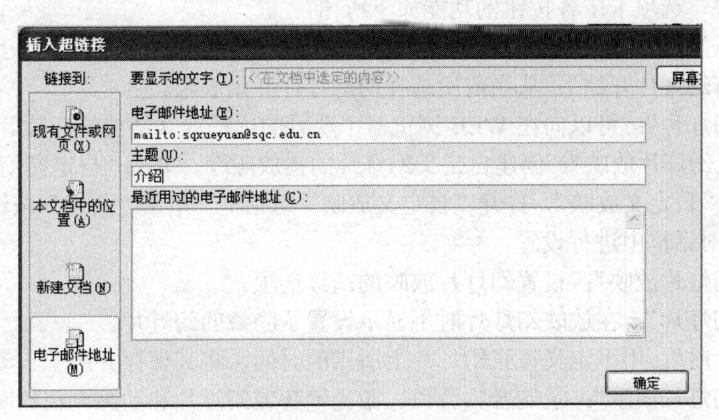

图 3-149 链接电子邮件

③ 链接新建文件

在“插入超链接”对话框中，选择“新建文档”选项卡，在“新建文档名称”文本框中输入文档名称。执行“更改”选项，在弹出的“新建文件”对话框中选择存放路径并设置编辑时间，如图 3-150 所示。

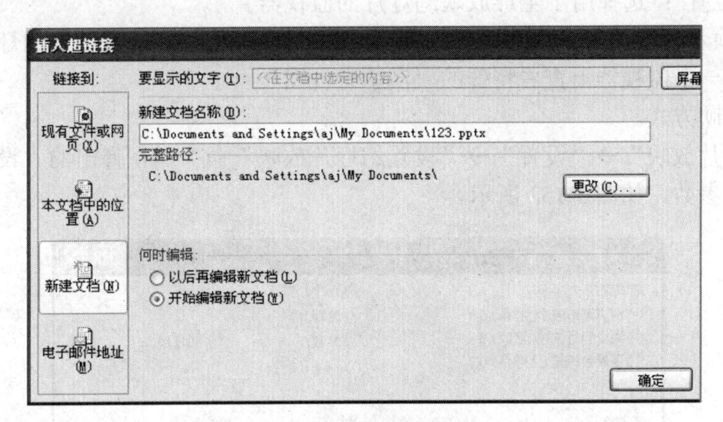

图 3-150 链接新建文件

2．放映幻灯片

放映幻灯片是将在 PowerPoint 中制作的所有效果和功能在电子屏幕上演示，这些效果和功能包括幻灯片的切换、放映时间、影片、动画和声音等。

（1）幻灯片放映功能介绍

幻灯片的放映主要通过“幻灯片放映”选项卡中的“开始放映幻灯片”组中的相关工具按钮来实现，也可以通过单击状态栏中的“幻灯片放映”按钮来实现，如图 3-151 所示。

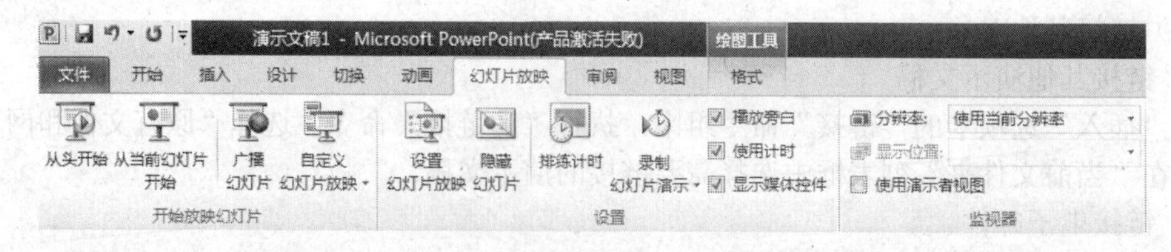

图 3-151 “幻灯片放映”选项卡

“幻灯片放映”选项卡中各按钮的功能如下所述。

- “从头开始”：从第一张幻灯片开始放映幻灯片。
- “从当前幻灯片开始”：从当前所选择的幻灯片开始放映。
- “广播幻灯片”：可以向在 WEB 浏览器中观看的远程观众播放幻灯片。
- “自定义幻灯片放映”：创建自定义幻灯片的播放顺序。单击“自定义幻灯片放映”，在打开的列表中选择“自定义放映”，打开“自定义放映”对话框，单击“新建”按钮，在打开的“定义自定义放映”对话框中进行设置。
- “设置幻灯片放映”：设置幻灯片放映的高级选项。
- “隐藏幻灯片”：在放映幻灯片时不显示设置了隐藏的幻灯片。
- “排练计时”：用于定义每张幻灯片上所用的时间，将其保存并用于自动放映。
- “录制幻灯片演示”：录制音频旁白、激光笔势或幻灯片和动画，在放映幻灯片时播放。
- “播放旁白”：在幻灯片放映时回放幻灯片和动画计时。
- “显示媒体控件”：在幻灯片放映期间，当将鼠标指针移动到音频和视频剪辑时，将显示播放控件。
- “分辨率”：选择全屏播放幻灯片时使用的屏幕分辨率。通常分辨率越低，显示速度越快，但高分辨率可以显示更多视觉细节。
- “显示位置”：选择用于全屏放映幻灯片的监视器。
- “使用演示者视图”：使用“使用演示者视图”放映幻灯片，可以将幻灯片投射到另一个监视器上，在另一个监视器上查看特殊的“演示者视图”。

（2）设置放映方式。

执行“幻灯片放映”→“设置”→“设置幻灯片放映”命令，在弹出的“设置放映方式”对话框中设置放映参数，如图 3-152 所示。

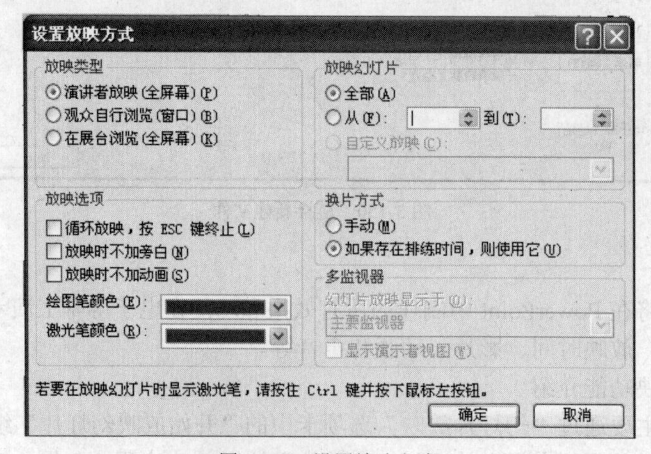

图 3-152 设置放映方式

“设置幻灯片放映”对话框中的各选项的具体功能如表 3-4 所示。

表 3-4　　设置放映方式

选　项		功　能
放映类型	演讲者放映（全屏幕）	在有人看管的情况下，运用全屏幕显示演示文稿
	观众自行浏览（窗口）	可以移动、编辑、复制和打印幻灯片，适用于自行浏览环境
	在展台浏览（全屏幕）	可以自动运行演示文稿，不需要专人控制
放映幻灯片	全部	可以放映所有的幻灯片
	从（F）…到（T）	可以放映一组或某阶段内的幻灯片
	自定义放映	可以使用自定义放映范围
放映选项	循环放映，按 ESC 键终止	可以连续播放声音文件或动画效果，直到按 ESC 键为止
	放映时不加旁白	在放映幻灯片时，不放映嵌入的解说
	放映时不加动画	在放映幻灯片时，不放映嵌入的动画
	绘图笔颜色	用户设置放映幻灯片时使用的解说字体颜色，该选项只能在“演讲者放映（全屏幕）”选项中使用
换片方式	手动	表示依靠手动来切换幻灯片
	如果存在排练时间，则使用它	表示在放映幻灯片时，使用排练时间自动切换幻灯片
多监视器	幻灯片放映显示于	在具有多个监视器的情况下，选择需要放映幻灯片的监视器
	显示演讲者视图	表示在幻灯片放映时播放演讲者使用监视器中的视图
性能	使用硬件图形加速	可以加速演示文稿中图形的绘制速度
	提示	可以弹出“PowerPoint 帮助”窗口
	幻灯片放映分辨率	用来设置幻灯片放映时的分辨率，分辨率越高计算运行速度越慢

（3）设置排练计时。

在 PowerPoint 2010 中，可以通过为幻灯片添加排练计时来完善幻灯片的功能。执行“幻灯片放映”→“设置”→“排练计时”命令，切换到幻灯片放映视图中，系统会自动记录幻灯片的切换时间。结束放映时或单击“录制”工具栏中的“关闭”按钮时，系统将自动弹出“Microsoft Office PowerPoint”对话框，单击“是”按钮即可保存排练计时。

思考题

1. Word 应用程序的窗口中选项卡的功能是什么？
2. 在文档中选取一块矩形区域的文本应如何实现？
3. 如何在文档中输入“→“、“©”、“®”、“™”等符号？
4. 若要在图片内部输入文字应如何实现？
5. 如何在 Word 文档中插入表格？如何在表格中实现计算？
6. Excel 中的粘贴方式有哪几种？
7. 单元格地址的相对引用和绝对引用的区别是什么？

8．Excel 提供的 VLOOKUP 函数的用法是什么？
9．自动筛选和高级的筛选的区别是什么？应如何实现自动筛选和高级筛选？
10．如何修改图表中图表标题、图例、坐标轴中的字体格式？
11．简述新建演示文稿的 3 种方法。
12．简述添加新幻灯片的方法。
13．PowerPoint 2010 中超链接和动作按钮有什么区别？
14．在 PowerPoint 2010 中如何自定义配色方案？
15．放映幻灯片时，可以使用哪几种方法返回到普通视图？

第4章 数字媒体及应用

4.1 计算机中的数制

4.1.1 信息的基本单位——比特

1．比特的定义

数字技术处理的对象是“比特”，英文为“bit”，中文“二进位数字”或“二进位”，简称“位”，比特只有两种取值：0或1。

比特既没有颜色，也没有大小和重量。它是计算机和其他数字系统处理、存储和传输信息的最小单位，一般用小写字母“b”表示。比bit稍大些的数字信息的计量单位是“字节”，它用大写字母“B”表示，每个字节包含8个比特（1B=8bit）。

一个西文字符用8个比特表示，一个汉字至少需要用16个比特表示。

2．比特的运算

比特的取值只有“0”和“1”两种，这两个值不是数量上的概念，而是表示两种不同的状态。在数字电路中，电位的高或低、脉冲的有或无经常用来表示“1”或“0”。在人们的逻辑思维中，命题的真或假也可以用“1”或“0”来表示。

与数值计算中使用的加、减、乘、除四则运算不同，对比特的运算需要使用逻辑代数。逻辑代数也称为布尔代数，逻辑代数中最基本的逻辑运算有3种：逻辑加，也称“或”运算，用符号“OR”、“V”或“+”表示；逻辑乘，也称“与”运算，用符号“AND”、“∧”或“·”表示；取反，也称“非”运算，用符号“NOT”或“－”表示。它们的运算规则如下：

逻辑加：

$$\begin{array}{r}0\\ \vee\ 0\\ \hline 0\end{array}\qquad\begin{array}{r}0\\ \vee\ 1\\ \hline 1\end{array}\qquad\begin{array}{r}1\\ \vee\ 0\\ \hline 1\end{array}\qquad\begin{array}{r}1\\ \vee\ 1\\ \hline 1\end{array}$$

逻辑乘：

$$\begin{array}{r}0\\ \wedge\ 0\\ \hline 0\end{array}\qquad\begin{array}{r}0\\ \wedge\ 1\\ \hline 0\end{array}\qquad\begin{array}{r}1\\ \wedge\ 0\\ \hline 0\end{array}\qquad\begin{array}{r}1\\ \wedge\ 1\\ \hline 1\end{array}$$

取反运算最简单，“0”取反后为“1”，“1”取反后为“0”。

当两个多位的二进制信息进行逻辑运算时，它们按位独立进行，即每一位不受同一信息的其他位的影响。例如两个4位的二进制信息0011和1001，进行逻辑加和逻辑乘的结果分别为：

$$\begin{array}{r}0\ 0\ 1\ 1\\ \vee\ 1\ 0\ 0\ 1\\ \hline 1\ 0\ 1\ 1\end{array}\qquad\qquad\begin{array}{r}0\ 0\ 1\ 1\\ \wedge\ 1\ 0\ 0\ 1\\ \hline 0\ 0\ 0\ 1\end{array}$$

它们取反后的结果分别为 1100 和 0110。

3．比特的存储

使用各种类型的存储器存储二进位信息时，存储容量是一项很重要的性能指标。存储容量使用 2 的幂次作为存储单位。经常使用的单位有：

千字节（KB），1KB=2^{10} 字节=1024 B

兆字节（MB），1MB=2^{20} 字节=1024 KB

吉字节（GB），1GB=2^{30} 字节=1024 MB（千兆字节）

太字节（TB），1TB=2^{40} 字节=1024 GB（兆兆字节）

拍字节（PB），1PB=2^{50} 字节=1024TB

但有些设备（如磁盘）的制造商也采用 1MB=1000KB，1GB=1000 000KB 来计算存储容量。这一点必须引起注意。

4．比特的传输

在数据通信和计算机网络中传输二进位信息是一位一位串行传输的，传输速率的度量单位是每秒多少比特，经常使用的传输速率单位如下：

比特/秒（bit/s），也称“bps”

千比特/秒（kbit/s），1kbit/s=10^3 比特/秒=1000 bit/s（小写 k 表示 1000）

兆比特/秒（Mbit/s），1Mbit/s=10^6 比特/秒=1000 kbit/s

吉比特/秒（Gbit/s），1Gbit/s=10^9 比特/秒=1000 Mbit/s

太比特/秒（Tbit/s），1Tbit/s=10^{12} 比特/秒=1000 Gbit/s

拍比特/秒（Pbit/s），1Pbit/s=10^{15} 比特/秒=1000 Tbit/s

4.1.2 计算机中的常用数制

数制是人们用一组特定符号和统一运算规则来计数的方法。在人类历史发展过程中，人们制造并使用过多种不同的数制。如我国古代的重量单位是十六进制，以 16 两为 1 斤；时间单位中的分、秒采用六十进制，小时采用二十四进制等，60s 为 1min，60min 为 1h，24h 为 1d。而计算机通常采用二进制数制。

数制有很多种，但在计算机的设计与使用上常常使用的是十进制，二进制，八进制，十六进制，下面分别加以介绍。

在介绍具体数制之前，先明确如下两个概念：

基数：某种数制所使用的数码的个数称为数制的基数；

权值：数制的每一位所具有的值称为数制的权值。

1．十进制

基数：10

权值：以 10 为底的幂

数码组成：0，1，2，3，4，5，6，7，8，9

运算规则：逢十进一，借一当十

例如：19+1=20　　20−1=19

2．二进制

基数：2

权值：以 2 为底的幂

数码组成：0，1

运算规则：逢二进一，借一当二

例如：101+1=110　　110-1=101

3．八进制

基数：8

权值：以 8 为底的幂

数码组成：0，1，2，3，4，5，6，7

运算规则：逢八进一，借一当八

例如：17+1=20　　20-1=17

4．十六进制

基数：16

权值：以 16 为底的幂

数码组成：0，1，2，3，4，5，6，7，8，9，A，B，C，D，E，F

运算规则：逢十六进一，借一当十六

例如：5F+1=60　　60-1=5F

以后在书写数据时，数据一定要带上脚标，如 $(1000)_2=(10)_8=(8)_{16}$，除了在右下脚标明进制外，还可用字母符号来表示这些数制：

B——二进制；H——十六进制；D——十进制；O——八进制。

4.1.3　各种数制之间的转换

由于计算机只能存储、处理二进制数，所以，任何非二进制形式的数据必须经过转换，成为二进制数后，计算机才能接受。

1．二进制、八进制、十六进制数转换为十进制数

先看二进制数转换成十进制数的方法，由二进制数各位的权值乘以各位的数再加起来得到。例如：

$(1101.101)_2=1\times2^3+1\times2^2+0\times2^1+1\times2^0+1\times2^{-1}+0\times2^{-2}+1\times2^{-3}=(13.625)_{10}$

需要注意的是：小数点前面，从右向左依次是 2^0、2^1、2^2、2^3；

小数点后面，从左向右依次是 2^{-1}、2^{-2}、2^{-3}。

同理，八进制数和十六进制数只需要把基数分别换成 8 和 16 即可，例如：

$(375.2)_8=3\times8^2+7\times8^1+5\times8^0+2\times8^{-1}=(253.25)_{10}$

$(2AB.6)_{16}=2\times16^2+10\times16^1+11\times16^0+6\times16^{-1}=(683.375)_{10}$

2．十进制数转换为二进制数、八进制数、十六进制数

整数部分的转换方法是：除基数取余，直到商为 0，余数从右到左排列。

小数部分的转换方法是：乘基数取整数，整数从左到右排列。

例 1：$(25.625)_{10}=(11001.101)_2$

整数部分："用 25 除 2 倒取余法"

2 | 25　　余 1 ↑
2 | 12　　余 0
2 | 6　　余 0
2 | 3　　余 1
2 | 1　　余 1
0

即 $(25)_{10}=(11001)_2$

小数部分："用 0.625 乘以 2 顺取整法"

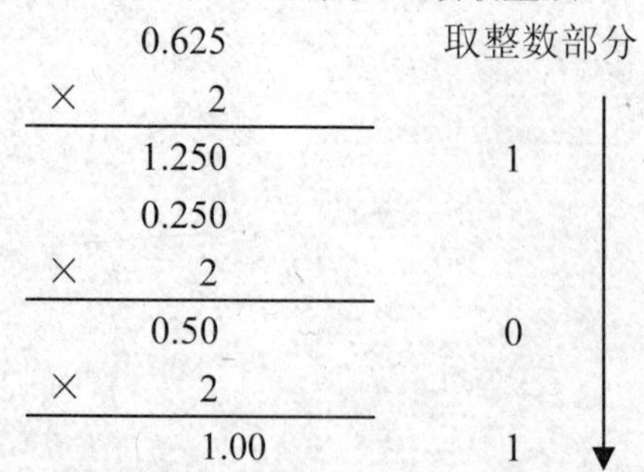

即（0.625）$_{10}$=（0.101）$_{2}$

例 2：把十进制数"135"转换成八进制数。

即（135）$_{10}$=（207）$_{8}$

例 3：将十进制数"986"转换成十六进制数。

16 | 986　　余数为 10，即十六进制的 A

16 | 61　　余数为 13，即十六进制的 D

16 | 3　　余数为 3，即十六进制的 3

0

即（986）$_{10}$=（3DA）$_{16}$

3．二、八、十六进制数之间的相互转换

因为数 2^3=8，2^4=16，所以一位八进制数所能表示的数值恰好相当于 3 位二进制数能表示的数值，而一位十六进制数与 4 位二进制数能表示的数值正好相当，因此二进制数、八进制数、十六进制数之间的转换极为方便。各进制数与十进制数相对应的表示方法见表 4-1。

表 4-1　　各位进制数的表示方法

十进制数	二进制数	八进制数	十六进制数
1	0001	1	1
2	0010	2	2
3	0011	3	3
4	0100	4	4
5	0101	5	5
6	0110	6	6
7	0111	7	7
8	1000	10	8
9	1001	11	9
10	1010	12	A
11	1011	13	B
12	1100	14	C
13	1101	15	D

续表

十进制数	二进制数	八进制数	十六进制数
14	1110	16	E
15	1111	17	F
16	10000	20	10

（1）二进制数转换成八进制数

方法：从小数点开始分别向左、向右每3位一组划分，不足3位的用“0”补足，参照表4-1，将一组3位二进制数代之一位等值的八进制数即可。

例4：把二进制数“10110010．1011”转换为八进制数。

$\underset{2}{\underline{\boldsymbol{0}10}}\ \ \underset{6}{\underline{110}}\ \ \underset{2}{\underline{010}}\ .\ \underset{5}{\underline{101}}\ \ \underset{4}{\underline{1\boldsymbol{00}}}$

即（10110010.1011）$_2$=（262.54）$_8$

（2）二进制数转换成十六进制数

方法：从小数点开始分别向左、向右每4位一组划分，不足4位的用“0”补足，参照表4-1，将一组4位二进制数代之一位等值的十六进制数即可。

例5：把二进制数“10110010．1011”转换为十六进制数。

$\underset{B}{\underline{1011}}\ \ \underset{2}{\underline{0010}}\ .\ \underset{B}{\underline{1011}}$

即（10110010.1011）$_2$=（B2.B）$_{16}$

（3）八进制数转换成二进制数

方法：将每一位八进制数展开为等值的3位二进制数。

例6：把八进制数“7643”转换为二进制数。

7 6 4 3
↓ ↓ ↓ ↓
111 110 100 011

即（7643）$_8$=（111110100011）$_2$

（4）十六进制数转换成二进制数

方法：将每一位十六进制数展开为等值的4位二进制数。

例7：把十六进制数“5D2E”转换为二进制数。

5 D 2 E
↓ ↓ ↓ ↓
0101 1101 0010 1110

即（5D2E）$_{16}$=（0101110100101110）$_2$

若将八进制数与十六进制数相互转换，可以二进制数为桥梁，先把八进制数转换成二进制数，然后再把二进制数转换为十六进制数。反之亦然。

4.1.4 数值数据编码表示

数值数据除了有大小、整数和小数之分外，还有正数和负数之分。在计算机中，带符号数据的符号可以和其数值数字一样用二进制代码表示。通常用“0”表示正号，用“1”表示负号，这种连同符号一起数字化的数据被称为机器数，其代表的数值称为真值。在计算机中，常用的机器数有原码、反码和补码3种编码表示形式。

1．原码

如果用“0”表示正号，用“1”表示负号，而有效的数值部分用二进制的绝对值表示，符号位于最高位，这样的编码表示称为原码表示，假定字长为 8 位，下同。

例如：+77　原码：01001101

　　　-77　原码：11001101

2．反码

正数的反码表示与原码相同，最高位为符号位，用“0”表示正，其余各位为数值位。

而负数的反码表示，是符号位不变，其余各位依次取反，即 0 变为 1，1 变为 0。

例如：+4　反码：00000100

　　　-4　反码：11111011　　；按位取反

　　　+31 反码：00011111

　　　-31 反码：11100000　　；按位取反

3．补码

正数的补码表示与原码相同，即最高位为符号位，用“0”表示正，其余各位为数值位。负数的补码表示，是将它按位取反后在最后一位加 1 形成的。

例如：+4　补码：00000100

　　　-4　补码：11111100　　；按位取反后，在最后一位加 1

　　　+31 补码：00011111

　　　-31 补码：11100001　　；按位取反后，在最后一位加 1

相同位数的二进制补码可表示的数的个数比原码多一个，比如 8 位带符号的二进制数用原码表示时可表示范围为-127~+127，而当负数改用补码表示时可表示范围为-128~+127。

4．定点数与浮点数的表示

数值数据的表示除了其大小、正负数的表示以外，还有对小数点的处理问题。在计算机中表示小数点的位置有两种方法，一种是定点表示法，另一种是浮点表示法。

定点小数法是指小数点准确固定在数据某一个位置上，实际上小数位并不占用空间，默认在该位置。小数点约定在符号位之后，数值表示成纯小数，称为定点小数，如图 4-1（a）所示；小数点约定在最低位之后，数值表示成整数，称为定点整数，如图 4-1（b）所示。

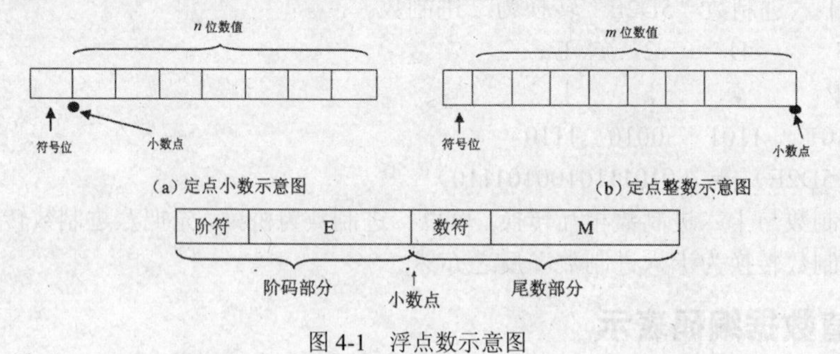

图 4-1　浮点数示意图

定点数的运算规则比较简单，但不适宜对数值范围变化比较大的数据进行运算。

为扩大数的表示范围可以用浮点数。浮点数由两部分组成，一部分用于表示数据的有效位，称为尾数；一部分用于表示该数的小数点位置，称为阶码，也称为科学记数法。一般表示方法是：N=尾数×基数阶码（指数）。二进制数的表示方法为：$N=M\cdot 2^E$，其中 M 表示尾数，是一个小于

1 的纯小数，E 是阶码（表示指数），相当于数学中的幂。具体表示形式如图 4-1 所示。

例如：$253=0.253\times10^3$，$(253)_{10}=(11111101)_2=(0.11111101)\times2^{1000}$

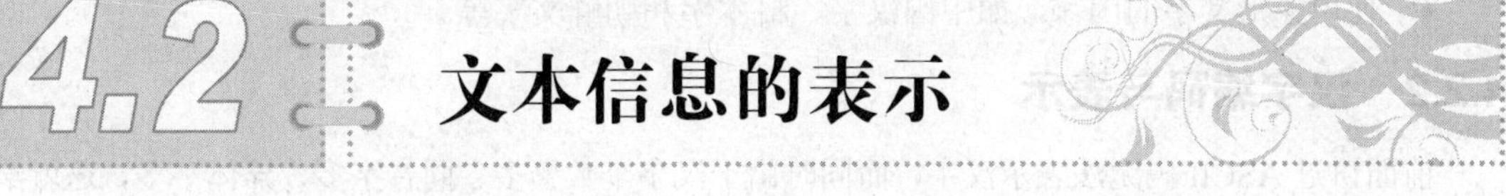

4.2 文本信息的表示

4.2.1 英文编码与表示

计算机中所有数据都是采用二进制存储和处理的，对于数字可以直接转换成二进制数即可存储和处理。但是对于比如 a、b、c、d 这样的 52 个字母（含大写）、还有一些常用的符号（例如*、#、@等）在计算机中存储时也要使用二进制数来表示，那么就需要给每个字母和字符指定一个二进制数来与之对应，每个字母用什么样的二进制数表示，这叫做编码。

如果各企业的编码标准不统一则会给不同企业设备之间的信息沟通带来困难，于是美国国家标准学会制定了美国国家标准信息交换代码，英文缩写为 ASCII 码。ASCII 码是标准的单字节字符编码方案，只能用于基于英文文本的数据。ASCII 码起始于上世纪 50 年代后期，在 1967 年定案。它最初是美国国家标准，供不同计算机在相互通信时用作共同遵守的西文字符编码标准，后来它被国际标准化组织（ISO）选定为国际标准。

标准 ASCII 码也叫基础 ASCII 码，它使用 7 位二进制数（共有 2^7 即 128 个字符）来表示所有的大写和小写字母，数字 0~9、标点符号，以及在美式英语中使用的特殊控制字符。ASCII 编码与字符具体对应关系如表 4-2 所示，为方便读者查看表中编码数值用十进制数表示。

表 4-2 ASCII 码对照表（部分）

编码	字符	编码	字符	编码	字符	编码	字符	编码	字符	编码	字符
32	（空格）	48	0	64	@	80	P	96	、	112	p
33	!	49	1	65	A	81	Q	97	a	113	q
34	”	50	2	66	B	82	R	98	b	114	r
35	#	51	3	67	C	83	X	99	c	115	s
36	$	52	4	68	D	84	T	100	d	116	t
37	%	53	5	69	E	85	U	101	e	117	u
38	&	54	6	70	F	86	V	102	f	118	v
39	,	55	7	71	G	87	W	103	g	119	w
40	(	56	8	72	H	88	X	104	h	120	x
41	)	57	9	73	I	89	Y	105	i	121	y
42	*	58	:	74	J	90	Z	106	j	122	z
43	+	59	;	75	K	91	[	107	k	123	{
44	,	60	<	76	L	92	/	108	l	124	|
45	-	61	=	77	M	93	]	109	m	125	}
46	.	62	>	78	N	94	^	110	n	126	~
47	/	63	?	79	O	95	—	111	o	127	DEL

以上表中的字符“a”为例，它对应的 ASCII 码为 97，二进制形式为 110 0001，由于在计算机中信息要以字节（8 位）为单位，一般在最前面添加一个 0，即小写字母“a”在计算机内部用二进制数 0110 0001 表示。

ASCII码原本是美国标准，所以它无法表示其他不讲英语国家的文字，比如：

- 拉丁语字母表重音符号；
- 使用斯拉夫字母表的希腊语、希伯来语、阿拉伯语和俄语；
- 使用象形文字的国家，如中国汉字、日本字和朝鲜文字等。

4.2.2 汉字编码与表示

前面讲过ASCII码无法表示汉字，而同时由于汉字个数繁多、同音字多、异体字多，这就给汉字在计算机内的表示带来极大的困难。为此我国甚至曾经一度想放弃汉字，改汉字为拼音书写。在ASCII码推出数十年后，一些国家陆续在研究象形文字在计算机编码问题领域取得了根本性突破。

1. 最早的简体字编码——GB2312

为了适应计算机处理汉字的需要，我国在1981年颁布了汉字计算机处理第一个国家标准——《信息交换用汉字编码字符集·基本集》，也就是常说的GB2312。该标准中收录常用简体汉字6700多个以及非汉字的字符600多个，为每个字符指定了标准代码，以便在不同计算机系统之间进行汉字文本的交换。

《GB2312-80》对总计7445个图形字符作了二进制数编码，这些图形字符是：

- 6763个汉字，字体为简化字，分成两级，第一级汉字3755个，按拼音排序，约占近代文献汉字累计使用频度99.9%；第二级汉字3008个，按部首、笔画排序。一、二级汉字合计占累计使用频度99.99%以上。
- 202个一般符号，其中包括1.～20.，(1)～(20)，①～⑩，(-)～(+)等。
- 22个数字，其中0～9共10个，Ⅰ～Ⅻ共12个。
- 52个拉丁字母，其中大写字母A～Z 26个，小写字母a～z 26个。
- 169个日文假名，其中平假名83个，片假名86个。
- 48个希腊字母，其中大写字母Α～Ω24个，小写字母α～ω 24个。
- 66个俄文字母，其中大写字母А～Я33个，小写字母а～я 33个。
- 26个汉语拼音符号，包括带声调符号和其他符号的字母。
- 37个汉语注音字母，ㄅ～ㄥ。

（1）区位码。为了对汉字进行编码，人们将汉字（及字符，下同）摆放在一个94行×94列的平面内，将行的编号称为区号，将列的编号称为位号，这样每个汉字就需要两个7位的二进制数来表示行号和区号，故将这种编码也称为区位码。

比如汉字“王”的区位码用十进制表示形式是45 85，即区码为45、位码为85，就是说“王”字处于平面中的第45行、第85列。

（2）国标码。区位码还不是GB2312中的汉字编码，为了计算机处理方便，通常将区位码中的区码和位码分别加上32（16进制数为20H），因此上述“王”字国标码的计算方法为：

将区位码转换成十六进制：$(45\quad 85)_{10} = (2D\quad 55)_{16}$

将两个字节分别加上20H：$(2D\quad 55)_{16} + (20\quad 20)_{16} = (4D\quad 75)_{16}$

做运算时，区码、位码两个字节分别加上20H。

（3）机内码。汉字的国标码不能在计算机中直接使用，为了不与ASCII码相混淆，需要将国标码的最高位置为1（等效于加上16进制数80H）变成汉字机内码。由于ASCII码最高位为0，所以汉字编码不会与ASCII编码相冲突，在中英文混排的文本中，如果计算机发现一个字节的第一位为 1，则直接将本字节和下一个字节一起识别为一个汉字的机内码。

汉字“王”的机内码为：

$(4D\ 75)_{16}+(80\ 80)_{16}=(CD\ F5)_{16}=(11001101\ 11110101)$

2．GBK

GB2312 是我国的第一个汉字编码标准，只解决了常用简体汉字问题，但是大量的生僻汉字广泛存在与人名、地名中，还有整理古籍时需要使用繁体汉字，这些都急切要求包含有更多简体、繁体字的汉字编码标准出现。

GBK 即汉字国标扩展码，GBK 编码兼容 GB2312，基本上采用了原来 GB2312-80 所有的汉字及码位，总共收录了 883 个符号、21003 个汉字，以及提供了 1894 个造字码位，将简体、繁体字融于一体。Microsoft 简体版中文 Windows 95 就是以 GBK 为内码。

3．UCS/Unicode

ISO（国际标准化组织）制定的国际标准 ISO10646 定义了通用字符集（Universal Character Set，UCS）。UCS 是所有其他字符集标准的一个超集，保证与其他任何字符集保持双向兼容，即将任何文本翻译到 UCS 格式，然后再翻译回到原来编码，保证不会丢失任何信息。

Unicode 是由多个国家语言软件制造商协会（包括微软、IBM 等公司）组织制定的字符集标准。后来该组织与 ISO 合作。两个组织仍分别发表自己的字符集，但保持 UCS 编码与 Unicode 编码兼容，比如 UCS-2 版本与 Unicode3.0 版兼容。

UCS/Unicode 中的中、日、韩（CJK）统一编码汉字（中、日、韩、新、马以及中国台湾、中国香港、澳门地区使用的汉字），将其字型一致的文字采用统一编码，这些汉字总共有 27000 多个。

值得注意的是，UCS/Unicode 采用的是双字节可变长编码，以 UCS-2 为例，表示 ASCII 码时采用单字节表示，表示 CJK 汉字时采用 2 字节或者 3 字节表示。

4．GB18030

由于 GBK 当初作为技术规范指导文件颁发，不具有强制力，故在推广过程中遇到障碍，进展缓慢。与此同时，银行、交通、公安、户政、出版印刷、国土资源管理等行业，对新的、大型的汉字编码字符集标准的需求日益迫切。再加上国际编码标准 UCS/Unicode 已经发布，但是 UCS/Unicode 与 GB2312 以及 GBK 并不兼容，并且 UCS/Unicode 为我国预留的汉字编码太少，如果采用国际标准一方面势必造成大量的设备和软件无法平滑过渡，另一方面国内对大型字符集的需求仍然无法满足。

为了既能实现与国际最新标准接轨，又能保护丰富的汉字资源，国家相关部门在 2000 年发布了 GB18030-2000 作为国家强制标准。标准规定所有 PC 必须支持 GB18030，而对嵌入式产品暂不作要求，可以只支持 GB2312（这就解释了为什么有些汉字在计算机中显示正常，而在手机和 MP3 中显示为乱码）。

GB18030 也采用不等长编码，用单字节编码表示 ASCII 字符，用双字节编码表示汉字，向下兼容 GBK 和 GB2312，收录了 27000 多汉字。GB18030 还包含有预留的 150 多万个 4 字节编码，该部分用于表示 UCS/Unicode 中的其他字符。

4.3 图像信息的表示

4.3.1 色彩空间

色彩空间，又叫色域，它代表一个色彩影像所能表现的色彩具体情况，通俗地讲就是如何对颜色进行编码。经常使用的色彩空间有RGB、CMYK、YUV、HSB等。

1. RGB模型

RGB色彩模式是工业界的一种颜色标准，通过对红（R）、绿（G）、蓝（B）3个颜色通道的变化以及它们相互之间的叠加来得到各式各样的颜色，RGB即是代表红、绿、蓝3个通道的颜色，这个标准几乎包括了人类视力所能感知的所有颜色，是目前运用最广的颜色系统之一。

RGB色彩模型为图像中每一个像素的RGB分量分配一个0~255范围内的强度值。例如：纯红色R值为255，G值为0，B值为0；灰色的R、G、B 3个值相等（除了0和255）；白色的R、G、B都为255；黑色的R、G、B都为0。RGB图像只使用3种颜色，就可以使它们按照不同的比例混合，在屏幕上重现1600万（$2^8 \times 2^8 \times 2^8$）种颜色。

目前的显示器、彩色电视机大都采用了RGB颜色标准，显示器中每个像素由红色、绿色和蓝色荧光粉发射光线产生的3个颜色小点组成，由于点很小、距离又非常近，人的眼睛很自然地把这3个点看成一个点，人眼看到的颜色就是3种颜色叠加后的颜色。绝大多数可视光谱都可表示为红、绿、蓝三色光在不同比例和强度上的混合。

2. CMYK模型

C代表青色（Cyan），M代表洋红色（Magenta），Y代表黄色（Yellow），K代表黑色（blacK）。CMYK模型用于印刷行业，印刷用的油墨不发光所以不能用前述的RGB模型通过几种颜色叠加来调配颜色，CMYK基于油墨的光吸收特性，眼睛看到的颜色实际上是物体吸收白光（全色）中特定频率的光以后反射出来的其余光的颜色。要在报纸上显示出红颜色文字，则要用油墨调出能够吸收红颜色以外其他颜色的油墨，这样才能让油墨“看起来”是红色。

CMYK 4色中每种油墨均可使用从0至100% 的值。为最亮颜色指定的印刷色油墨颜色百分比较低，而为较暗颜色指定的百分比较高。例如，亮红色可能包含 2% 青色、93% 洋红色、90% 黄色和 0% 黑色。CMY以白色为底色减，即CMY均为0是白色，均为100%是黑色（在实际应用中，由于油墨纯度等问题，采用CMY 3种颜色混合得不到纯正的黑色，因此需要印刷黑色时使用单独的黑色油墨K）。

3. YUV模型

YUV（也称YCrCb）是被欧洲电视系统所采用的一种颜色编码方法（属于PAL），是PAL模拟彩色电视制式采用的颜色空间。其中的Y、U、V几个字母不是英文单词的组合词，Y代表亮度，UV代表色差，U和V是构成彩色的两个分量。现代彩色电视系统中，通常采用三管彩色摄影机或彩色CCD摄影机进行取像，然后把取得的彩色图像信号经分色、分别放大校正后得到RGB，再经过矩阵变换电路得到亮度信号Y和两个色差信号R−Y（即U）、B−Y（即V），最后发送端将亮度和色差3个信号分别进行编码，用同一信道发送出去。这种色彩的表示方法就是所谓的YUV模型。采用YUV模型的重要性是它的亮度信号Y和色度信号U、V是分离的。如果只接收Y信号分量而没有U、V信号分量，那么这样表示的图像就是黑白灰度图像。彩色电视采用YUV空间正是为了用亮度信号Y解决彩色电视机与黑白电视机的相容问题，使黑白电视机也能接收彩色电视信号。

4. HSB

HSB色彩就是把颜色分为色相（H）、饱和度（S）、明度（B）3个因素。所谓饱和度相当于家庭电视机的色彩浓度，饱和度高色彩较艳丽，饱和度低色彩就接近灰色。明度也称为亮度，等同于彩色电视机的亮度，亮度高色彩明亮，亮度低色彩暗淡，亮度最高得到纯白，亮度最低得到纯黑。

4.3.2 图像获取

根据数字图像的获取方式不同，可以将计算机中的数字图像分成两类：

- 通过扫描仪、数码相机等设备获取的图像，称为图像或点阵图或位图；
- 通过计算机合成的图像，比如 CAD 图、Flash 等，称为矢量图形或图形。

图像由一组点组成，无论是扫描仪还是数码相机，照片或景物变成数字图像都要经过数字化过程。下面以扫描仪为例介绍，将图像数字化的过程大致叙述如下。

1．模拟图像的数字化

现实世界中存在大量的非数字化的图像信息，比如纸张照片、图纸、底片等，必须经过扫描才能形成数字图像，将模拟图像数字化要经过如下几个步骤。

（1）扫描。扫描仪不可能把照片的所有细节扫描进去，扫描仪将图片分成若干个网格，这样的网格称为取样点，每个点称为一个像素。

（2）分色。在计算机中一个彩色的点通常是分成 3 个基色（比如 R、G、B）进行存储的，因此必须对每个取样点进行分色。黑白图像由于只有一种颜色，因此不需要分色。

（3）取样。取样就是测量每个点的每个分色的亮度值。

（4）量化。量化就是将每个亮度取值转换成数字来表示，一般每个颜色用 8 至 12 位二进制数来表示，这样获得出来的图像称为位图，也就是按照一个个点来存储形成的图片。由于扫描时分割的点非常细小，用显示器再将图像中的点按照原来样子重新显示出来，受到人眼睛视力的限制，眼睛看到的仍然是一副“完整”的图片。

2．直接获取数字图像

直接获取数字图像的设备有数码相机、数码摄像机等，摄像头配合软件也可实现拍摄照片。这些设备中有个成像芯片（CCD 或者 CMOS 芯片），成像芯片将镜头取得的景象分割形成像素，然后经过分色、量化等步骤形成数字图像，再经过压缩保存成文件存储在存储卡或者计算机硬盘中。

3．数字图像的属性

（1）图像大小。也称为图像的分辨率，比如某图片大小为 400×300 的含义就是该图片在水平方向有 400 个点，在垂直方向有 300 个点，总计 120000 个点构成这张图片，如果该图片在分别率为 800×600 的屏幕上 100%显示，则图像只占用屏幕的 1/4。

（2）色彩空间。数字图像常用的色彩空间为 RGB、CMYK。

（3）像素深度。即像素的所有颜色分量（分量数取决于色彩空间）的二进制位数之和。

以 RGB 颜色为例，某图片上每个点红、绿、蓝 3 种颜色均使用 8 位二进制数表示，表明它的每个点的像素深度为 24（8+8+8），使用该种像素深度可以表示的颜色种数为 2^{24}（约 1680 万）种。

4.3.3 图像压缩与格式

1．图像压缩

未经压缩图像的数据量计算方法：

图像数据量=图像水平分辨率×图像垂直分辨率×像素深度/8（单位为字节）。

图像未经压缩数据量是很大的。以保存一张桌面大小（分辨率为 1024×768 像素）、色彩深度为 24 位的 RGB 照片为例，未经压缩图片数据量有 2.25MB 之多。为了减小存储图像所占存储空间、减少网络传输时间，必须对图片进行压缩。

图像中许多数据具有相关性，比如很多连续的点颜色相同或相近，因此图像中的数据冗余是很大的。另外，人的眼睛对不同信号的敏感程度不同，因此可以用“损失”一部分人眼不敏感细节的办法来达到减少数据量目的，只要还原图像与原图像差别在可以接受范围之内即可。

常见的压缩分成两类。

（1）无损压缩。如 TIF 文件的 LZW 算法，不删除任何图像数据，是对文件本身的压缩，原理和我们使用压缩软件压缩文件是一样的，仅仅是对文件的数据存储方式进行优化。无损压缩采用某种算法表示重复的数据信息，文件可以完全还原，不会影响文件内容，对于数码图像而言，也就不会使图像细节有任何损失。由于无损压缩只是对数据本身进行优化，所以压缩比例有限。

（2）有损压缩。有损压缩是通过对图像本身的改变，来实现节省存储空间的目的的。以最常用的 JPEG 压缩原理为例，压缩时将图像颜色用 HSB 色彩模型表示，此时每个像素有 3 个要素：色相（H）、亮度（B）和色纯度（S），由于人眼对于亮度的敏感程度远远高于其他二者，也就是说只要亮度不变，稍微去掉一些色相和色纯度信息，人们难以察觉。

JPEG 压缩正是利用了这样的特点，在保存图像时保留了较多的亮度信息，而将色相和色纯度的信息和周围的像素进行合并，合并的比例不同，压缩的比例也不同，由于信息量减少了，所以压缩比可以很高。因为有损压缩不能完全还原原始信息，所以打开压缩过的图片再次压缩存储，损失会累积，图像质量会进一步下降。

2．常见图像格式

常用的图像文件格式详见表 4-3。

表 4–3 常见的图像文件格式

格式	后缀名	性质	应用	开发公司或组织
BMP	.bmp, .dib	无压缩/无损	Windows 应用程序	Microsoft
TIF	.tif，tiff	无损压缩	桌面出版	
GIF	.gif	无损压缩	网页、动画	CompuServe
JPEG	.jpgl, .jpeg	多为有损	网页、数码相机等	ISO/IEC
JP2	.jp2	有损/无损	网页、数码相机等	ISO/IEC

（1）BMP。BMP 是微软公司 Windows 操作系统环境中交换与图像有关的数据的一种标准，因此在 Windows 环境中运行的图形图像软件都支持 BMP 图像格式。这种格式可以使用无损压缩也可以不压缩。对于未经压缩的 BMP 图片，在几乎任何软件中均可使用。

（2）TIF。TIF 是一种比较灵活的图像格式，可以支持多种颜色，多种色彩空间，在桌面出版领域通常用它来保存大幅面的、高清晰度的彩色图片。

（3）GIF。GIF 的两个最重要的特点是：支持透明背景图像和动画。GIF 适用于多种操作系统，数据量也很小，因此网上很多小动画都是 GIF 格式。其实 GIF 是将多幅图像保存为一个图像文件，轮换播放从而形成动画的，所以归根到底 GIF 仍然是图片文件格式。GIF 只能显示 256 种不同颜色，采用无损压缩编码。

（4）JPEG/JP2。JPEG 格式是目前网络上最流行的图像格式，是可以把文件压缩到最小的格式。JPEG 是一种很灵活的格式，具有调节图像质量的功能，允许用不同的压缩比例对文件进行压缩，支持多种压缩级别，压缩比率通常在 10：1 到 40：1 之间，压缩比越大，品质就越低；相反地，压缩比越小，品质就越好。通常在对图片进行压缩时可以根据需要在图片大小和图片质量之间找一个折中的平衡点。JP2 即 JPEG2000，作为 JPEG 升级版，其压缩率比 JPEG 高 30%左右，同时可以选择有损压缩还是无损压缩。

4.3.4 图像处理软件

1．最简单的图像处理软件——Windows 中的“画图”

在 Window“附件”中可以找到画图软件，画图可以做最简单的输入文字、绘制简单图形和曲线、填充图形等操作，入门者往往用画图做一些涂鸦作品。

2. 业内的权威——Adobe PhotoShop

在各种图像处理软件中，以美国 Adobe 公司的 PhotoShop 最为流行，它汇集图像扫描、编辑、绘图、图像合成以及图像输出等多种功能于一体，主要功能包括：

（1）绘画功能。使用各种工具如喷枪、笔刷、铅笔等进行绘制图形、添加文本、对图片局部进行去划痕等操作。

（2）图像修改。按任意要求调整图片尺寸、裁切、旋转、变形等。

（3）选取功能。选择图像内某一块区域、某种颜色区域，进行从背景中“抠图”等操作。

（4）色调和色彩功能。包括饱和度、色相、明暗度等的调整。

（5）图层功能。支持多色阶工作方式。

PhotoShop 中的一个最基本概念是图层，图层就像一张透明的纸，在透明纸上绘画，被画上的部分叫不透明区，没画上的部分叫透明区，通过透明区可以看到下一层的内容。把透明纸按顺序叠加在一起就组成了完整的图像。通过图层技术可以轻松进行“移花接木”，将不相干的图片合成到一起，事实上各种海报、广告的绚丽效果就是好多张图层叠加在一起的结果。

4.3.5 图形

1. 图形

图形是指由外部轮廓线条构成的矢量图，即由计算机绘制的线、圆、矩形、曲线、图表等组成的图。图形用一组指令集合来描述图形的内容，如描述构成该图的各种图元位置维数、形状等。使用图像描述对象可任意缩放不会失真。需要显示时，使用专门软件将描述图形的指令转换成屏幕上的点和颜色。图形适用于描述轮廓不很复杂、色彩不很丰富的对象，如几何图形、工程图纸、CAD、3D 造型软件等。图 4-2 所示为某机械部件的 CAD 图。

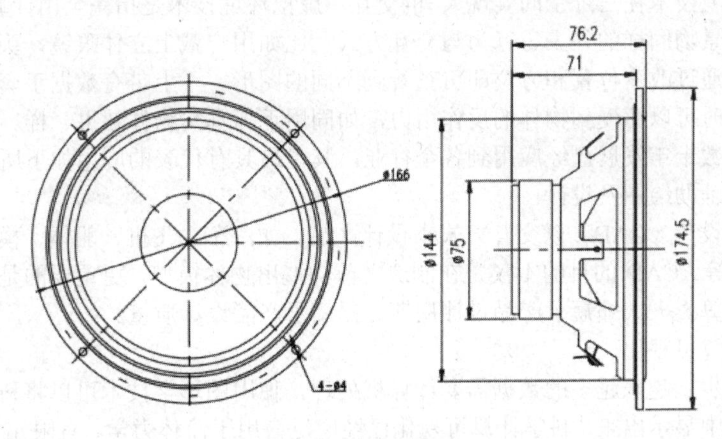

图 4-2 某 CAD 图形

图形最大的优点就是容易进行移动、压缩、旋转和扭曲等变换，主要用于表示线框型的图画、工程制图、美术字等。图形只保存算法和特征点，所以相对于图像的大量数据来说，它占用的存储空间也较小。由于图形在每次屏幕显示时都需要重新计算，所以显示速度没有图像快。另外，在打印输出和放大时，图形的质量较高而图像常会失真。

2. 图形学及应用

计算机图形学（简称图形学）利用计算机通过算法和程序在显示设备上构造出图形来。所构造的图形可以是显示世界中存在的物体的图形，也可以是完全虚构的物体，计算机图形学是真实物体或虚构物体的图形综合技术。

20 世纪 50 年代末，美国麻省理工学院林肯实验室研制成功 SAGE 空中防御系统，该系统能将雷达信号转换成显示器上的图形，操作者可以通过光笔指向目标图形来获取所需的信息。这就是现代图形学的诞生。

要在计算机屏幕上构造出一幅三维图像，首先必须在计算机中构造出该物体的模型。这一模型是由一批几何数据及数据之间的拓扑关系来表示的，这就是造型技术。有了三维造型以后就可以通过几何变换和投影等技术在屏幕上显示出二维图像了。为了让二维图像显示出立体感，还需要给图像加上光照效果，因此计算机图形学需要在以下 3 个方面发展。

（1）造型技术

计算机辅助造型技术按照所构造的对象来划分，可以分为规则形体造型和不规则形体造型。规则形体造型指的是可以用几何进行描述的形体，例如平面多面体、二次曲面体、自由曲面体等。与规则形体相反，不规则形体是不能用几何加以定义的，例如山、水、树、草、云、烟、火以及自然界中丰富多彩的其他物体，不规则物体造型大多采用过程模拟技术。

（2）真实感生成技术

真实图形生成技术是根据计算机中构造好的模型生成与现实世界一样的逼真图像。现实世界中的景物往往受到多个不同光源从不同角度以不同强度照射，不同性质的物体产生反射和折射、阴影和高光等。

早期采用局部光照模型来模拟漫反射以及镜面反射，后来出现全局光照模型，以光线跟踪方法和辐射度方法使得图像的逼真程度极大提高，但此种方法对硬件要求较高。

（3）人-机交互技术

最简单的人-机交互就是利用键盘和鼠标操纵屏幕上的图形。计算机图形学研究的一个热点是如何利用虚拟环境技术在三维空间实现人-机交互，虚拟环境技术是指完全由计算机产生的环境，可以产生与真实景物同样的外表、行为与交互方式。比如用户戴上立体眼镜，头戴头盔，头盔上有位置传感器，通过改变位置和方位即可查看到不同的图形。手上带有数据手套实现三维交互，抓一个虚拟物体时可以感受到物体的反作用力，如同用手抓真实物体效果一样。

图形学经过数十年发展已经应用到各个行业，其中最具有代表的应用如下所述。

（1）计算机辅助绘图及设计

计算机辅助设计（CAD）以交互方式来设计产品，如汽车、飞机、船体、模具、零部件、建筑、服装、玩具等。CAD 的目的不仅是在制造之前构造出物体模型，更重要的是可以根据模型进行性能分析、计算，大大缩短了产品设计周期，提高了产品设计质量。

（2）科学计算可视化

随着科学进步，越来越多的数据需要计算机处理，使用图形学技术可以将科学计算结果以图形方式在计算机中显示出来，科学计算可视化已经广泛应用于流体力学、有限元分析、气象科学、天体物理、生物、医学影像等领域。

（3）计算机动画

为了避免画面闪烁，每秒钟需要制作 24 幅以上的画面，工作量十分巨大。利用计算机图形学技术可以实现在两个画面之前插入中间画面，极大提高了动画制作效率。目前计算机动画已经广泛应用于电视片头、广告、产品展示等领域。

（4）地理信息系统

借助计算机图形技术可以生成高精度的地理地图或其他资源地图，如地理图、地形图、矿藏分布图、海洋地理图、气象图等。近年来随着地理信息技术的发展，其应用逐渐由科学领域扩展到民用领域，如 GPS 导航等。

3．常用图形软件

在矢量绘图界，能够得到大家普遍认可的有 Adobe 公司的 Illustrator、Macromedia 公司的 FreeHand 以及 Corel 公司的 CorelDraw。

（1）Illustrator 具有文字输入和图标、标题字、字图以及各种图表的设计制作和编辑等优越的功能，是电脑设计师们常用的。

（2）FreeHand 是一个应用广泛的图形处理软件，特别是在报纸和杂志的广告制作以及统计图形的制作方面深受欢迎

（3）CorelDraw 是由 Corel 公司推出的一个绘图功能强大的软件包，并且兼有图形绘画、图像处理、表格制作绘画等多种功能。图 4-3 所示为用 CorelDraw 绘制的卡通图形。

图 4-3 用 CorelDraw 绘制的卡通图形

4.4 声音信息的表示

4.4.1 声音数字化过程

声音是一种波（见图 4-4），由不同频率的谐波组成。谐波的频率范围称为带宽，人耳朵能听到的声音频率为 20Hz~20kHz，人的说话声音（也就是常说的“语音”）频率在 300~3400Hz。

声音是模拟信号，图 4-4 所示是一段声音经过麦克风形成的波形，可以看出声音在时间上是连续的。保存声音与保存图像一样，计算机对波形上的点进行保存。

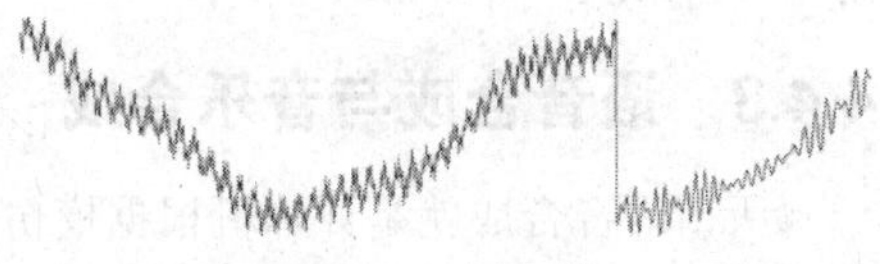

图 4-4 一段声音波形

（1）取样。曲线上的点是无数的，显然不可能把声波上的所有点全部记录下来，因此计算机每间隔一段极短时间在波形上取一个点进行记录，称为取样。为保证声音不失真，取样频率至少是声音最高频率的 2 倍，一般音乐取样频率为 44.1kHz，也就是每秒取样 4 万 4 千余次。

（2）量化。量化是对每个取样点采用二进制位来保存，二进制位数越多表明声音的细节保存越好，音质越好。量化位数采用至少 8 位，一般是 12 位或 16 位。

（3）编码。经过采样和量化处理后的声音信号已经是数字形式了，但为了便于计算机的存储、处理和传输，还必须按照一定的要求进行数据压缩和编码，即选择某一种或者几种方法对它进行数据压缩，以减少数据量，再按照某种规定的格式将数据组织成为文件。

很明显，采样频率越高、量化位数越高得到的数据就越接近真实的声音。

数字声音的特点：

（1）数据量大，虽然每个取样点表示成二进制数仅仅为几位或十几位，但由于取样的频率极快，所以数字声音未经压缩时数据量大得惊人；

（2）反复读取没有磨损、失真等问题；

（3）数字声音的可编辑性强，易于进行特效处理。

4.4.2 声音的编码与压缩

前面说过数字声音未经压缩的原始数据量非常大，以 1min 歌曲，采用双声道的 44.1kHz 声音为例，如果量化位数取 16 位，则声音的数据量为：

60×2×44.1×1000×16/8（运算结果单位：字节）。

计算结果大约为 10MB。这也就是早期 650MB 标准容量 CD 光盘能存储 10~20 首歌曲（60min）的原因。为了降低存储成本和提高在网上传输的效率，就必须对数字声音进行压缩。

由于人耳朵听力的局限，乐器所发出的声音中有很多人耳是听不到，可以大胆抛弃音乐中的这部分声音，这样做在减少了数据量的同时而感觉不到声音损失，这就是声音压缩的一个最基本原理。常用的声音压缩编码标准有很多种，详见表 4-4。

表 4–4 全频带声音压缩编码标准

标准名称	每声道码率	声道数	应用场合
MPEG-1 audio layer 1	192kbit/s	2	数字录音带
MPEG-1 audio layer 2	192kbit/s	2	数字广播、VCD 伴音
MPEG-1 audio layer 3	192kbit/s	2	网上音乐、MP3
Dolby AC-3	64kbit/s	5.1，7.1	DVD 伴音、家庭影院

音乐频率范围在 20Hz～20kHz，而人的语音频率范围在 300～3400Hz，比全频带音乐声音频率范围小许多，因此对人的语音进行数字化所采用的取样频率较低、数据量较小。数字语音压缩编码有多种国际标准，如 G. 711、G. 721、G. 726、G. 727、G. 722、G. 728、G. 729A、G. 723. 1、IS96（CDMA）等。

4.4.3 语音合成与音乐合成

所谓语音合成就是计算机根据模仿人的发生形成自然语言的过程。目前常见的一种语音合成形式是按照文本（书面语）进行语音合成，简单地说，就是让计算机把文字资料“读”出来，这个过程称为文语转换（Text-To-Speech，简称 TTS）。

TTS 系统的主要功能就是将计算机中任意出现的文字，转换成自然流畅的语音输出，它使得计算机不仅能够处理数据显示的图像和文字，还能像人一样说话，从而使其更为亲切、自然。计算机语音合成技术经历了一个飞速发展的过程，目前已经较为成熟并且大量应用于不同场合，如对网页和电子邮件的浏览、文稿校对、人机对话、信息查询等。

一般认为，语音合成系统包括 3 个主要模块。

（1）文本分析模块。使用计算机从文本中能够识别文字，从而知道要发什么音、怎么发音、并且将发音的方式告诉计算机，此外还要让计算机知道文本中，哪些是词，哪些是短语、句子，发音到哪应该停顿，停顿多长时间等。

（2）韵律生成模块。决定最终系统能够用来进行声信号合成的具体韵律参数，如基频、音长、音强等。

（3）语音合成模块。从所保存的语音库中调出相应语音、合成语音，实现输出。

图 4-5 所示为文语转换过程。

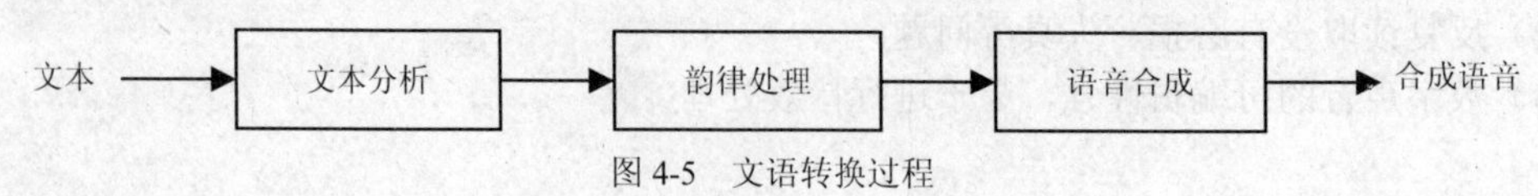

图 4-5 文语转换过程

计算机合成语音应能达到如下要求：发音清晰可懂，语气语调自然，说话人（男、女、老、少）可选择，情绪和语速可变化等。几十年来，虽然语音合成技术取得很大进步，但目前计算机合成出来的语音水平与人们生动活泼、丰富多彩的口语相比，差距还是很大。

计算机合成的音乐称为MIDI音乐。MIDI是英语Music Instrument Digital Interface 的缩写，翻译过来就是“数字化乐器接口”。MIDI最早应用在电子合成器——一种用键盘演奏的电子乐器上，由于早期的电子合成器的技术规范不统一，不同的合成器的连接很困难，在1983年8月，YAMAHA、ROLAND、KAWAI等著名的电子乐器制造厂商联合指定了统一的数字化乐器接口规范，这就是MIDI1.0技术规范。此后，各种电子合成器以及电子琴等电子乐器都采用了这个统一的规范，这样各种电子乐器就可以互相链接起来，传达MIDI信息，形成一个真正的合成音乐演奏系统。

多媒体计算机技术的迅速发展，计算机对数字信号的强大的处理能力，使得计算机处理MIDI信息成为顺理成章的事情，所以现在不少人把MIDI音乐称为电脑音乐。事实上，利用多媒体计算机不但可以播放、创作和实时地演奏MIDI音乐，甚至可以把MIDI音乐转变成看得见的乐谱（五线谱或简谱）打印出来，反之，也可以把乐谱变成美妙的音乐。利用MIDI的这个性质，可以将其用于音乐教学（尤其是识谱），让学生利用计算机学习音乐知识和创作音乐。

MIDI文件实质上是指计算机中记录的MIDI信息的数据，MID文件的扩展名是.mid，而另外一种计算机中常用的声音是波形文件（.wav 文件）。表面上，两种文件都可以产生声响效果或音乐，但它们的本质是完全不同的。普通的声音文件（.wav文件）是计算机直接把声音信号的模拟信号经过取样——量化处理。

MIDI 文件相当于电子化的乐谱，它不是直接记录乐器的发音，而是记录了演奏乐器的各种信息或指令，如用哪一种乐器，什么时候按某个键，力度怎么样等，而播放时发出的声音，那是通过播放软件或者音源的转换而成的。

MIDI文件通常比声音文件小得多，一首乐曲数据量大约十几KB到几十KB，只有声音文件的千分之一左右，便于储存和携带。MIDI文件易于编辑，使用计算机键盘即可实现乐曲创作。

4.4.4 常见的声音格式文件

1．WAV波形声音文件格式

WAV是微软开发的一种声音文件格式，用于保存Windows平台的音频信息资源，被Windows平台及其应用程序所广泛支持。 Windows附件中的“录音机”即可录制和播放WAV文件。常用来播放WAV的软件是Windows中的媒体播放器（Media Player）。WAV可以提供与CD相当的音质，缺陷是WAV文件的体积很大，一分钟44kHz、16位的WAV文件大约占用10MB空间，即使经过压缩文件仍然很大。一些手机支持WAV格式的铃声。

2．MP3

MP3是采用前面讲过的MPEG-1 audio layer 3标准压缩形成的文件格式。目前“MP3”已经成为音乐以及相关播放器的代名词。MP3可以实现在音质损失很小的情况下将声音压缩到更小程度，每分钟MP3格式的音乐只有1MB左右大小，这样每首歌曲大小只有3～4MB。播放MP3需要对文件进行实时解码（解码器），目前几乎所有的播放器都支持MP3格式。

3．WMA

WMA全称为Windows Media Audio，它是微软推出的与MP3格式齐名的一种新的音频文件格式。WMA在压缩比和音质方面都已超过MP3，比RA格式更好，即使在较低的频率下也能产生较好的音质效果。在网上提供的较低质量音乐文件（128kbit/s及以下）中，WMA目前占据优势，从搜索引擎中搜索到的情况来看，WMA文件占了一半还要多（其余是MP3及RA格式）。

目前几乎所有的播放器、MP3 都支持 WMA。WMA 支持“边下载边听”的流媒体工作方式。

4．RM

RM 全称为 RealMedia，它是由 RealNetworks 公司所制定的音频/视频压缩规范。RM 格式可以在不同的网络状况下使用不同压缩比，使得不同带宽的用户都能获得尽可能好的播放效果。RM 另一个特点是用户使用 RealPlayer 或 RealOnePlayer 播放器可以在不下载音频/视频内容的情况下实现在线播放。

4.5 视频信息的表示

视频（Video）也称为运动图像或活动图像，它由一组内容随着时间而变化的静止图像序列构成，视频通常还包含与画面同步的声音（即伴音）。

4.5.1 彩色电视信号

1．电视与制式

电视画面是由光点在屏幕上自左向右、自下向上不断高速扫描而形成的光栅图像。传统的电视机一般采用隔行扫描的方式，即先扫描图像的奇数行，再扫描偶数行，这样图像由奇数场和偶数场两部分组成，合在一起组成一副图像。

常见的彩色电视信号主要有种两种不同制式：PAL（德国、英国、朝鲜、中国等采用）、NTSC 制式（美国、加拿大、日本等国采用）。

PAL 制式：帧频 25 帧/秒，可见部分图像分辨率为 720 像素×576 像素（约 40 万像素）。

NTSC 制式：帧频 30 帧/秒，图像分辨率为 760 像素×480 像素（约 34 万像素）。

2．电视信号的色彩

无论是哪种制式电视，其彩色电视信号在传输时采用 YUV 3 个分量来表示。电视机将收到的信号进行叠加，还原出 RGB 三基色信号送彩色显像管显示出图像。

YUV 的一个优点是兼容黑白电视，另一个优点在于只需占用极少的频宽（RGB 要求 3 个独立的视频信号同时传输）。以 YUV 中常用的 YCbCr4:1:1 采样格式举例，其含义为：每个点保存一个 8 位的亮度值（也就是 Y 值，因为人眼睛对亮度极敏感），每 2×2 个点保存一个 Cr 和 Cb 值（图像在肉眼中的感觉不会起太大的变化）。原来用 8 位的 RGB 模型，4 个点需要 8×3=24 位，YCbCr4:1:1 模型中仅需要 8+（8/4）+(8/4)=12 位，平均每个点占 12 位，图像的数据压缩了一半。

4.5.2 数字视频的获取

1．（电视）视频采集卡

数字视频与模拟视频相比有很多优点，比如复制和传输时不会造成质量下降，容易修改编辑等。目前电视台播放的很多是模拟视频信号，这些信号必须经过数字化以后才能被计算机处理。PC 中将电视信号转换成数字信号并存储的设备叫做视频采集卡，简称视频卡。视频卡可以将模拟电视信号从 YUV 空间转换成 RGB 空间并在 PC 显示器中显示（即用 PC 看电视），也可以在观看同时进行数字化录像。

2．数字摄像头

数字摄像头是一种在线获取数字视频的设备，它通过光学镜头和 CCD 器件采集图像，然后直接将图像转换成数字信号并输入到 PC 中。数字摄像头的分辨率一般是 352 像素×288 像素，高档的可达 640 像素×480 像素，速度是每秒 30 帧/秒。

多数数字摄像头采用 CCD 作为光传感器，有些低价摄像头采用 CMOS 作为光传感器，这样的摄像头功耗低、速度快，但是效果不清晰，画面颗粒感较重。

由于摄像头只能在线获取视频，因此想要将视频保存下来只能借助额外的软件进行操作。

3. 数码摄像机

数码摄像机是一种离线数字视频获取设备，它的原理类同于数码照相机。数码摄像机采用 MPEG 格式将所采视频信号及伴音保存到其内部的存储卡、记忆棒中，有的数码摄像机可以将视频信号直接刻录成光盘或者写入磁带中。此外，数码摄像机大多带有 USB 或 IEEE-1394 火线接口，必要时可以直接和 PC 交换信息。

除此以外，近年来随着手机功能的日益完善，一些手机已经具有拍摄数码照片、摄录视频短片的功能。

4.5.3 数字视频的压缩与应用

1. 压缩与编码

数字视频的数据量相当惊人，1 分钟未经压缩的数字视频数据量可达数百 MB 甚至 1GB 以上，因此数字视频的压缩显得尤为必要。由于视频图像中相邻画面的内容高度连贯，这就使得视频压缩后文件大小可达到原来的几十分之一~几百分之一。几种常用视频压缩格式如下。

（1）3GP 格式。3GP 是一种 3G 流媒体的视频编码格式，主要是为了配合手机 3G 网络高传输速度而开发的视频编码格式，也是目前手机中最为常见的一种视频格式。

3GP 是新的移动设备标准格式，应用在手机、PSP 等移动设备上，优点是文件体积小，移动性强，适合移动设备使用；缺点是在 PC 上兼容性差，支持软件少，且播放质量差，帧数低（高速运动画面略有顿挫感），较 AVI 等传统格式相差很多。

（2）AVI 格式。AVI 格式推出较早，它的英文全称为 Audio Video Interleaved，即“音频视频交错”，就是将视频和音频交织在一起进行同步播放。这种视频格式的优点是图像质量好，可以跨多个平台使用。AVI 的缺点非常明显：体积过于庞大，而且更加糟糕的是压缩标准不统一。最普遍的现象就是高版本 Windows 媒体播放器播放不了采用早期编码编辑的 AVI 格式视频，而低版本 Windows 媒体播放器又播放不了采用最新编码编辑的 AVI 格式视频，经常出现不能调节播放进度和播放时只有声音没有图像等问题，可以通过下载对应版本的解码器来解决。

（3）DV-AVI。DV-AVI 的英文全称是 Digital Video Format，是由索尼、松下、JVC 等多家厂商联合提出的一种家用数字视频格式。目前非常流行的数码摄像机就是使用这种格式来记录视频数据的。它可以通过电脑的 IEEE 1394 端口传输视频数据到计算机，也可以将计算机中编辑好的的视频数据回录到数码摄像机中。这种视频格式的文件扩展名一般是.avi，所以也叫 DV-AVI 格式。

（4）MPEG 格式。MPEG 的英文全称为 Moving Picture Expert Group，即运动图像专家组格式，VCD、SVCD、DVD 就是这种格式。MPEG 文件格式是运动图像压缩算法的国际标准，它采用有损压缩方法减少运动图像中的冗余信息，即依据相邻两幅画面绝大多数相同的原理，把后续图像中和前面图像有冗余的部分去除，从而达到压缩目的（最大压缩比可达到 200:1）。

- MPEG－1。VCD 图像采用 MPEG－1 压缩制作格式。VCD 图像的分辨率为 360 像素×288 像素。它是针对 1.5Mbit/s 以下数据传输率的数字存储媒体运动图像及其伴音编码而设计的国际标准。使用 MPEG-1 的压缩算法，可以把一部 120 分钟时长电影压缩到 1.2GB（2 张 VCD）左右大小。这种视频格式的文件扩展名包括.mpg、.mlv、.mpe、.mpeg 及 VCD 光盘中的.dat 等。
- MPEG－2。MPEG－2 主要应用在 DVD/SVCD、HDTV（高清晰电视广播）中。使用 MPEG-2

的压缩算法，可以把一部 120 分钟时长的电影压缩到 4～8GB 的大小。这种视频格式的文件扩展名包括.mpg、.mpe、.mpeg、.m2v 及 DVD 光盘上的.vob 等。

（5）DivX 格式。DivX 是由 MPEG-4 衍生出的另一种视频编码（压缩）标准，也即通常所说的 DVDrip 格式，它采用了 MPEG-4 的压缩算法，同时又综合了 MPEG-4 与 MP3 各方面的技术，说白了就是使用 DivX 压缩技术对 DVD 盘片中的视频图像进行高质量压缩，同时用 MP3 或 AC3 对音频进行压缩，然后再将视频与音频合成并加上相应的外挂字幕文件而形成的视频格式。其画质直逼 DVD 并且体积只有 DVD 的数分之一。这种编码对机器的要求也不高，所以 DivX 视频编码技术可以说是一种对 DVD 造成威胁最大的新生视频压缩格式，号称 DVD 杀手或 DVD 终结者。

（6）MOV 格式。MOV 格式是美国 Apple 公司开发的一种视频格式，默认的播放器是苹果的 QuickTimePlayer。它具有较高的压缩比率和较好的视频清晰度等特点，但最大的特点还是跨平台性，不仅支持 Apple MacOS，也支持 Windows 系列。

近年来，网络技术的发展，特别是网络带宽的提高以及家庭宽带普及，使得支持在线播放（"流媒体"）的电影发展非常迅速。在线观看区别于传统的下载-播放模式，只需几十秒甚至是几秒的缓冲即可播放，播放的同时下载后续的视频数据，播放、下载两不误。支持在线播放的几种常用视频格式如下。

（1）RM 格式。Real Networks 公司所制定的音频视频压缩规范称为 Real Media，可以使用 RealPlayer 或 RealOne Player 对网络音频/视频资源进行实况转播，RealMedia 可以根据不同的网络传输速率制定出不同的压缩比率，在低速网路上可以保证播放，在高速网络上可以保证画面质量。RM 可以通过 Real Server 服务器将其他格式的视频转换成 RM 视频并由 Real Server 服务器负责对外发布和播放。

（2）RMVB 格式。RMVB 格式是一种由 RM 视频格式升级延伸出的新视频格式，静止和动作场面少的画面场景采用较低的编码速率，快速运动时使用较高的带宽。从而实现了图像质量和文件大小之间的平衡。一部电影转换成 RMVB 格式也就 400MB 左右。可以使用 RealOne Player2.0 或 RealPlayer8.0 加 RealVideo9.0 以上版本的解码器进行播放。

（3）WMV 格式。WMV 的英文全称为 Windows Media Video，也是微软推出的一种采用独立编码方式并且可以直接在网上实时观看视频节目的文件压缩格式。WMV 格式的主要优点包括：本地或网络回放、可扩充的媒体类型、部件下载、可伸缩的媒体类型、流的优先级化、多语言支持、环境独立性、丰富的流间关系以及扩展性等。

（4）ASF 格式。ASF 的英文全称为 Advanced Streaming format，它是微软为了和 Real Player 竞争而推出的一种视频格式，用户可以直接使用 Windows 自带的 Windows Media Player 对其进行播放。由于它使用了 MPEG-4 的压缩算法，所以压缩率和图像的质量都很不错（高压缩率有利于视频流的传输，但图像质量肯定会有损失，所以有时候 ASF 格式的画面质量不如 VCD 是正常的）。

（5）MPEG-4。MPEG-4 是为播放流式媒体的高质量视频而专门设计的视频格式，它可利用很窄的带度，通过帧重建技术压缩和传输数据，以求使用最少的数据获得最佳的图像质量。目前 MPEG-4 能够保存接近于 DVD 画质而体积较小的视频文件，这种视频格式的文件扩展名包括.asf、.mov 和 DivX AVI 等。

2．数字视频的应用

（1）VCD。1994 年 JVC、Philips 等公司联合制定了 Video CD 技术规范，它采用 MPEG-1 压缩标准，可以在一张标准 CD 盘片上保存大约 60 分钟的视频及音频数据。VCD 体积小、价格低，画面质量不错，可支持两个声道（立体声），一经推出立即得到大力推广。VCD 兼容 CD。

（2）DVD。VCD 的下一代就是 DVD（数字多用途光盘）。DVD 相比 VCD 而言，数据容量极大提高（最低4.7GB，可达17GB），图像质量得到大幅提升，图像分辨率为720像素×576像素，大约是VCD的4倍。DVD支持最多32种不同字幕，可以最多录制8种不同语言配音，支持多种结局、多种角度、支持缩放、支持儿童锁等功能。DVD支持多达5.1声道杜比立体声环绕效果。

（3）可视电话。使用可视电话需要配备MODEM及摄像头，采用H.263编码标准，图像格式可以为360像素×288像素或者是180像素×144像素，帧频不小于10帧/秒。

（4）视频会议。视频会议又称电视会议，它是可以把地理上分散的各个用户实现就地参加会议的一种多媒体通信应用。视频会议可以达到面对面商谈的效果，且可以节省大量会议开支，在办公自动化、紧急救援、现场指挥等方面发挥了很好的作用。

（5）数字电视。传统的有线电视由于信道的带宽很窄，使得传输的电视信号门数相当有限（带宽750MB的有线电视线缆大约可传输30个频道）。数字电视技术可以大大提高有线电视信道的利用率，可达上百甚至几百个频道。同时数字电视还具有图像清晰度高、不受干扰等优点。电视行业由模拟向数字电视过渡是不可逆转的大趋势。

（6）点播电视（VOD）。传统的电视机只能被动接受几个到几十个频道，而无法点播自己喜爱的电视节目。VOD技术改变了上述情况，目前常用的VOD技术分为以下两种。

- TVOD（真视频点播），每个用户即点即播，每个人的信号占用一个信道，这是最理想化的点播方式，但由于服务器要给每个人传输的数据各不相同，需要占用不同的频道，因此需要极大的网络带宽和可以应付超强负载的服务器。目前还没有实现大规模应用。
- NVOD（准视频点播）利用视频服务器将一个数字电视节目在几个数字通道中延时播放。用户无论在何时开始点播该节目，等待一小段时间（不超过5分钟）即可完整地观看该节目。比如每间隔5分钟在一个频道上开始播放一部电视剧，这样一集电视剧仅需要几个频道即可播放，观众无论何时打开电视机都可以跟着某个已经开始播放的频道观看，也可在不同频道间（相差5分钟）进行切换以实现快进、快退。

思考题

1. 计算机为什么采用二进制数表示信息？
2. 简述位、字节、字及字长的含义。
3. 二、八、十、十六进制数相互转换的方法是什么？
4. 使用最广泛的西文字符集是什么？包含多少个字符？
5. 汉字编码字符集有哪几种？各自的特点是什么？
6. 色彩空间模型有哪几种？计算机采用的是何种模型？
7. 图像的数字化过程分为哪几个步骤？声音的数字化过程又分为哪几个步骤？
8. 常见的图像文件格式和声音文件格式有哪些？
9. 视频文件有哪几种格式？数字视频的应用领域有哪些？

第5章 数据结构与算法

5.1 数据结构概述

5.1.1 数据结构的概念

计算机在发展初期，主要用于解决数值计算问题，通常是使用数学的方程式来建立数学模型，以此为加工对象的程序设计称为数值型程序设计，其特点是涉及的操作对象比较简单。随着计算机应用领域不断扩大，人们所关心的是如何组织和表示这些数据以提高处理效率。解决非数值型问题越来越显得迫切，如信息检索、计算机辅助设计、图像识别等，这些问题的重点在于数据处理。据统计，当今处理非数值计算问题占用了90%以上的机器时间。这类问题涉及到的数据类型更为复杂，各数据元素之间的复杂联系已经不是普通数学方程式所能描述的。因此，解决这类问题的关键不再是数学分析和计算方法，而是要设计出合适的数据结构才能有效地解决问题。

1．相关概念和术语

（1）数据：数据是信息的载体。它是对客观事物的符号表示，是能被计算机识别、存储和处理的符号总称，是计算机加工的“原料”。数、字符、文字、图像、声音等都是数据。

（2）数据项：具有独立含义的数据最小单位，也称为字段或域。

（3）数据元素：数据元素是数据的基本单位，是数据（集合）中的一个“个体”。一般情况下，一个数据元素可由若干个数据项组成。例如：一个班一个学生的信息为一个数据元素，而一个学生信息中的每个项（如学号、姓名、性别、出生日期等）为一个数据项。

（4）数据对象：数据对象是一组数据元素的集合，也称为数据元素类。在某个具体问题中，数据元素都具有相同的性质（元素值不一定相等），属于同一数据对象。

（5）数据类型：数据类型是具有相同性质的数据元素的集合。以C语言为例，数据类型分为基本数据类型和结构数据类型两类。基本类型如整型、字符型、浮点型等，它们的变量的值是不可再分的；而结构类型如数组、结构体等，它们的变量的值是可分的，或者说它们是带结构的数据。

2．什么是数据结构

数据结构研究如何根据实际问题组织数据和定义新的数据类型，是面向应用的，与具体的程序设计语言无关。确切地说，数据结构是计算机存储、组织数据的方式，是指相互之间存在某种特定关系的数据元素的集合。

研究数据结构，主要包括3个方面的内容，即数据的逻辑结构、数据的存储结构和数据的运算。

5.1.2 数据的逻辑结构

在任何问题中，数据元素都不会是孤立的，它们之间都存在着这样或那样的关系，这种数据元素之间的关系可以理解为结构。

数据的逻辑结构是指数据元素之间的逻辑关系，它只抽象地反映数据元素间的相互关系，而不考虑数据在计算机中的具体存储方式，是独立于计算机的，可以用一个二元组形式定义如下：

B=（D，R）

其中，D 表示数据元素的有限集合，R 表示 D 上关系的有限集合。例如，有一张学生表如表 5-1 所示。这个表中的数据元素是学生记录，每个数据元素由 4 个数据项（即学号、姓名、性别和籍贯)组成。

表 5–1 学生表

学 号	姓 名	性 别	籍 贯
20120300001	刘大宝	男	江苏
20120300002	王 强	男	江苏
20120300003	陈圆圆	女	上海
20120300005	裴 佩	男	北京

学生表对应的二元组表示为 B=（D，R），其中：

D={20120300001，20120300002，20120300003，20120300005}， R={<20120300001，20120300002>，<20120300002，20120300003>，<20120300003，20120300005>}，此处 D 和 R 中表示每个学生信息的数据元素时，用学号省略表示，因为用学号可以唯一地标识一个学生。

就数据的逻辑结构而言，根据元素之间关系的不同特性，通常有 4 种基本结构（见图 5-1）。

- 集合结构：该结构中的数据元素之间除了“同属于一个集合”的关系外，别无其他关系。
- 线性结构：该结构中的数据元素间存在一对一的关系。
- 树形结构：该结构中的数据元素间存在一对多的关系。
- 图状结构（或称网状结构)：该结构中的数据元素间存在多对多的关系。

由于“集合”是数据元素之间关系极为松散的一种结构，因此也可用其他结构来表示。所以逻辑结构主要研究线性结构、树形结构、图状结构。而这 3 种结构又可以分为两大类：线性结构和非线性结构。

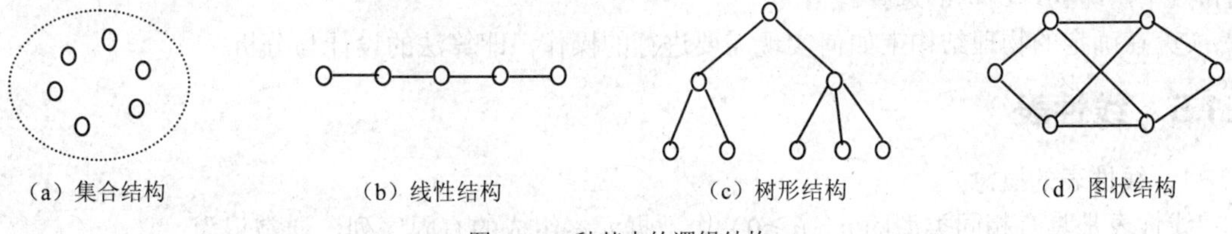

图 5-1 4 种基本的逻辑结构

线性结构的逻辑特征是在数据元素的非空集合中，“第一个”数据元素和“最后一个”数据元素有且只有一个，除了“第一个”数据元素外，其余的数据元素都有且仅有一个直接前驱；除了“最后一个”数据元素外，其余的数据元素都有且仅有一个直接后继。线性表、栈、队列就是典型的线性结构。

非线性结构的逻辑特征是在数据元素的非空集合中，一个数据元素可能有多个直接前驱和直接后继。树和图就是典型的非线性结构。

5.1.3 数据的存储结构

数据的存储结构又称为数据的物理结构，是指数据的逻辑结构在计算机中的表示，即逻辑结构在计算机中的实现。一个数据的逻辑结构可以有多种存储结构。数据的存储结构充分利用了存储器的“空间相邻”和“随机访问”的特点，归纳起来，数据结构有如下4种常用的存储结构类型。

（1）顺序存储结构。把逻辑上相邻的数据元素存储在一组连续的存储单元中，即逻辑位置上相邻的数据元素在物理位置上也相邻，数据元素之间的逻辑关系由存储单元地址间的关系隐含表示。

（2）链式存储结构。逻辑上相邻的数据元素不一定存储在一组连续的存储单元中，即逻辑位置上相邻的数据元素在物理位置上可以不相邻。因此，为了表示数据元素之间的逻辑关系，需要给每个数据元素附加指针字段，用于存放其逻辑上相邻节点的存储地址。

（3）索引存储结构。在存储节点信息的同时，还建立附加的索引表。索引表中的每一项称为索引项，索引项的一般形式为：（关键字，地址），关键字唯一标识一个数据元素，地址作为指向数据元素的指针。

（4）哈希（散列）存储结构。根据数据元素的关键字通过哈希函数直接计算出一个值，并将这个值作为该数据元素的存储地址。

5.1.4 数据的运算

数据的运算即数据的操作，它定义在数据的逻辑结构之上，每种逻辑结构都有一组相应的运算。常用的运算有插入、删除、更新、查找、排序等。数据的运算最终需在对应的存储结构上用算法实现。

例如，当我们需要建立一个班级学生通讯录时，自然会考虑如下几个问题。

① 需要记录学生的哪几项有关信息，即确定一个数据元素的结构。

② 对于收集到的若干学生的信息即若干数据元素，以何种形式把它们组织在一起构成一个通讯录，即选择数据的逻辑结构。

③ 今后有可能在这一通讯录上进行哪些操作（如查找一个数据元素，增加一个数据元素，删除或修改一个数据元素，按一定的规则进行排序等）。

④ 当需要把通讯录存入计算机时，有几种存储方式可供选择，何种存储方式有利于操作的实现和效率，即物理结构的选择。

⑤ 在确定的物理结构上如何实现需要进行的操作，即算法的设计与分析。

5.1.5 线性表

1．线性表的概念

线性表是具有相同类型的 n（$n \geqslant 0$）个数据元素组成的有限序列，通常记为：

$$L=(a_1, a_2, \ldots, a_{i-1}, a_i, a_{i+1}, \ldots, a_n)$$

其中L表示线性表的名称，a_1为第一个元素，又称作表头元素，a_i为第 i 个元素，a_n为最后一个元素，又称作表尾元素。线性表中的数据元素间存在一对一的关系，除了“第一个”数据元素外，其余的数据元素都有且仅有一个直接前驱；除了“最后一个”数据元素外，其余的数据元素都有且仅有一个直接后继。

线性表中所含元素的个数 n（$n \geqslant 0$）叫做线性表的长度，当 n=0时，表示线性表是一个空表，即表中不包含任何元素。线性表的长度是可以变的，当向线性表中插入一个元素时，线性表的长度加1；当删除线性表中的一个元素时，线性表的长度减1。

例如，表5-1为一个非空线性表，20120300001学生信息为表头元素，20120300005学生信息为表尾元素，该线性表的长度为4。20120300002的直接前驱是20120300001，20120300002的直接后继是 20120300003。

2．线性表的存储结构及其运算

（1）线性表的顺序存储结构——顺序表

① 顺序表的定义

顺序存储是线性表的一种最常用的存储方式，其用一组大小固定、地址连续的存储单元来存储线性表中的所有元素，用地址的相邻性来反映元素的逻辑关系。

假设线性表的每个元素占用 d 个存储单元，并以元素所占的第一个存储单元作为数据元素的存储地址。那么，线性表中第 i+1 个元素的存储位置 $Loc(a_{i+1})$和第 i 个元素的存储位置 $Loc(a_i)$满足以下关系：

$$Loc(a_{i+1})= Loc(a_i)+d$$

那么，如果知道线性表中第一个元素的地址即线性表的首地址 $Loc(a_1)$，根据以上关系可以推出线性表的第 i 个元素的存储位置为：

$$Loc(a_i)= Loc(a_1)+(i-1)\times d$$

故在顺序存储中，知道了线性表的首地址，很容易实现线性表的某些操作，如随机存取第 i 个元素等。

② 顺序表的插入和删除操作

插入和删除是线性表的常用操作。插入操作是指在线性表的第 i 个元素与第 i+1 个元素之间插入一个新的数据元素 a，使长度为 n 的线性表

$$(a_1，a_2，…，a_{i-1}，a_i，a_{i+1}，…，a_n)$$

变成长度为 n+1 的线性表

$$(a_1，a_2，…，a_{i-1}，a_i，a，a_{i+1}，…，a_n)$$

数据元素 a_i 和 a_{i+1} 的逻辑关系发生了变化。

与插入相反，删除操作是在线性表中删除一个元素 a_i，使长度为 n 的线性表

$$(a_1，a_2，…，a_{i-1}，a_i，a_{i+1}，…，a_n)$$

变成长度为 n-1 的线性表

$$(a_1，a_2，…，a_{i-1}，a_{i+1}，…，a_n)$$

数据元素 a_{i-1}，a_i，a_{i+1} 的逻辑关系发生了变化。

当然，一次也可以插入和删除多个元素。由于顺序存储的连续性，因此顺序表中插入和删除的操作效率不高，因为如果插入和删除不是在表尾进行，则需要移动至少一个数据元素。例如，表 5-1 中要在学号为 20120300003 的学生信息后添加一学号为 20120300004 的学生信息，此时应该将 20120300005 学生信息后移一个位置，然后在 20120300003 后添加 20120300004 学生信息，线性表的长度由 4 变为 5。同样，如果在表 5-1 中要删除 20120300002 的学生信息，此时应将 20120300003、20120300005 前移一个位置，线性表的长度由 4 变为 3。

③ 顺序表的优缺点

顺序表的优点如下：

- 无需为表示表中元素之间的逻辑关系而增加额外的存储空间；
- 随机存取：可以快速地存取表中任一位置的元素。

顺序表的缺点如下：

- 插入和删除操作需要移动大量元素；
- 表的容量难以确定，表的容量难以扩充；
- 造成存储空间的碎片。

（2）线性表的链式存储结构——链表

线性表的顺序存储必须占用一整块事先分配大小且固定的存储空间，这样不便于存储空间的管理。为此提出了可以实现存储空间动态管理的链式存储结构——链表。链表是用任意的存储单元存储线性表的数据元素（这组存储单元可以是连续的，也可以是不连续的）。常用的链表有线性单链表、双向链表与循环链表。

① 线性单链表

在线性单链表中，为了表示每个数据元素 a_i 与其直接后继数据元素 a_{i+1} 之间的逻辑关系，除了存储 a_i 本身的信息外，还需要存储指向其直接后继的信息（即 a_{i+1} 的地址）。这两部分信息组成数据元素 a_i 的存储映像，称为节点。它包括两个信息域，其中，存储本节点信息的域称为数据域；存储直接后继节点地址（指向直接后继）的域称为指针域，指针域中的存储信息称为指针域链。n 个节点链接成一个链表，即线性表的链式存储结构。因为此链表的每个节点中只包含一个指针域，所以称为线性链表或单链表。单链表中每个节点的逻辑结构如图 5-2 所示。

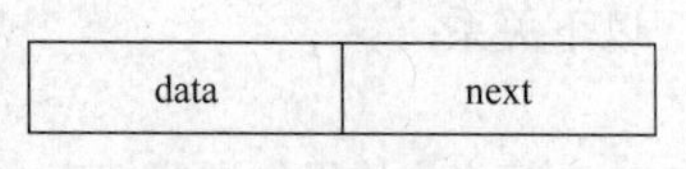

图 5-2 单链表中节点图示

其中，data 为数据域，next 为指针域。

通常，将单链表的第一个节点的存储地址作为线性表的地址，称为单链表的头指针。有时我们在单链表的第一个节点的前面加入一个节点 head，称之为头节点。头节点的数据域可以不存储任何信息，指针域存储第一个节点的存储地址。单链表的最后一个节点没有后继，所以其指针域为“空”。如果单链表是一个空表，那么头节点的指针域为“空”。单链表的结构如图 5-3 所示。

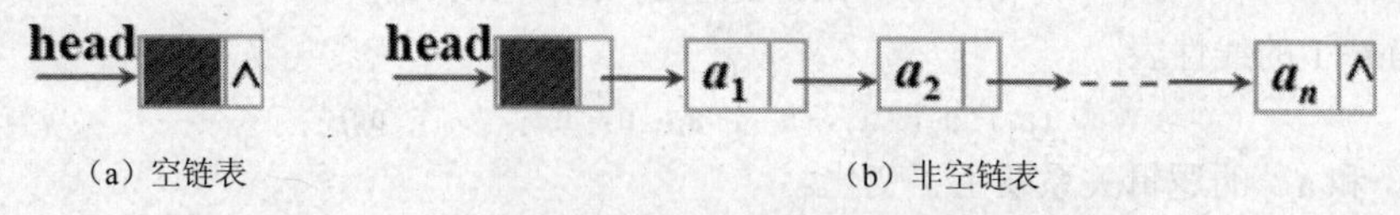

图 5-3 带头节点的单链表示意图

② 双向链表

单链表中，从某个节点出发只能往后找它的后继节点，而不能找出节点的前驱节点。为了克服这个缺点，可以利用双向链表。

在双向链表中，每个节点（包括头节点 head）中有两个指针域：一个指向直接后继节点地址，一个指向直接前驱节点地址。图 5-4 所示是一个带头节点 dhead 的非空双向链表的示意图。

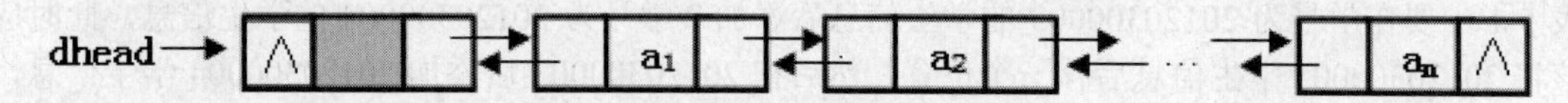

图 5-4 带头节点的非空双向链表示意图

③ 循环链表

循环链表是另一种形式的链式存储结构。以单链表为例，它的特点是表中最后一个节点的指针域不再是空，而是指向头节点，整个链表形成一个环。由此，从表中任一节点出发均可找到链表中的其他节点。

循环单链表的操作和线性单链表基本一致，差别仅在于链表最后一个节点的判断，线性单链表的判断是节点的指针域是否为“空”，而循环链表的判断条件是节点的指针域是否指向头节点。图 5-5 所示是带头节点的循环单链表和循环双链表的示意图。

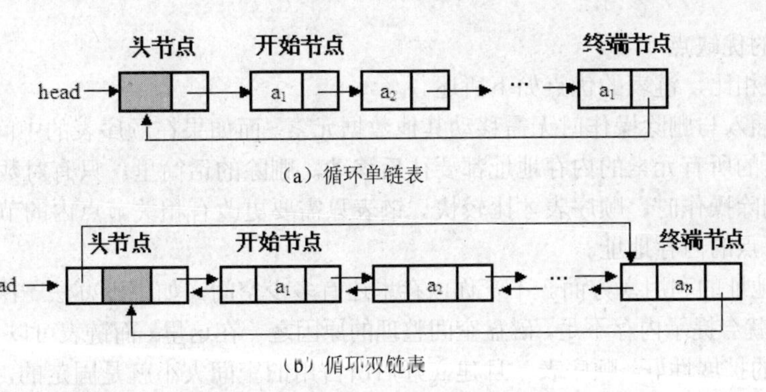

图 5-5　带头节点的循环单链表和循环双链表的示意图

④ 单链表的插入和删除操作

在线性链表的两个数据元素 a 和 b 之间插入一个新的数据元素 x，首先生成一个 x 节点，此节点同样包含数据域和指针域（初始化时指针域为空），然后将 x 的指针域指向 b，最后将 a 的指针域指向 x。插入过程如图 5-6 所示。反之，当删除图 5-7（a）中的数据元素 x 时，数据元素 a、x 和 b 之间的逻辑关系发生改变，只要将节点 a 的指针域直接指向节点 b 就可以了，如图 5-7 所示。

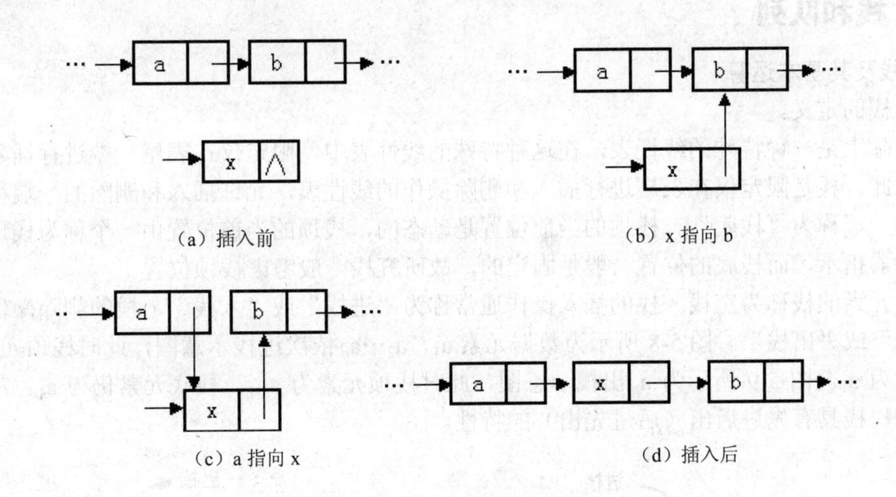

图 5-6　线性链表节点插入过程

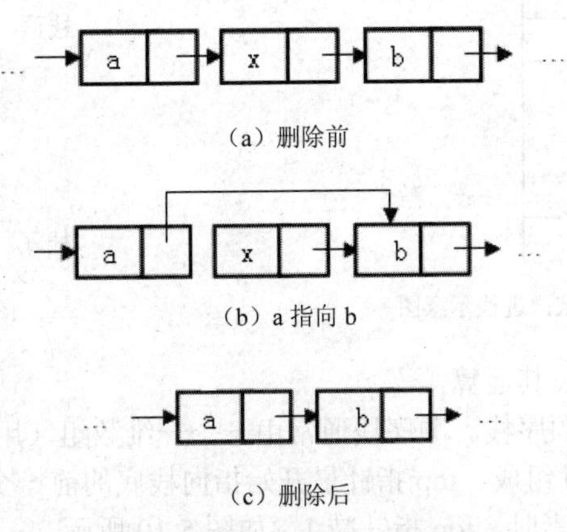

图 5-7　线性链表节点的删除过程

⑤ 链表的优缺点

与顺序表相比，链表的优点如下所述。

- 进行插入与删除操作时无需移动其他数据元素。而如果在顺序表的中间插入一个元素，那么这个元素后的所有元素的内存地址都要往后移动，删除的话简里。只有对数据的最后一个元素进行插入或删除操作时，顺序表才比较快。链表只需要更改有相关节点内的节点信息就够了，并不需要更改节点的内存地址。
- 内存地址的利用率方面。不管你内存里还有多少空间，如果没办法一次性给出顺序表所需要的空间，那就会提示内存不足，磁盘空间整理的原因之一在这里。而链表可以是分散的空间地址。
- 链表的扩展性好。顺序表一旦建立好后所占用的空间大小就是固定的，如果满了就没法扩展，只能新建一个更大空间的顺序表，而链表大小不是固定的，可以很方便地扩展。

同样，与顺序表相比，链表也有自己的缺点，如下所述。

- 内存空间占用较多。与顺序表相比，如果两者存储同样多的数据元素，因为链表节点会附加上一块或两块下一个节点的信息（地址），故每个数据元素占用空间较顺序表中的数据元素多。
- 链表内的数据不可随机访问。顺序表内的数据元素具备随机访问性，而链表在内存的地址可能是分散的，所以必须通过上一节点中保存的地址信息才能找到下一个节点。

5.1.6 栈和队列

1. 栈及其基本运算

（1）栈的定义。

栈实际上是一种特殊的线性表，在这种特殊的线性表中，限定仅在表尾一端进行插入或删除操作。因此，栈是限定仅在表尾进行插入和删除操作的线性表，允许插入和删除的一端称为“栈顶”，另一端称为“栈底”。栈顶的当前位置是动态的，栈顶的当前位置由一个称为栈顶指针的位置指示器指示，而栈底的位置一般是固定的，故研究栈一般考虑栈顶位置。

不含元素的栈称为空栈。栈的插入操作通常称为“进栈”或“入栈”，栈的删除操作通常称为“退栈”或“出栈”。图5-8所示为数据元素a_1，a_2…a_n依次进栈示意图，此时栈顶元素为a_n，栈底元素为a_1。图5-9所示为a_n出栈示意图，此时栈顶元素为a_{n-1}，栈底元素仍为a_1。从进栈和出栈可知，栈具有先进后出（后进先出）的特性。

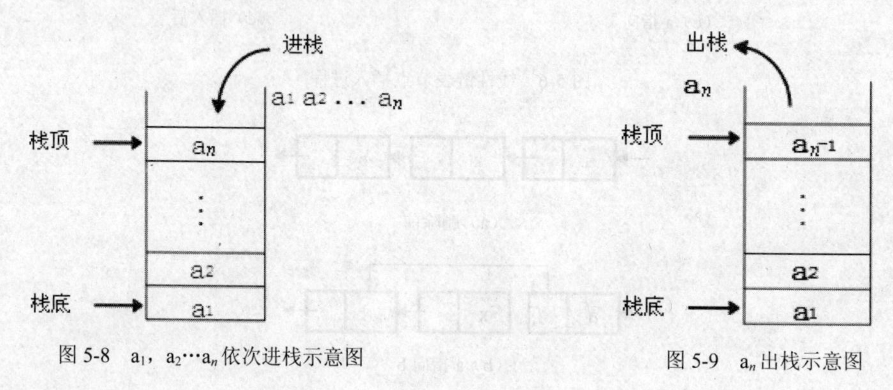

图5-8 a_1，a_2…a_n依次进栈示意图

图5-9 a_n出栈示意图

（2）栈的顺序存储结构及其运算

栈的顺序存储结构称为顺序栈。顺序栈通常由一个一维数组（用于存储栈中的数据）和一个记录栈顶元素位置的变量top组成。top指针最开始指向栈底的前一个位置，当插入一个元素后，top指针加1；当删除一个元素时，top指针减1，如图5-10所示。

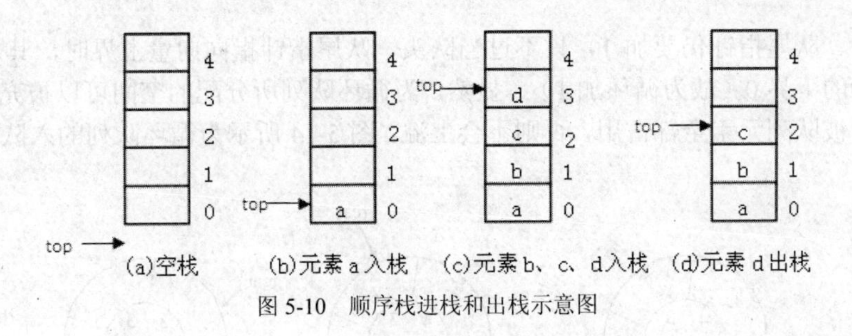

图 5-10 顺序栈进栈和出栈示意图

（3）栈的链式存储结构及其运算

采用链式存储的栈称为链栈，这里采用单链表实现。链栈的优点是不存在栈满上溢的情况。规定栈的所有操作都是在单链表的表头进行的，图 5-11 所示是头节点为 head 的链栈，第一个数据节点是栈顶节点，最后一个节点是栈底节点。栈中元素自栈顶到栈底依次是 a_1、a_2、…、a_n。

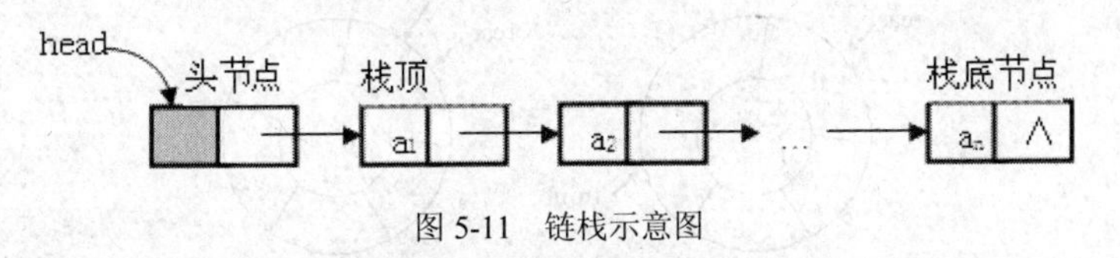

图 5-11 链栈示意图

因为栈的先进后出特性，栈每次处理的都是栈顶元素，故在链栈中添加一个节点时，总是放于头节点之后，使其成为新的栈顶节点；而每次删除一个节点时，只能删除头节点后的栈顶节点，如果其后还有节点，则其直接后继节点成为栈顶节点。

2．队列及其基本运算

（1）队列的定义

和栈一样，队列实际上也是一种特殊的线性表，在这种特殊的线性表中，允许在表的一端进行插入操作，而在另一端才能进行删除操作。把进行插入的一端称作队尾，进行删除的一端称作队头。向队列中插入新元素称为“进队”或“入队”，新元素进队后就成为新的队尾元素；从队列中删除元素称为“出队”或“离队”，元素出队后，其后继元素成为队头元素。图 5-12 所示是 a_1，a_2…a_n 依次入队的示意图，入队后 a_1 成为队头元素，a_n 成为队尾元素。图 5-13 所示为 a_1，a_2 依次出队的示意图。从入队和出队可知，队列具有先进先出（后进后出）的特性。

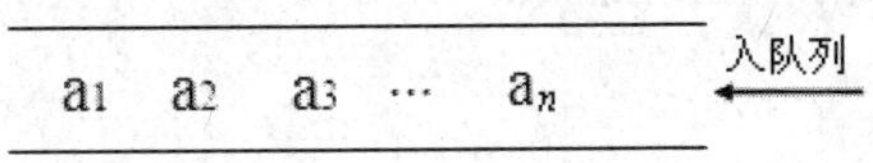

a_1 a_2 a_3 … a_n ← 入队列

图 5-12 a_1，a_2…a_n 依次入队的示意图

出队列 ← a_3 a_4 a_5 … a_n

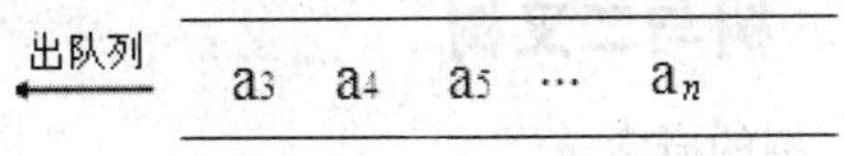

图 5-13 a_1，a_2 出队的示意图

（2）队列的顺序存储结构及其运算

队列的顺序存储结构称为顺序队列。顺序队列通常由一个一维数组（用于存储队列中的数据）及两个分别指示队头和队尾的变量组成，这两个变量分别称为“队头指针”（front）和“队尾指针”（rear）。通常约定 front 指向队头元素的前一个位置，rear 指向队尾元素当前位置。每添加一个元素，rear 变量加 1，每删除一个元素，front 变量加 1。顺序队列中存在“假溢出”现象。因为在入队和出队操作中，头、尾指针变量只增加不减小，致使被删除元素的空间永远无法重新利用。因此，尽管队列中实际元素个数可能远远小于数组大小，但可能由于队尾指针已超出向量空间的上界而不能做入队操作，该现象称为“假溢出”。

为充分利用空间，克服“假溢出”现象，通常将整个队列作为循环队列来处理，即将顺序队列臆造为一个环状的空间（逻辑上将存储队列的数组头尾相接）。在循环队列中进行入队、出队操作时，队头、队尾指针仍要加 1，只不过当队头、队尾指针指向向量上界时，其加 1 操作的结果是指向向量的下界 0（故为循环加 1）。显然，为循环队列所分配的空间可以被充分利用，除非向量空间真的被队列元素全部占用，否则不会上溢。图 5-14 所示为循环队列的入队和出队操作示意图。

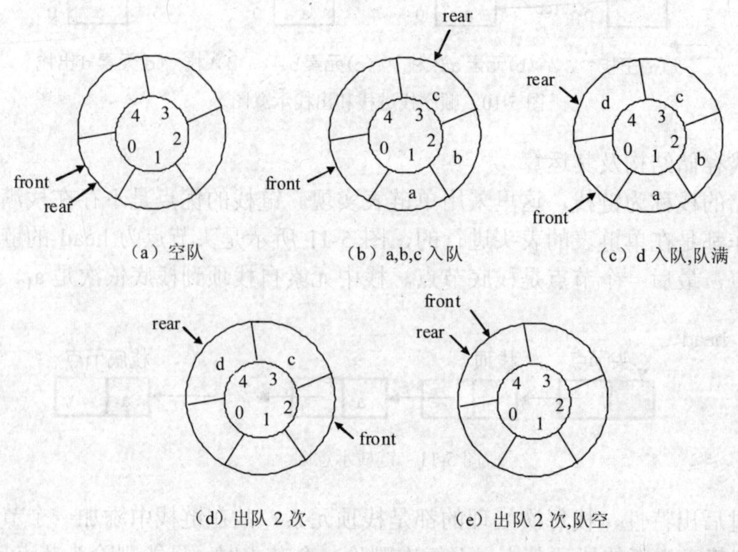

图 5-14 循环队列的入队和出队操作示意图

入队时队尾指针向前追赶队头指针，出队时队头指针向前追赶队尾指针，故队空和队满时头尾指针均相等。因此，无法通过 front==rear 来判断队列是“空”还是“满”。解决此问题的方法是：约定入队前，测试尾指针在循环加 1 后是否等于头指针（即浪费数组中的一个存储空间），若相等则认为队满，队空的条件还是 front==rear。

（3）队列的链式储结构及其运算

队列的链式存储结构称为链队，它实际上是一个同时带有头指针和尾指针的单链表。头指针指向队头节点，尾指针指向队尾节点。链队的操作实际上是单链表的操作，只不过是删除在表头进行，插入在队尾进行，插入、删除时分别修改不同的指针。

5.1.7 树与二叉树

1. 树的概念

树形结构是一类非常重要的非线性结构，是以分支关系定义的层次结构。现实世界中能用树的结构表示的例子有很多，如学校的行政关系、家族血缘关系、“我的电脑”层次结构关系等。

（1）树的定义

树是 n（n>=0）个节点的有限集 T，T 为空时称为空树，否则它满足如下两个条件：

① 有且仅有一个特定的称为根（Root）的节点；

② 其余的节点可分为 m（m>=0）个互不相交的子集 $T_1,T_2,T_3 \cdots T_m$，其中每个子集又是一棵树，并称其为子树。树的形式如图 5-15 所示。

（2）树的基本术语

① 节点：一个数据元素及若干指向其子树的分支，如图 5-15（b）中的节点 A、节点 B、节点 M 等。

② 节点的度：节点所拥有的子树的个数，如图 5-15（b）中节点 A 的度为 3、节点 B 的度为

度为 2、节点 C 的度为 1、节点 K 的度为 0。

③ 树的度：树中节点度的最大值，图 5-15（a）中树的度为 1，图 5-15（b）中树的度为 3。

④ 分支节点：度不为 0 的节点，也称为非终端节点，如图 5-15（b）中的节点 A、B、C、D、E、H 等。

⑤ 叶子节点：度为 0 的节点，也称为终端节点，如图 5-15（b）中的节点 F、G、I、J、K、L、M 等。

⑥ 孩子、双亲：树中某节点的后继称为这个节点的孩子节点，这个节点称为它孩子节点的双亲节点，如图 5-15（b）中的节点 B 的孩子是节点 E 和节点 F，节点 B 的双亲是节点 A。

⑦ 兄弟：具有同一个双亲的孩子节点互称为兄弟，如图 5-15（b）中的节点 B、C、D 互为兄弟。

⑧ 节点的层数：节点的层数从根节点开始定义，根节点的层数为 1，对其余任何节点，若某节点在第 i 层，则其孩子节点在第 i+1 层，如图 5-15（b）中节点 A 的层数为 1，节点 F 的层数为 3。

⑨ 树的深度：树中所有节点的最大层数，也称高度，如图 5-15（b）中树的深度为 4。

⑩ 有序树、无序树：如果一棵树中节点的各子树从左到右是有次序的，称这棵树为有序树；反之，称为无序树。

⑪ 森林：m（m≥0）棵互不相交的树的集合。森林的概念与树的概念十分相近，因为只要把树的根节点删去就成了森林。反之，只要给 n 棵独立的树加上一个节点，并把这 n 棵树作为该节点的子树，则森林就变成了树。

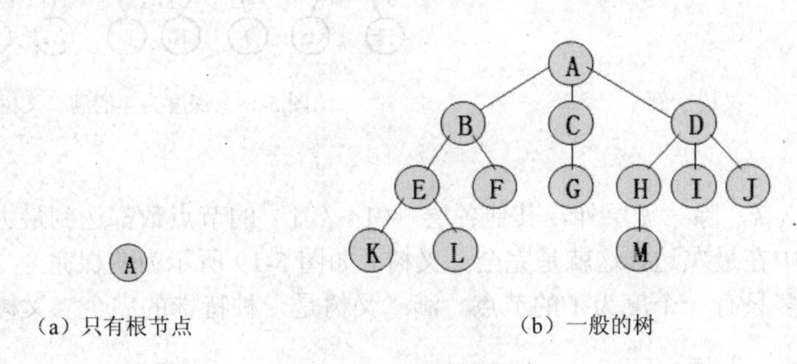

图 5-15 树的形式

2．二叉树及其基本运算

（1）二叉树的定义

二叉树是 n（n≥0）个节点的有限集合，该集合或者为空集（称为空二叉树），或者由一个根节点和两棵互不相交的、分别称为根节点的左子树和右子树的二叉树组成。二叉树的特点如下所述。

① 二叉树中每个节点最多有两棵子树，故二叉树中每个节点的度只可能是 0、1、2；

② 二叉树是有序树，即使某节点只有一棵子树，也要区分该子树是左子树还是右子树，它们的位置不能交换。

图 5-16 和图 5-17 所示分别为二叉树的 5 种基本形态和一棵二叉树示例。

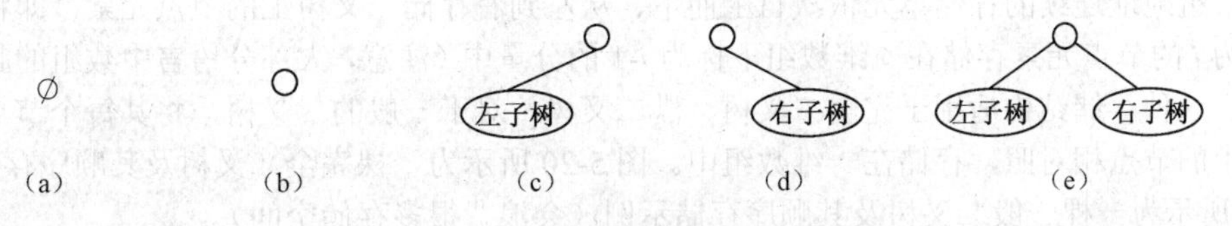

图 5-16 二叉树的 5 种基本形态

（2）二叉树的性质

① 性质1：设二叉树叶子节点数为n_0，度为2的节点数为n_2，则$n_0 = n_2 +1$；

② 性质2：在二叉树的第i（i>=1）层上最多有2^{i-1}个节点；

③ 性质3：深度为k（k>=1）的二叉树最多有 2^k-1 个节点；

④ 性质4：具有n个节点的完全二叉树的深度为$\lfloor \log_2 n \rfloor+1$。其中$\lfloor \log_2 n \rfloor$表示取$\log_2 n$的整数部分。

（3）两类特殊的二叉树

① 满二叉树

在一棵二叉树中，如果所有分支节点都存在左子树和右子树，并且所有叶子都在同一层上，即一棵深度为k且有2^k-1个节点的二叉树称为满二叉树。该二叉树每一层上的所有节点数都达到最大值。可以对满二叉树的节点进行连续编号，约定编号从树根为1开始，按照层数从小到大、同一层从左到右的次序进行，如图5-18所示，从图中可知，满二叉树中没有度为1的节点。

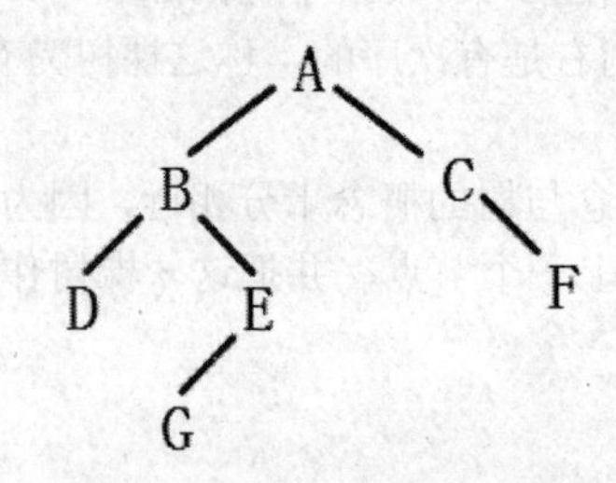

图5-17　二叉树示例

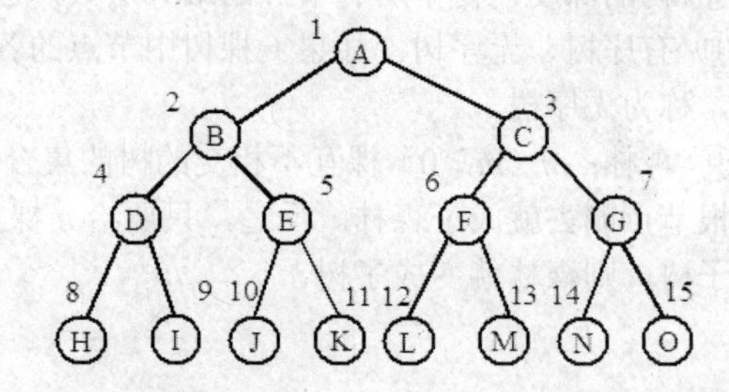

图5-18　深度为4的满二叉树

② 完全二叉树

若二叉树的深度为k，除第k层外，其他各层 （1～k-1）的节点数都达到最大个数，第k层所有的节点都连续集中在最左边，这就是完全二叉树。如图5-19所示为两棵完全二叉树，从图中可知完全二叉树中最多只有一个度为1的节点。满二叉树是一种特殊的完全二叉树。

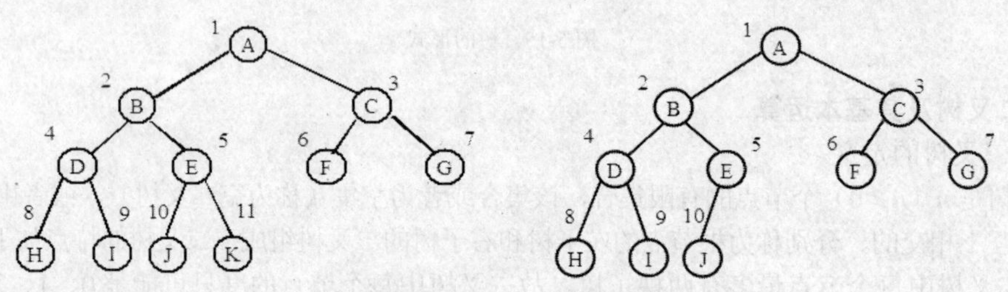

图5-19　完全二叉树示例

3．二叉树的存储结构

（1）顺序存储结构

用一组地址连续的存储单元依次自上而下、从左到右存储二叉树上的节点元素，即将二叉树上编号为i的节点元素存储在一维数组下标为i-1的分量中（注意，大部分语言中数组的起始下标为0）。这种存储结构适用于完全二叉树、满二叉树。对于一般的二叉树，将其每个节点与完全二叉树上的节点相对照，存储在一维数组中。图5-20所示为一棵完全二叉树及其顺序存储示例，图5-21所示为一棵一般二叉树及其顺序存储示例（会浪费很多存储空间）。

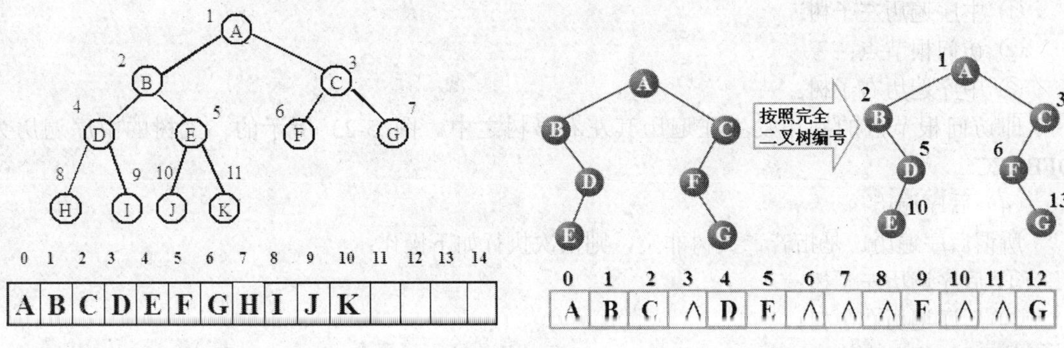

图 5-20 完全二叉树及其顺序存储示例　　图 5-21 一般二叉树及其顺序存储示例

（2）链式存储结构

二叉树的链式存储结构也称为二叉链表，在二叉树的链式存储结构中，二叉树的每个节点对应一个链表节点，链表节点除了存放与二叉树节点有关的数据信息外，还要设置指示左右孩子的指针（指针即为地址）。节点结构如图 5-22 所示。

其中，data 为数据域，存放该节点的数据信息；lchild 为左指针域，存放指向左孩子的指针；rchild 为右指针域，存放指向右孩子的指针。若节点左、右孩子为空，则 lchild、rchild 为空指针。图 5-23 所示为一棵二叉树及其对应的链式存储结构。

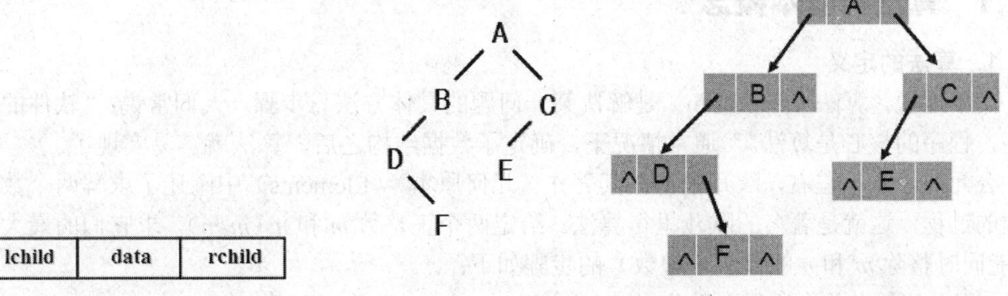

图 5-22 二叉树链式存储的节点结构　　图 5-23 二叉树及其对应的链式存储结构

4．二叉树的遍历

（1）二叉树遍历的定义

所谓遍历是指沿着某条搜索路线访问二叉树中的所有节点，使得每个节点被访问一次且仅被访问一次。二叉树的遍历是个递归的过程，一般先遍历左子树，然后再遍历右子树。在先左后右的原则下，根据访问根节点的次序，二叉树的遍历一般可分为 3 种：前序遍历、中序遍历、后序遍历。

（2）前序遍历

所谓前序遍历，是指若二叉树非空，则依次执行如下操作：

① 访问根节点；

② 前序遍历左子树；

③ 前序遍历右子树。

即访问根节点的操作发生在遍历其左右子树之前。图 5-23 所示的二叉树的前序遍历为 ABDFCE。

（3）中序遍历

所谓中序遍历，是指若二叉树非空，则依次执行如下操作：

① 中序遍历左子树；
② 访问根节点；
③ 中序遍历右子树。
即访问根节点的操作发生在遍历其左右子树之中。图 5-23 所示的二叉树的中序遍历为DFBAEC。
（4）后序遍历
所谓后序遍历，是指若二叉树非空，则依次执行如下操作：
① 后序遍历左子树；
② 后序遍历右子树；
③ 访问根节点。
即访问根节点的操作发生在遍历其左右子树之后。图 5-23 所示的二叉树的后序遍历为FDBECA。

5.2 算法

5.2.1 算法的基本概念

1．算法的定义
简单地说，算法（algorithm）是解决某一问题的具体方法与步骤。人们常说："软件的主体是程序，程序的核心是算法。"通常情况下，确定了数据结构之后，算法就容易实现了。
公元前300年左右，欧几里得在其著作《几何原本》（Elements）中阐述了求解两个数最大公约数的过程，这就是著名的欧几里得算法。给定两个正整数 m 和 n（$m>n$），求它们的最大公约数（即能同时整除 m 和 n 的最大正整数）的步骤如下：
① 以 n 除 m 并令所得余数为 r，r 必小于 n；
② 若 r=0，算法结束，输出结果 n；否则继续步骤（3）；
③ 将 m 置换为 n，n 置换为 r，并返回步骤（1）继续进行。
欧几里德算法既表述了一个数的求解过程，又表述了一个判定过程。该过程可以判定 m 和 n 是否是互质的，即"除1以外 m 和 n 没有公约数"这个命题的真假。
2．算法的性质
尽管由于需要求解的问题不同而使得算法千变万化、简繁各异，但它们都必须满足以下性质。
（1）有穷性：是指一个算法总是在执行了有穷步的操作后终止，而不是无限地执行下去。
（2）确定性：是指算法中的每一步操作必须有确切的定义，即每一步运算应该执行何种操作必须是清楚明确的，没有二义性。
（3）能行性：算法中有待实现的操作都是可以执行的，即在计算机的能力范围之内，且在有限的时间内能够完成。
（4）有零个或多个输入：一个算法可以没有输入，也可有多个输入。所谓输入是从外界取得的必要的信息。
（5）有一个或多个输出：输出是指一个算法所得的结果，是同输入有某种特定关系的量。算法至少有一个输出（包括参量状态的变化）。

3. 算法的描述

算法是对解题过程的精确描述。定义解决问题的算法对程序员来说通常是最具挑战性的任务。它既是一种技能又是一门艺术，要求程序员懂得程序设计概念并具有创造性。对算法的描述是建立在语言基础之上的。在将算法转化为高级语言源程序之前，通常先采用文字或图形工具来描述算法。文字工具如自然语言、伪代码等，图形工具如传统流程图、N-S 流程图等。

（1）自然语言

自然语言是人们日常所用的语言。使用自然语言不用专门训练，所描述的算法也通俗易懂。然而其缺点也是明显的，首先是由于自然语言的歧义性容易导致算法执行的不确定性；其次是由于自然语言表示的串行性，因此当一个算法中循环和分支较多时就很难清晰地表示出来，此外，自然语言表示的算法不便转换成用计算机程序设计语言表示的程序。

（2）传统流程图

传统流程图又简称为流程图，是采用一些框图符号来描述算法的逻辑结构，每个框图符号表示不同性质的操作，流程图可以很方便地表示任何程序的逻辑结构。另外，用流程图表示的算法不依赖于任何具体的计算机和程序设计语言，从而有利于不同环境的程序设计。早在 20 世纪 60 年代，美国国家标准协会 ANSI（American National Standards Institute）就颁布了流程图的标准，这些标准规定了用来表示程序中各种操作的流程图符号，例如用矩形表示处理，用菱形表示判断，用平行四边形表示输入/输出，用带箭头的折线表示流程等。常用的流程图符号如图 5-24 表示。

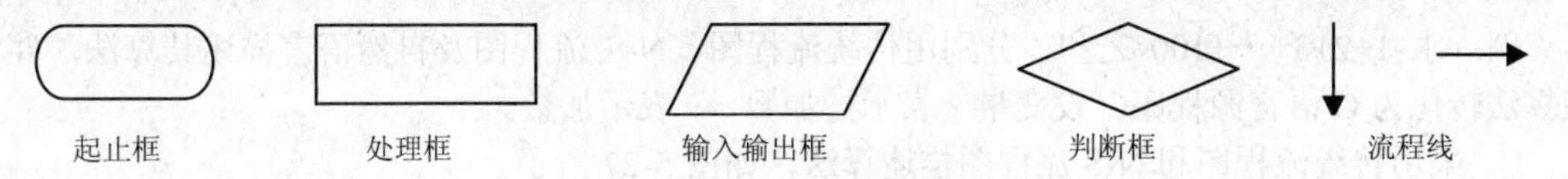

图 5-24　常用的流程图符号

上述的欧几里得算法可用传统流程图描述，如图 5-25 所示。

显然，用算法流程图描述算法会使算法的逻辑结构更加清晰。反之，能正确地画出一个算法的算法流程图则说明对该算法的逻辑结构有了清晰的了解。准确理解并能正确描述算法是程序设计者的基本素质。算法不同，其对应的算法流程图自然不同，然而任一算法都是若干基本结构的不同组合，就像一个城市里的楼房一样，虽然其高低、大小、样子可以互不相同，但结构均为几种基本几何图形的不同组合。

（3）N-S 流程图

N-S 流程图又称为结构化流程图，于 1973 年由美国学者 I．Nassi 和 B．Shnei-derman 提出。与传统流程图不同的是，N-S 流程图不用带箭头的流程线来表示程序流程的方向，而采用一系列矩形框来表示各种操作，全部算法写在一个大的矩形框内，在大框内还可以包含其他从属于它的小框，这些框一个接一个从上向下排列，程序流程的方向总是从上向下，图 5-26 所示是欧几里得算法的 N-S 流程图。N-S 结构化流程图比较适合于表达 3 种基本结构（顺序、选择、循环），适于结构化程序设计，因此很受程序员欢迎。

（4）伪代码

伪代码是指不能够直接编译运行的程序代码，它是用介于自然语言和计算机语言之间的文字和符号来描述算法和进行语法结构讲解的一个工具。表面上它很像高级语言的代码，但又不像高级语言那样要接受严格的语法检查。它比真正的程序代码更简明，更贴近自然语言。它不用图形符号，因此书写方便，格式紧凑，易于理解，便于向计算机程序设计语言算法程序过渡。用伪代码书写算法时，既可以采用英文字母或单词，也可以采用汉字，以便于书写和阅读。它没有固定的、严格的语法规则，只要把意思表达清楚即可。用伪代码描述算法时，自上而下地往下写。每一行（或每几行）表示一个基本操作。用伪代码书写的算法格式紧凑，易于理解，便于转化为计算机语言算法（即程序）。在书写时，伪代码采用缩进格式来表示 3 种基本结构。一个模块的开始语句和结束语句都靠着左边界书写，模块内的语句向内部缩进一段距离，选择结构和循环结构内的语句再向内缩进一段距离。这样的话，算法书写格式一致，富有层次，清晰易读，能直观地区别出控制结构的开始和结束。

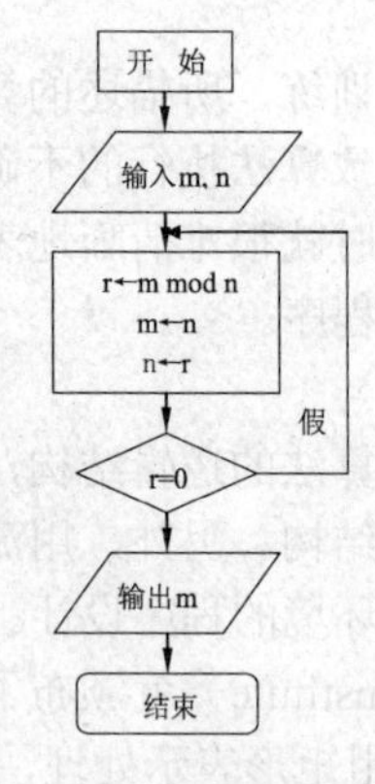

图 5-25 传统流程图

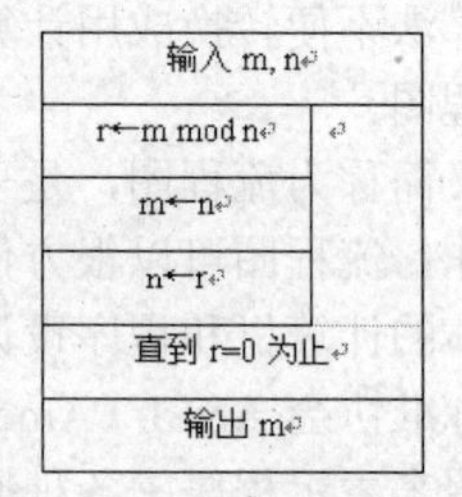

图 5-26 N-S 流程图

例：求 1+2+3+…+100 之和。分别用传统流程图、N-S 流程图及自然语言描述其算法，并将该算法转化为 C 语言源程序。设变量 *x* 表示被加数，*y* 表示加数。

① 采用传统流程图和 N-S 流程图描述算法，如图 5-27 所示。

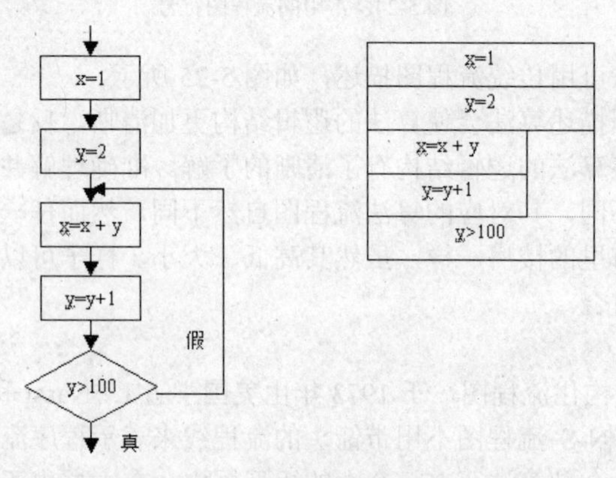

图 5-27 传统流程图和 N-S 流程图

② 采用自然语言描述算法如下：

步骤 1：将 1 赋值给 x；

步骤 2：将 2 赋值给 y；

步骤 3：将 x 与 y 相加，结果存放在 x 中；

步骤 4：将 y 加 1，结果存放在 y 中；

步骤 5：若 y 小于或等于 100，转到步骤 3 继续执行，否则算法结束，结果为 x。

③ 将上述算法转化为 C 语言源程序：

```
int x=1;int y=2;
while  (y<=100)
{
```

```
    x=x + y;
    y=y+1;
}
printf("1+2+3+…+100=%d",y);
```

4．算法的基本结构

算法的基本结构有以下几种。

（1）顺序结构，即构成算法的各部分有严格的先后顺序（例如，把大象放进冰箱里要分三步：第一步把冰箱门打开，第二步把大象放进去，第三步把冰箱门关上，三步的顺序不能改变）。

（2）选择结构，即已知可能出现的结果为两种或两种以上，结果不同对应的下一步的操作也不同（例如，明天上午有课吗？可能的结果有两种即有或没有）。

（3）循环结构，即在一定的条件下重复执行某些操作（例如，计算100个数的和的过程就是99次加法运算的重复）。

图5-28所示是算法的几种基本结构的流程图表示，其中（1）表示顺序结构；（2）表示选择结构（3）表示循环结构。

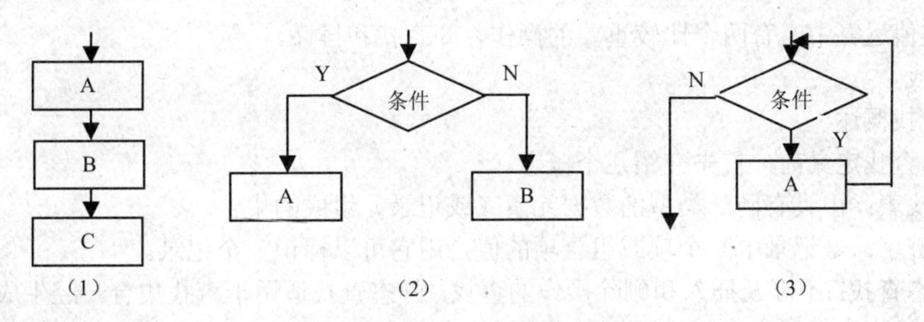

图5-28 算法的几种基本结构的流程图表示

5.2.2 算法的复杂度

一个算法在计算机上执行时所需要的时间取决于下列因素：

（1）硬件的速度；

（2）书写程序的语言；

（3）编译程序所生成目标代码的质量；

（4）问题的规模。

显然，在各种与计算机相关的软、硬件因素都确定的情况下，一个特定算法的运行工作量的大小就只依赖于问题的规模（通常用正整数n表示），或者说它是问题规模的函数。解决一个问题往往有若干种不同的算法，这些算法决定着基于该算法编写的程序性能的好坏。在保证算法正确性的前提下，如何确定算法的优劣就是一个值得研究的课题。在算法的分析中一般应考虑算法的复杂度，包括时间复杂度和空间复杂度。

1．算法的时间复杂度

一个算法是由控制结构和原操作构成的，其执行时间取决于两者的综合效果。为了便于比较同一问题的不同的算法，通常把整个程序中语句的重复执行次数之和作为该算法的时间度量，称为算法的时间复杂度，用T（n）表示。T为英文单词Time的第一个字母，T(n)中的n表示问题规模的大小。例如在累加求和中n表示待加数的个数，在矩阵相加问题中n表示矩阵的阶数，在树中n表示顶点数等。算法的时间复杂度T(n)实际上是表示当问题的规模n充分大时该程序占用时间的一个数量级。例如，若某程序运行时的时间复杂度为$T(n)=2n^3+2n^2+2n+2$，则表明程序运

行所需要的时间与 n^3 成正比，引入符号“O”进行算法复杂度分析，则有 $T(n)=O(n^3)$，即时间复杂度与 n^3 是同阶的。若 $T(n)=2^n-1$，则该问题的时间复杂度 $T(n)=O(2^n)$。

通常用Ο(1)表示常数计算时间。且有：

$$O(1) < O(\log_2 n) < O(n) < O(n\log_2 n) < O(n^2) < O(n^3) < O(2^n)$$

2．算法的空间复杂度

算法的空间复杂度是指依据算法编制成程序后在计算机中运行时所需的存储空间的大小。一个程序在计算机上运行所占的存储空间也是 n 的一个函数，称为算法的空间复杂度，记为 $S(n)$。如果 $S(n)=O(n^2)$，表示运行时所占用的空间与 n^2 成正比。例如，在两个 $n \times n$ 阶矩阵相乘后送入另一矩阵，在运算中用到的辅助空间（循环变量的个数）与 n 无关，也就是说不会随着 n 的增加而增加，所以其空间复杂度 $s(n)=1$。

时间与空间：时间与空间是矛盾的，要节约空间往往要消耗过多的时间，反之亦然。目前的计算机硬件一般都有足够的内存空间作保障，所以在分析中要着重考虑时间因素。

5.2.3 查找和排序

在非数值运算中，有两个比较重要的操作，即查找和排序。

1．查找

（1）查找概述

在给出查找定义前，首先介绍几个概念。

① 查找表：由具有同一类型的数据元素（或记录）组成的集合。

② 关键字：是记录中某个项或组合项的值，用它可以标识一个记录。

③ 静态查找：不涉及插入和删除操作的查找。静态查找适用于查找集合一经生成，便只对其进行查找，而不进行插入和删除操作，或经过一段时间的查找之后，集中地进行插入和删除等修改操作。相应的表称为静态查找表。

④ 动态查找：涉及插入和删除操作的查找。动态查找适用于查找与插入和删除操作在同一个阶段进行，例如当查找成功时，要删除查找到的记录，当查找不成功时，要插入被查找的记录。相应的表称为动态查找表。

所谓查找，又称为检索，是指按给定的某个值 k，在查找表中查找关键字为给定值 k 的第一个元素的位置（索引）。如在图 5-29 所示中查找值为 32 的元素，返回的值 2 为该元素在列表中的位置（位置下标从 0 开始）。

12	45	32	0	67	4	21	73	1	59

图 5-29 查找

由于查找运算的主要运算是关键字的比较，所以通常把查找过程中对关键字需要执行的平均比较次数（也称为平均查找长度）作为衡量一个查找算法效率优劣的标准。关键字的比较次数主要与下列因素有关：

① 算法；

② 问题规模；

③ 待查关键字在查找集合中的位置；

④ 查找频率。查找频率与算法无关，取决于具体应用。

平均查找长度 ASL（Average Search Length）定义为：

$$\text{ASL}=\sum_{i=1}^{n} p_i c_i$$

其中：

n：问题规模，查找集合中的记录个数；

p_i：查找第 i 个记录的概率（一般均认为每个记录的查找概率相等，即 $p_i=1/n(1\leqslant i\leqslant n)$;

c_i：查找第 i 个记录所需的关键字的比较次数。

c_i 取决于算法；p_i 与算法无关，取决于具体应用。如果 p_i 是已知的，则平均查找长度只是问题规模的函数。

（2）查找算法

① 顺序查找

顺序查找是一种最简单的查找方法。它的基本思路是：从查找表的一端开始，顺序扫描查找表，依次将扫描到的关键字和给定值 k 相比较，若当前扫描到的关键字与 k 相等，则查找成功；若扫描结束后，仍未找到关键字等于 k 的记录，则查找失败。例如，在关键字序列为{3,9,1,5,8,10,6,7,2,4}的线性表中查找关键字为 10 的元素，顺序查找过程如图 5-30 所示。

第1次查找： 3 9 1 5 8 10 6 7 2 4
第2次查找： 3 9 1 5 8 10 6 7 2 4
第3次查找： 3 9 1 5 8 10 6 7 2 4
第4次查找： 3 9 1 5 8 10 6 7 2 4
第5次查找： 3 9 1 5 8 10 6 7 2 4
第6次查找： 3 9 1 5 8 10 6 7 2 4

图 5-30 顺序查找

当顺序查找至第 6 次时，找到关键字 10，查找成功，返回其在查找表中的位置 5。

顺序查找对表中记录的存储没有任何要求，顺序存储和链式存储均可；对表中记录的有序性也没有要求，无论记录是否按关键字排序均可。若查找表长度是 n，那么在等概率和查找成功的情况下，顺序查找的平均查找长度为$(n+1)/2$，查找效率较低。

② 二分查找

二分查找又称折半查找，要求查找表中的记录必须按关键字排序，而且必须采用顺序存储。其基本思想是：在有序表中，取中间记录作为查找对象，若给定值与中间记录的关键字相等，则查找成功；若给定值小于中间记录的关键字，则在中间记录的左半区继续查找；若给定值大于中间记录的关键字，则在中间记录的右半区继续查找。不断重复上述过程，直到查找成功，或所查找的区域无记录，查找失败。例如，在关键字序列为{7,14,18,21,23,29,31,35,38,42,46,49,52}的线性表中查找关键字为 14 的元素，此时设置 3 个指针变量，分别是 low，high 和 mid。初始化时，low，high 和 mid 分别指向查找表中第一个元素的位置、最后一个元素的位置和中间元素的位置，即 low=1、high=13、mid=$\lfloor(\text{low}+\text{high})/2\rfloor$=7，不断重复查找的过程，直到查找成功，或 low 的值等于 high 的值，查找结束。查找过程如图 5-31 所示。

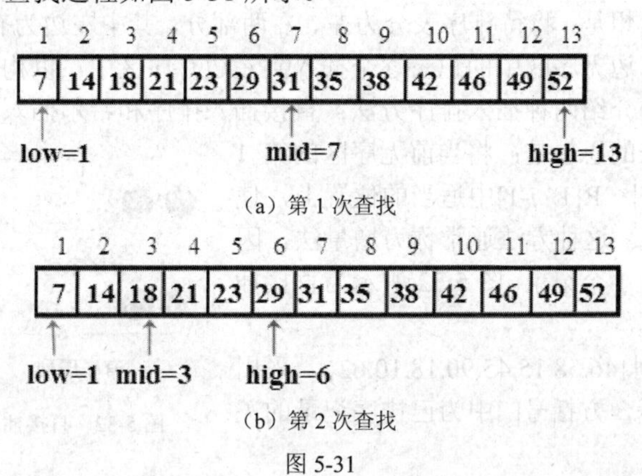

（a）第 1 次查找

（b）第 2 次查找

图 5-31

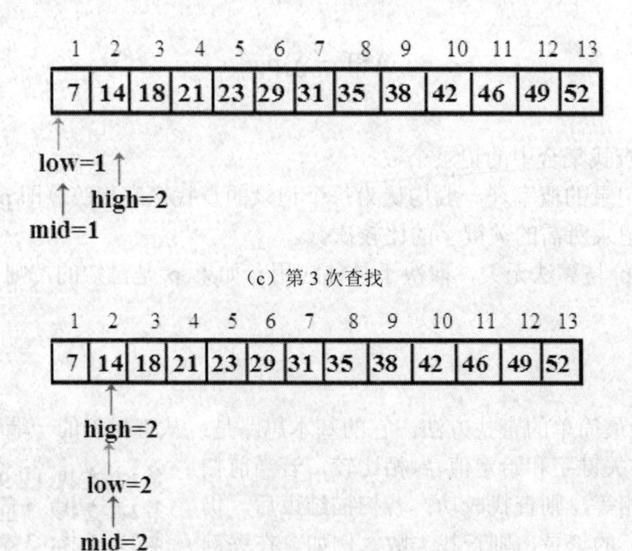

（c）第3次查找

（d）第4次查找

图5-31 二分查找（续图）

当查找到第4次时，此时low=2、high=2、mid=2，mid指向的数据14即要找的数据，查找成功。等概率情况下，二分查找成功时的平均查找长度约为$\log_2(n+1)-1$。

2．排序

（1）排序概述

所谓排序，就是将一个数据元素的任意序列重新排成一个按关键字排序的序列。

当待排序记录的关键字均不相同时，排序的结果是唯一的，否则排序的结果不一定唯一。如果待排序的表中存在有多个关键字相同的记录，经过排序后这些具有相同关键字的记录之间的相对次序保持不变，则称这种排序方法是稳定的；反之，若具有相同关键字的记录之间的相对次序发生变化，则称这种排序方法是不稳定的。

在排序过程中，若整个表都是放在内存中处理，且排序时不涉及数据的内、外存交换，则称为内排序；反之，若排序过程中要进行数据的内、外存交换，则称为外排序。本章介绍的是内排序。

（2）排序算法

① 插入排序

插入排序的基本思想是：将待排序表分为左、右两部分，其中左边为有序区，右边为无序区，整个排序过程就是将右边无序区中的记录逐个插入到左边有序区中，以构成新的有序区，直到全部记录都排好序。此处介绍两种插入排序方法：直接插入排序和希尔插入排序。

直接插入排序算法的思想是：将当前无序区的第1个记录R[i]插入到有序区R[1...i-1]中适当的位置上，使R[1...i]变为新的有序区。这种方法通常称为增量法，因为它每次使有序区增加1个记录。图5-32所示为直接插入排序的一趟排序过程。

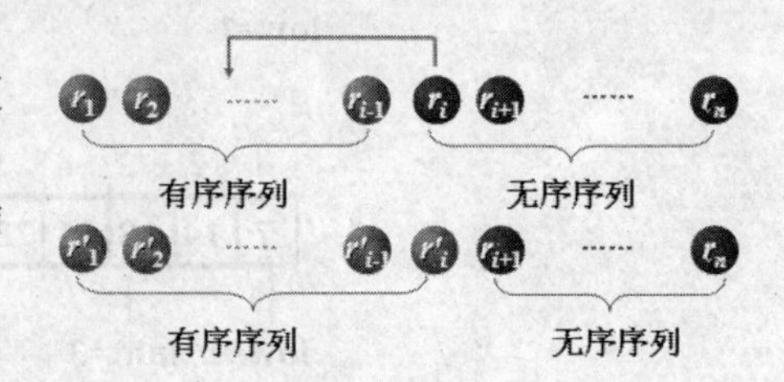

图5-32 直接插入排序的一趟排序过程

例如，待排序序列{46,58,15,45,90,18,10,62}，采用直接插入排序如下所示（方括号[ ]中为已排序记录的关键字）。

初始序列： [46] 58 15 45 90 18 10 62
第1趟排序：[46 58] 15 45 90 18 10 62
第2趟排序：[15 46 58] 45 90 18 10 62
第3趟排序：[15 45 46 58] 90 18 10 62
第4趟排序：[15 45 46 58 90] 18 10 62
第5趟排序：[15 18 45 46 58 90] 10 62
第6趟排序：[10 15 18 45 46 58 90] 62
第7趟排序：[10 15 18 45 46 58 62 90]

希尔排序对直接插入排序进行改进，该方法又称缩小增量排序，其基本思想是：将整个待排序记录分割成若干个子序列，在子序列内分别进行直接插入排序，待整个序列中的记录基本有序时，对全体记录进行直接插入排序。希尔排序需解决的关键问题是待排序序列应如何分割，且子序列内如何进行直接插入排序，才能保证整个序列逐步向基本有序发展。希尔早期提出将相隔某个“增量”的记录组成一个子序列。设待排序序列中共有 n 个元素，增量 $d_1=n/2$，$d_{i+1}=d_i/2$，直到增量等于 1 时，此时待排序序列已经基本有序，进行最后一次直接插入排序。图 5-33 所示为{75,87,68,92,88,61,77,96,80,72}希尔排序示例图。

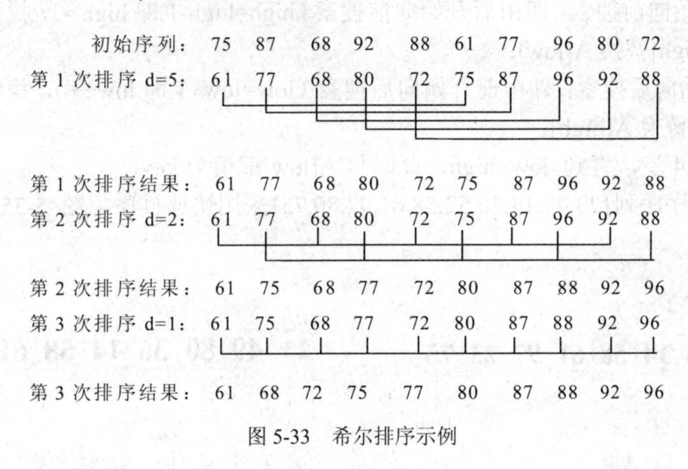

图 5-33 希尔排序示例

② 交换排序。

交换排序的基本思想是：两两比较待排序记录的关键字，发现两个记录的次序相反即进行交换，直到没有反序的记录为止。此处介绍两种交换排序：冒泡排序和快速排序。

冒泡排序的基本思想是：通过无序区中相邻记录关键字间的比较和位置的交换，使关键字最小的记录如气泡一般逐渐往上“漂浮”。整个算法可以从最下面（最后面）的记录开始， 对每两个相邻的关键字进行比较，且使关键字较小的记录换至关键字较大的记录位置上，使得经过一趟冒泡排序后，关键字最小的记录到达最上端，接着，再在剩下的记录中找关键字次小的记录，并把它换在第二个位置上。依此类推，一直到所有记录都有序为止。例如对序列{75,87,68,92,88,61,77,96, 80,72}的冒泡排序过程如图 5-34 所示。

快速排序是由冒泡排序改进而得的。其基本思想是：首先选一个轴值（即比较的基准，一般选择待排序表中的第一个元素关键字为轴值），通过一趟排序将待排序记录分割成独立的两部分，前一部分记录的关键码均小于轴值，后一部分记录的关键码均大于轴值（假设待排序序列中无重复关键值），然后分别对这两部分重复上述方法，直到整个序列有序。

初始序列:	75	87	68	92	88	61	77	96	80	72
第1次排序:	[61]	75	87	68	92	88	72	77	96	80
第2次排序:	61	[68]	75	87	72	92	88	77	80	96
第3次排序:	61	68	[72]	75	87	77	92	88	80	96
第4次排序:	61	68	72	[75]	77	87	80	92	88	96
第5次排序:	61	68	72	75	[77]	80	87	88	92	96
第6次排序:	61	68	72	75	77	[80]	87	88	92	96
第7次排序:	61	68	72	75	77	80	[87]	88	92	96
第8次排序:	61	68	72	75	77	80	87	[88]	92	96
第9次排序:	61	68	72	75	77	80	87	88	[92]	96
最后结果:	61	68	72	75	77	80	87	88	92	96

图 5-34 冒泡排序示例

假设待排序表 A 中有 *n* 个元素，一趟快速排序的算法是：

- 设置两个变量 low、high，排序开始的时候：low=0，high=*n*-1；
- 以第一个元素作为轴值，赋值给 key，即 key=A[0]；
- 从 high 开始向前搜索，即由后开始向前搜索（high=high-1 即 high--），找到第一个小于 key 的值 A[high]，A[high]替换 A[low]；
- 从 low 开始向后搜索，即由前开始向后搜索（low=low+1 即 low++），找到第一个大于 key 的 A[low]，A[low]替换 A[high]；
- 重复第 3、4 步，直到 low=high，此时将 A[low]赋值为 key。

例如，对待排序序列{23,49,14,36,52,58,61,97,80,75}采用快速排序，图 5-35 所示为一趟快速排序的结果。

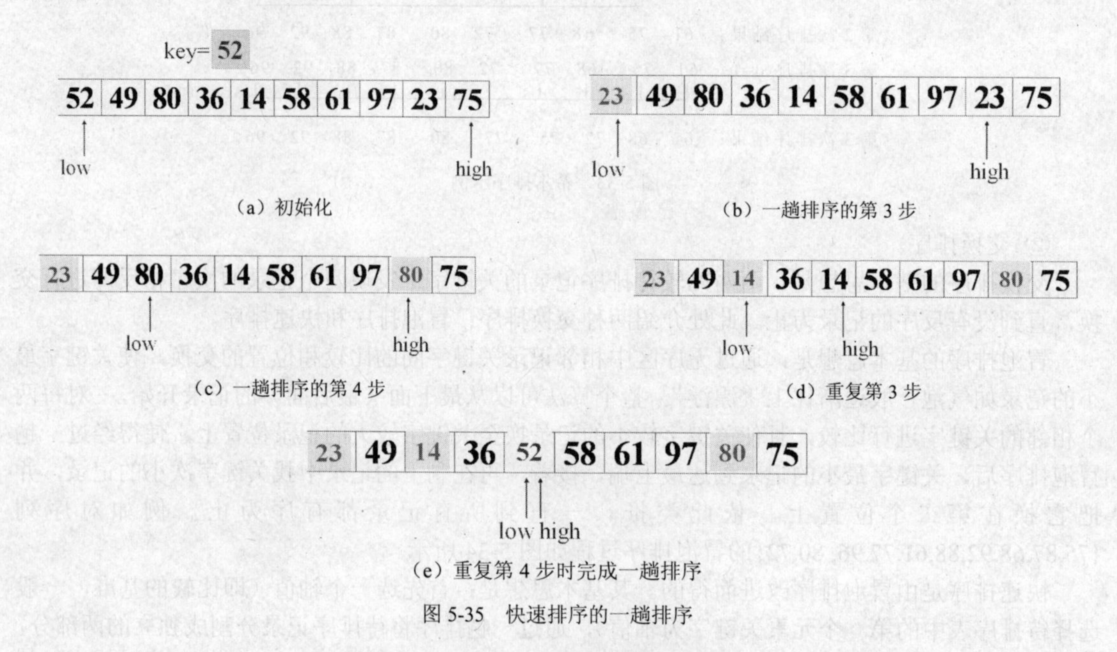

图 5-35 快速排序的一趟排序

经过一趟排序后，关键字 52 被定位好。在其左边部分的数据元素都小于 52，在其右边部分的数据元素都大于 52。以后对所有的两部分数据分别重复上述过程，直至每部分内只有一个记录为止。简而言之，每趟排序使表的某部分第一个元素放入适当位置，将表一分为二，对子表按递归方式继续这种划分，直至划分的子表长为 1，快速排序结束。

③ 选择排序

选择排序的思想：每一趟从待排序的数据元素中选出最小（或最大）的一个元素，顺序放在已排好序的数列的最后，直到整个序列有序。此处介绍两种选择排序方法：直接选择排序和堆排序。

直接选择排序，又称简单选择排序，其排序思想是：第 i 趟排序开始时，当前有序区和无序区分别为 R[1...i-1]和 R[i...n]($1<i\leqslant n$)，该趟排序则是从当前无序区中选出关键字最小的记录 R[k]，将它与无序区的第 1 个记录 R[i]交换，使 R[1...i]和 R[i+1...n]分别变为新的有序区和新的无序区。图 5-36 所示为一趟直接选择排序过程。

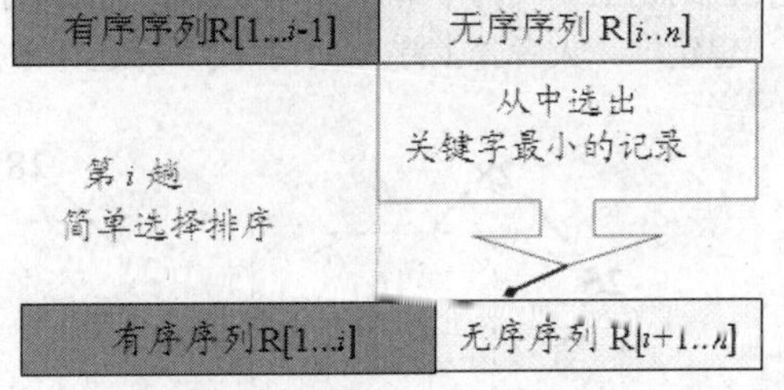

图 5-36 直接选择排序的一趟排序过程

现有无序序列{75,87,68,92,88,61,77,96, 80,72}，图 5-37 所示是其直接选择排序过程。

初始序列：	75	87	68	92	88	61	77	96	80	72
第1次排序：	[61]	87	68	92	88	75	77	96	80	72
第2次排序：	[61	68]	87	92	88	75	77	96	80	72
第3次排序：	[61	68	72]	92	88	75	77	96	80	87
第4次排序：	[61	68	72	75]	88	92	77	96	80	87
第5次排序：	[61	68	72	75	77]	92	88	96	80	87
第6次排序：	[61	68	72	75	77	80]	88	96	92	87
第7次排序：	[61	68	72	75	77	80	87]	96	92	88
第8次排序：	[61	68	72	75	77	80	87	88]	92	96
第9次排序：	[61	68	72	75	77	80	87	88	92]	96
最后结果：	[61	68	72	75	77	80	87	88	92	96]

图 5-37 直接选择排序示例

堆是具有下列性质的完全二叉树：每个节点的值都小于或等于其左右孩子节点的值（称为小根堆），或每个节点的值都大于或等于其左右孩子节点的值（称为大根堆）。图 5-38 中的（a）和（b）分别为小根堆和大根堆示例。

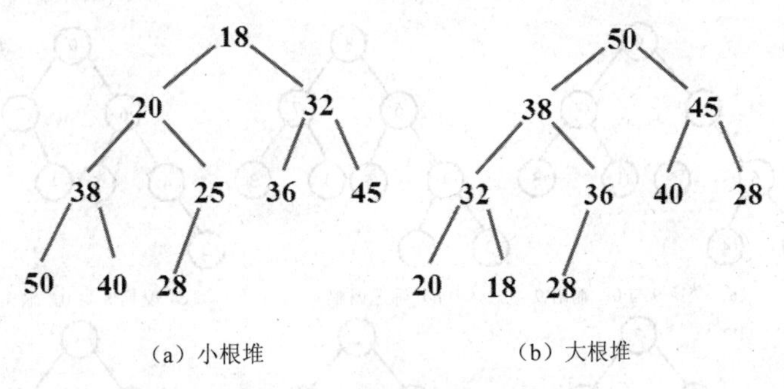

图 5-38 小根堆和大根堆示例图

堆排序的基本思想：首先将待排序的记录序列构造成一个堆，此时，选出了堆中所有记录的最大者（或最小者），然后将它从堆中移走，并将剩余的记录再调整成堆，这样又找出了次小（或次大）的记录，以此类推，直到堆中只有一个记录。

堆排序的关键是构造初始堆（这里以构造大根堆为例），这里采用筛选算法建堆：假若完全二叉树的某一个节点 R[*i*]（*i* 为节点在完全二叉树中的编号，从 *i*=[*n*/2]开始），则 R[2*i*]是 R[*i*]的左孩子，R[2*i*+1]是 R[*i*]的右孩子。接下来需要将 R[2*i*]. key 与 R[2*i*+1]. key 之中的最大者与 R[*i*]. key 比较，若 R[*i*]. key 较小则与大者交换，这有可能破坏下一级的堆。于是继续采用上述方法构造下一级的堆。直到完全二叉树中节点 R[*i*]构成堆为止。对于任意一棵完全二叉树，从 *i*=[*n*/2]到 1，反复利用上述思想建堆。大者"上浮"，小者被"筛选"下去。图 5-39 所示为建立初始大根堆的示例图。

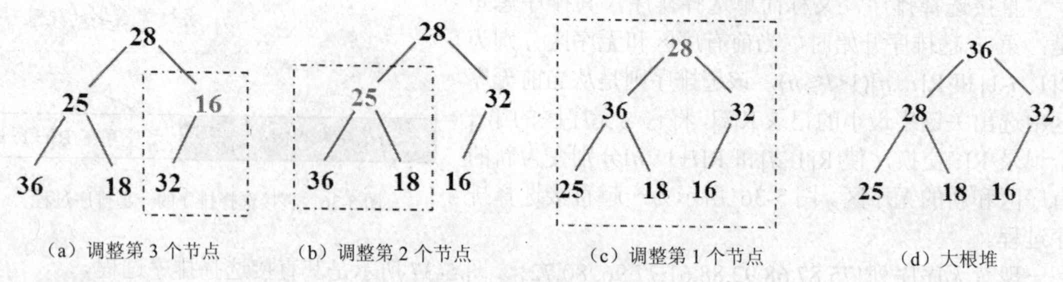

（a）调整第 3 个节点　（b）调整第 2 个节点　（c）调整第 1 个节点　（d）大根堆

图 5-39　建立的初始大根堆

大根堆排序的基本思想：

- 先将初始文件 R[1... *n*]建成一个大根堆，此堆为初始的无序区。
- 再将关键字最大的记录 R[1]（即堆顶）和无序区的最后一个记录 R[*n*]交换，由此得到新的无序区 R[1... *n*-1]和有序区 R[*n*]，且满足 R[1... *n*-1].keys≤R[*n*].key。
- 由于交换后新的根 R[1]可能违反堆性质，故应将当前无序区 R[1... *n*-1]调整为堆。然后再次将 R[1... *n*-1]中关键字最大的记录 R[1]和该区间的最后一个记录 R[*n*-1]交换，由此得到新的无序区 R[1... *n*-2]和有序区 R[*n*-1... *n*]，且仍满足关系 R[1... *n*-2]. keys≤R[*n*-1... *n*]. keys，同样要将 R[1... *n*-2]调整为堆，重复此过程直到无序区只有一个元素为止。

例如，设待排序的表有 10 个记录，其关键字分别为{6，8，7，9，0，1，3，2，4，5}。图 5-40 所示为建立初始堆的过程，图 5-41 所示为堆排序过程。

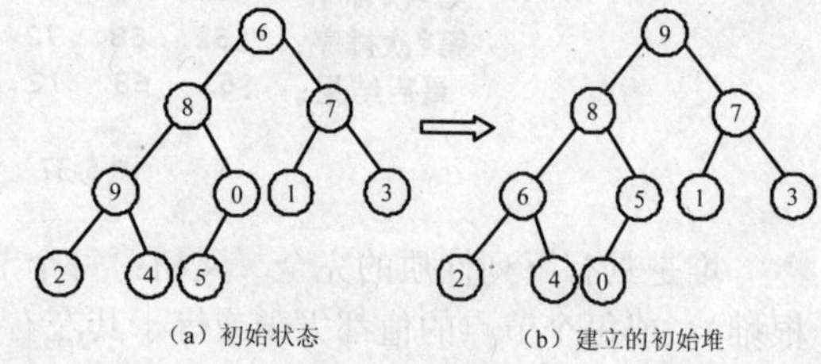

（a）初始状态　（b）建立的初始堆

图 5-40　建立初始堆

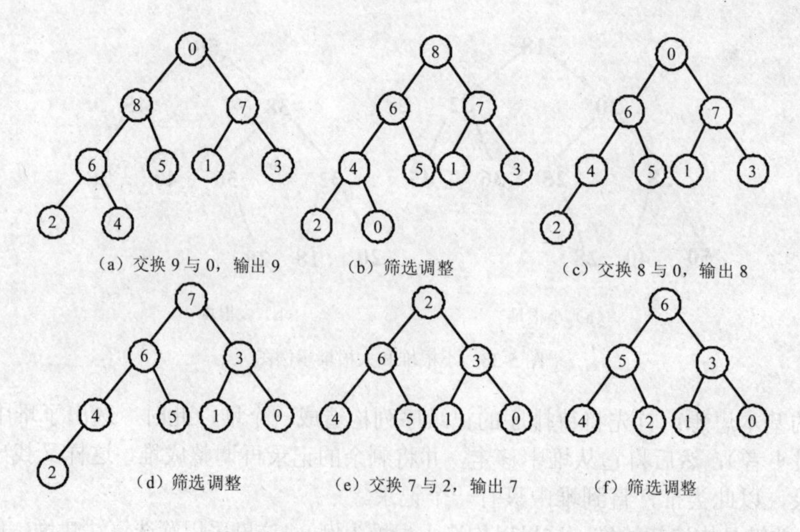

图 5-41

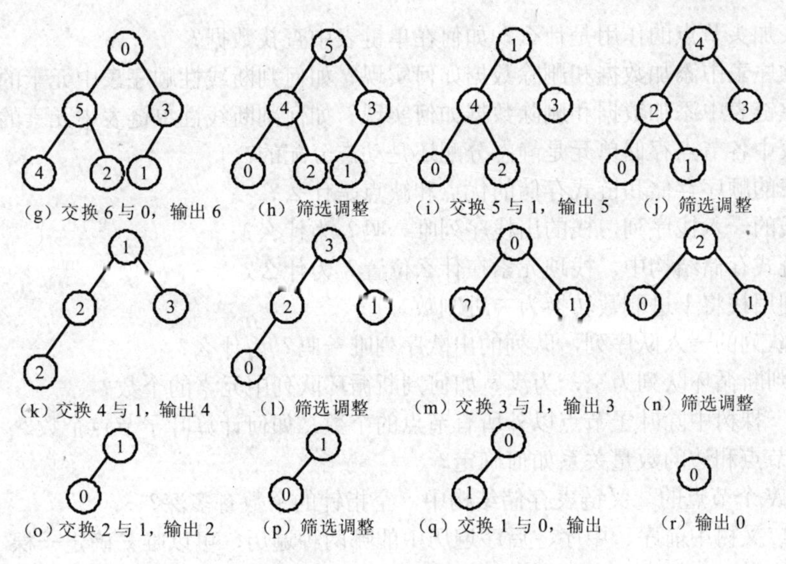
（g）交换 6 与 0，输出 6　（h）筛选调整　（i）交换 5 与 1，输出 5　（j）筛选调整
（k）交换 4 与 1，输出 4　（l）筛选调整　（m）交换 3 与 1，输出 3　（n）筛选调整
（o）交换 2 与 1，输出 2　（p）筛选调整　（q）交换 1 与 0，输出　（r）输出 0

图 5-41　堆排序过程（续图）

④ 各种内排序方法的比较

本章介绍了多种内排序方法，将这些排序方法总结为表 5-2 所示。因为不同的排序方法适应不同的应用环境和要求，所以选择合适的排序方法应综合考虑下列因素：

- 待排序的记录数目 n（问题规模）；
- 记录的大小（每个记录的规模）；
- 关键字的结构及其初始状态；
- 对稳定性的要求；
- 语言工具的条件；
- 存储结构；
- 时间和空间复杂度等。

表 5-2　各种排序方法比较

排序方法	时间复杂度			最坏情况下比较次数	稳定性	复杂性
	平均情况	最坏情况	最好情况			
直接插入排序	$O(n^2)$	$O(n^2)$	$O(n)$	$n(n-1)/2$	稳定	简单
希尔排序	$O(n^{1.3})$			$n^{1.5}$	不稳定	较复杂
冒泡排序	$O(n^2)$	$O(n^2)$	$O(n)$	$n(n-1)/2$	稳定	简单
快速排序	$O(n\log_2 n)$	$O(n^2)$	$O(n\log_2 n)$	$n(n-1)/2$	不稳定	较复杂
直接选择排序	$O(n^2)$	$O(n^2)$	$O(n^2)$	$n(n-1)/2$	不稳定	简单
堆排序	$O(n\log_2 n)$	$O(n\log_2 n)$	$O(n\log_2 n)$	$n\log_2 n$	不稳定	较复杂

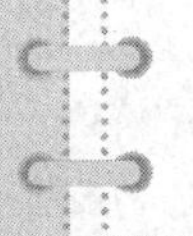

思考题

1. 数据结构主要研究什么？

2．单链表加头节点的作用是什么？如何在单链表中查找数据？
3．线性顺序表中添加数据和删除数据如何实现？如何判断线性顺序表中元素的个数？
4．线性单链表中添加数据和删除数据如何实现？如何判断线性单链表中元素的个数？
5．单链表中各节点存储单元是静态分配还是动态分配的？
6．线性表的顺序存储和链式存储的优点和缺点是什么？
7．给定栈的一入栈序列，栈的出栈序列唯一吗？为什么？
8．栈的链式存储结构中，栈顶元素在什么位置？为什么？
9．如何利用栈将十进制数转换为二进制数？
10．给定队列的一入队序列，队列的出队序列唯一吗？为什么？
11．如何判断循环队列为空，为满？如何判断循环队列中元素的个数？
12．已知一棵树中除叶子节点以外所有节点的个数，如何计算叶子节点个数？
13．树中节点和边的数量关系如何确定？
14．在有 N 个节点的二叉链表存储结构中，空指针的个数有多深？
15．给定二叉树中前序、中序、后序遍历中的哪两种遍历，可以唯一确定一棵二叉树？
16．给定完全二叉树中节点的个数，如何计算二叉树的高度？如何计算叶子节点个数？
17．深度为 K 的完全二叉树至少有多少节点？最多有多少节点？
18．完全二叉树中有度为1的节点吗？如果有，最多几个？
19．N 个节点构造的哈夫曼树唯一吗？N 是奇数还是偶数？为什么？
20．二分查找表中的元素键值必须是排好序的吗？为什么？
21．算法与程序的区别？
22．如何建立初始堆并实现堆排序？
23．什么是程序？什么是计算机程序？
24．简述机器语言、汇编语言、高级语言的特点。
25．简述编辑、编译的区别。
26．什么叫算法？描述算法有哪几种方法？比较它们的优缺点。

第6章 程序设计基础

6.1 程序设计基础

使用计算机语言进行程序设计是一项相当复杂的工作，每一种特定的语言都需要一本甚至若干本专著来介绍。受篇幅所限，这里无法完整地描述某一种特定语言的使用细节，而将重点介绍程序设计的一般概念和通用过程。

6.1.1 程序的概念

什么叫程序？前面已经讲过，程序就是指令的有序集合。也可以这样理解，完成一项复杂的任务，需要进行一系列的具体工作，这些按一定的顺序安排的工作即是操作序列，就称为程序。例如，下面是某小学某天上午的工作安排的程序。

（1）早自习。

（2）第一节课。

（3）课间休息。

（4）第二节课。

（5）课间操。

（6）第三节课。

（7）课间休息。

（8）第四节课。

（9）午休。

简单地说，程序主要用于描述完成某项功能所涉及的对象和动作规则，这些动作都有先后顺序。可见，程序的概念是很普遍的，但是，随着计算机的出现和普及，“程序”成了计算机的专用名词，程序是计算机为完成某一项任务必须执行的一系列有序指令的集合。

【例 6-1】比较两个整数的关系。

以C语言为例，程序代码如下：

```
#include <stdio.h>
main( )
{ int x, y;
 printf ("Enter integer X and Y:");
 scanf ("%d%d", &x, &y);
 if ( x != y )
   if ( x > y )  printf ("X>Y\n");
    else  printf ("X<Y\n");
 else printf ("X=Y\n");
}
```

由此可见，一个程序应包括：对数据的描述，在程序中要指定数据的类型和数据的组织形式即数据结构；对操作的描述，即操作步骤也就是算法。因此程序也可以用经典的公式来表示：数据结构+算法=程序。综上所述，计算机程序有以下共同的性质。

目的性：程序有明确的目的，程序运行时能完成赋予它的功能。

分步性：程序为完成其复杂的功能，由一系列计算机可执行的步骤组成。

有序性：程序的执行步骤是有序的，不可随意改变程序步骤的执行顺序。

有限性：程序是有限的指令序列，程序所包含的步骤是有限的。

操作性：有意义的程序总是对某些对象进行操作，使其改变状态，完成其功能。

6.1.2 程序设计语言

语言是人们交流的工具，不同的语言描述出来的形式各不相同。程序设计语言是人与计算机进行交流的工具，是用来书写计算机程序的工具，也可用不同语言来进行描述。只有用机器语言编写的程序才能被计算机直接执行，而其他任何语言编写的程序还需要通过翻译、解释的过程。按照程序设计语言发展的过程，大概分为3类。

1．机器语言

把计算机指令的集合称为机器语言（machine language），用机器语言编制的程序称为机器语言程序。机器语言编写的程序是由二进制代码0和1组成的代码序列，它是计算机中唯一不需要经过翻译解释就能被机器直接识别的语言。

机器语言中的每一条语句实际上是一段二进制形式的指令代码，指令格式如图6-1所示。

操作码	操作数

图6-1 指令格式

例如，计算A=15+l0的机器语言程序如下所示。

（1）10110000 00001111：把15放入累加器A中。

（2）00101100 00001010：10与累加器A中的值相加，结果仍放入A中。

（3）11110100：结束，停机。

由此可见，机器语言编写的程序像“天书”，它的编程工作量大，难学、难记、难修改，只适合专业人员使用。由于不同机器的指令系统不同，因此机器语言因机而异，通用性差、易出错，而且所编写的程序只能在相同的硬件环境下使用，程序的可移植性差，是“面向机器”的语言。当然机器语言也有其优点，编写的程序代码不需要翻译，因此所占空间少，执行速度快，现在已经没有人使用机器语言直接编程了。

2．汇编语言

为了摆脱用机器指令代码编写程序的困难，出现了用指令符号编制程序的办法。编制该程序时只要记住指令的助记符就可以了，这种指令助记符是指令英文名称的缩写，因而较指令的编码容易记忆，这种指令符号的扩大就是汇编语言。用汇编语言编制的程序，仍要记住机器指令的助记符，计算机是不能直接执行的，且所编的程序只是针对某一类机器。

例如，用ADD表示加、SUB表示减、JMP表示程序跳转等，这种指令助记符的语言就是汇编语言，又称符号语言。例如，上述计算A=15+10的汇编语言程序如下。

MOV　A，15：把15放入累加器A中

ADD　A，10；10与累加器A中的值相加，结果仍放入A中

HLT ；结束，停机

由此可见，汇编语言在一定程度上克服了机器语言难读难改的缺点，同时保持了其编程质量高、占存储空间少、执行速度快的优点。故在程序设计中，对实时性要求较高的地方，如过程控制等，仍经常采用汇编语言。但汇编语言面向机器，使用汇编语言编程需要直接安排存储，规定

寄存器、运算器的动作次序，还必须知道计算机对数据约定的表示（定点、浮点、双精度）等。此外，该语言还是依赖于机器，不同的计算机的指令长度、寻址方式、寄存器数目、指令表示等都不一样，这样使得汇编程序不仅通用性较差，而且可读性也差，这导致了高级语言的出现。

3．高级语言

高级语言是由表达各种意义的“词”和“数学公式”按照一定的“语法规则”来编写程序的语言。高级语言之所以“高级”，就是因为它使程序员可以完全不用与计算机的硬件打交道，可以不必了解机器的指令系统，是“面向过程”的语言。这样，程序员就可以集中来解决问题本身而不必受机器制约，编程效率大大提高。由于与具体机器无关，因此程序的通用性强、可移植性高、易学、易读、易修改，不依赖于机器。

例如，上述计算 A=15+10 的 C 语言程序如下。

```
A=15+10;        /*15 与 10 相加的结果放入 A 中*/
printf("%d",A);   /*输出 15 加 10 的和*/
```

高级语言编写的程序如同汇编语言一样，计算机是不能直接执行的，必须将源程序（输入的程序代码）经过“翻译”生成目标程序（机器语言程序）才能执行。只是高级语言程序是由预先存放在机器中的“解释程序”或“编译程序”来完成这一“翻译”工作的。因此，高级语言程序的执行速度通常低于机器语言。

综上所知，计算机语言分为低级语言和高级语言两大类。低级语言包括机器语言和汇编语言，它们都是面向机器的语言，用这种语言编制的程序只适用于某种特定类型的计算机。高级语言又可分为面向过程的语言、面向问题的语言和面向对象的语言，前者在编程时不仅要告诉机器“做什么”，而且要告诉机器“怎么做”；后者只要告诉机器“做什么”，也常称为人工智能语言。

6.1.3 程序设计方法与风格

程序设计风格是指编写程序时所表现出的特点、习惯和逻辑思路。著名的“清晰第一，效率第二”的论点已成为当今主导的程序设计风格。要形成良好的程序设计风格，应注重和考虑以下这些因素。

1．源程序文档化

主要包括标识符的命名、程序中添加的注释以及程序的编辑风格。

（1）标识符的命名

标识符即符号名，包括变量名、模块名、常量名、标号名、函数名、数据区名和缓冲区名等。一个程序中必然有很多的标识符，特别是在一个复杂大型的程序中，标识符可能成千上万，对标识符作用的正确理解是读懂程序的前提，如果程序员随意命名标识符，程序的可读性会很差。

（2）程序中添加的注释

注释是程序员与日后的程序读者之间通信的重要工具，用自然语言或伪码描述。它说明了程序的功能，特别在维护阶段，对理解程序提供了明确指导。一些正规的程序文本中，注释行的数量占到整个源程序的 1/3～1/2，甚至更多。注释分序言性注释和功能性注释。

（3）程序的编辑风格

为了使程序的结构一目了然，可以在程序中利用空格、空行、缩进等技巧使程序层次清晰，便于程序的理解。

2．数据说明的方法

主要包括次序规范化、变量安排有序化、使用注释说明复杂结构。

3．语句的结构

不要一行写多条语句；不同层次采用缩进；避免不必要的转移语句；避免复杂的判定条件，

避免多重循环嵌套；程序编写要做到“清晰第一，效率第二”；数据结构要有利于程序的简化，要模块化，尽可能使用库函数等。

4．输入和输出

输入数据的合法性、各种组合的合理性；输入格式要简单，允许使用自由格式，允许使用默认值；在交互输入时，要给用户提示信息；应保持输入格式与输出语句要求的一致性；给所有的输出加注释，并设计输出报表格式等。

6.1.4 程序设计过程

程序设计一般包括 5 个步骤：分析问题，设计程序，程序编码的编辑、编译和连接，测试程序，编写程序文档。前面两个步骤做好了，在后面的步骤中就会花费较少的时间和精力。当然对于一个功能相对简单的计算任务来说，编写一个相对简单的程序，则主要是设计程序和程序编码阶段的任务。

1．分析问题

编写一个程序的目的就是要解决实际问题，所以首先要认真分析实际问题，将它抽象成计算一个计算机可以处理的模型。在这期间主要要明确以下几点：

- 要解决问题的目标是什么?
- 问题的输入是什么?已知什么?还要给什么?使用什么格式?
- 期望的输出是什么?需要什么类型的报告、图表或信息?
- 数据具体的处理过程和要求是什么?
- 在分析问题的基础上，要建立计算机可实现的计算模型。

2．设计程序

在分析问题的基础上，针对模型用算法来进行描述，但它不是计算机可以直接执行的程序，只是编制程序代码前对处理思想的一种描述。

当要处理的问题较复杂时，将要解决的问题分解成一些容易解决的子问题，每个子问题将作为程序设计的一个功能模块，还要考虑如何组织程序模块。

3．程序编码的编辑、编译和连接

在纸上编写好的程序代码通过编辑器输入到计算机内，利用编辑器可对输入的程序代码进行复制、删除、移动等编辑操作，然后以文件（源程序）的形式保存。现在的程序设计语言一般都是一个集成开发环境，自带编辑器，方便地编辑程序。

当然计算机不能直接执行源程序，必须通过编译程序将源程序翻译成目标程序。这期间编译器对源程序进行语法和逻辑结构检查。这是一个不断重复进行的过程，需要有耐心和毅力，还需要调试程序经验的积累。

生成的目标程序还不能被执行，还需要通过连接程序，将目标程序和程序中所需要的系统中固有的目标程序模块（如调用的标准函数、执行的输入，输出操作的模块）连接后生成可执行文件。

4．测试程序

众所周知，数学公式是在公理、定理的前提下依照严格的逻辑推理得到的。而程序是由人设计的，因此，如何保证程序的正确性，如何证明和验证程序的正确性对于小程序来说是简单的，但对于一个大程序，尤其由多人合作完成的程序是一个极为困难的问题，比较实用的方法就是测试。

（1）测试目的

测试的目的是找出程序中的错误。成功的测试是一种能暴露出尚未发现错误的测试。需要指出的是，测试只能证明程序有错，而不能确保程序的正确性。一个通过了某一测试的程序，也许还包含尚未发现的错误，这如同检查病毒程序，只能查出机器中存在的某些病毒，却不能确保机器中还有没有其他的病毒。

（2）测试方法

测试是以程序通过编译，没有语法和连接上的错误为前提的。在此基础上，通过让程序试运行一组数据，来看程序是否达到预期结果。这组测试数据应是以任何程序都是有错误的为前提而精心设计出来的，称为测试用例。

5．编写程序文档

对小程序来说，这个步骤可以省略。但是，对多人合作开发的软件来说，文档是相当重要的，它相当于一个产品的说明书，对今后软件的使用、维护、更新很重要。主要有两项工作要的执行。

（1）编写程序使用说明书

程序使用说明书是为了让用户清楚如何使用该程序服务，内容包括：

- 程序运行需要的软件、硬件环境；
- 程序的安装、启动的方法；
- 程序的功能；
- 需要输入的数据类型、格式和取值范围；
- 涉及文件数量、名称、内容，存放的路径等。

一般这些内容以Readme或Help形式提供。

（2）编写程序技术说明书

编写程序技术说明书是为了便于今后对程序的维护，内容包括：

- 程序各模块的描述；
- 程序使用硬件的有关信息；
- 主要算法的解释和描述；
- 各变量的名称、作用，程序代码清单。

目前，程序文档已成为软件开发的必要部分。文档在程序使用和维护中的重要性也改变了软件的概念，使早期的计算机程序的总称演化为计算机程序连同计算机化的文档的总称。

6.2 程序设计思想

如果程序只是为了解决两个数中最小数的问题，那么通常不需要关心程序设计思想（甚至不需要计算机），但对于规模较大的应用程序的开发，显然需要有工程的思想指导程序的设计。

早期的程序设计语言主要面向科学（数值）计算，程序规模通常较小。20世纪60年代以后，计算机硬件的发展速度异常迅猛，其速度和存储容量不断提高，成本急剧下降。但程序员要解决的问题却变得更加复杂，程序的规模越来越大，出现了一些需要几十甚至上百人的工作量才能完成的大型软件，远远超出了程序员的个人能力。这类程序必须由多个程序员密切合作才能完成。由于旧的程序设计方法很少考虑程序员之间交流协作的需要，所以不能适应新形势的发展，因此编出的软件中的错误随着软件规模的增大而迅速增加造成调试时间和成本也迅速上升，甚至许多软件尚未正式发布便已因故障率太高而宣布报废，产生了通常所说的“软件危机”。

有危机就会有革命，1968年，E.w.Dijkstra首先提出“goto语句是有害的”，向传统的程序设计方法提出了挑战，从而引起了人们对程序设计方法讨论的普遍重视，结构化程序设计方法正是在这种背景下产生的。

结构化程序设计的基本观点是：随着计算机硬件性能的不断提高，程序设计的目标不应再集中于如何充分发挥硬件的效率方面。新的程序设计方法应以能设计出结构清晰、可读性强、易于分工合作编写和调试的程序为基本目标。

今天，结构化程序设计方法、面向问题的程序设计方法（第 4 代程序设计语言）、面向对象的程序设计方法、计算机辅助软件工程等软件设计和生产技术都已日臻完善，计算机软硬件技术的发展交相辉映，使计算机的发展和应用达到了前所未有的高度和广度。

6.2.1 结构化程序设计

结构化程序设计也称为面向过程的程序设计，它的语言最为常用、经历的时间最长。语言种类繁多的程序设计语言属于面向过程的语言，如 FORTRAN、BASIC、PASCAL、C 等。面向过程的语言致力于用计算机能够理解的逻辑来描述需要解决的问题和解决问题的具体方法、步骤。也就是在使用这类语言编程时，程序不仅要说明做什么，还要非常详细地告诉计算机怎么做，程序需要详细描述解题的过程和细节。前面所讲述的算法例题均是面向过程的 C 语言编写的程序，即程序需要详细地描述解题的过程和细节。

1．结构化程序设计方法的主要原则

（1）自顶向下：程序应先考虑全局，不要一开始就过多追求众多的细节。

（2）逐步求精：设计一些子目标作过渡，逐步细化。

（3）模块化：把程序要解决的总目标分解为分目标，再进一步分解为具体的小目标，把每个小目标称为一个模块。

（4）限制使用 goto 语句。

2．结构化程序的基本结构

（1）顺序结构：一种简单的程序设计，最基本、最常用的结构。

（2）选择结构：又称分支结构，包括简单选择和多分支选择结构，可根据条件，判断应该选择哪一条分支来执行相应的语句序列。

（3）循环结构：可根据给定条件，判断是否需要重复执行某一相同程序段。

6.2.2 面向对象程序设计

为克服面向过程语言过分强调求解过程的细节，程序不易重复使用的缺点，以及面向问题语言与数据库的关系非常密切，应用范围狭窄的问题，在 20 世纪 80 年代推出了面向对象语言。面向对象的语言与以往各种语言的根本不同点在于：它设计的出发点是为了能更直接地描述客观世界中存在的事物（即对象）以及它们之间的关系。面向对象语言将客观事物看作具有属性和行为的对象，通过抽象找出同一类对象的共同属性和行为，形成类。通过类的继承与多态可以很方便地实现代码重用，这大大提高了程序的复用能力和程序的开发效率。面向对象语言已是程序语言的主要研究方向之一。面向对象的语言有 C++、Java、Visual Basic 等。

1．面向对象程序设计的基本概念

（1）类：定义了一件事物的抽象特点。通常来说，类定义了事物的属性和它可以做到的（它的行为）。

（2）对象：类的具体实例。可以用来表示客观世界中的任何实体，是系统中的基本运行实体，是有特殊属性和行为方式的实体。

① 属性：对象所包含的信息，某方面的特征。

② 行为（方法）：对象所执行的功能。

（3）消息：实例之间传递的信息，它请求对象执行某一处理或回答某一要求，它统一了数据流和控制流。一个消息由3部分组成：接收消息的对象的名称、消息标识符（消息名）和零个或多个参数。

2. 面向对象的主要特征

（1）封装性：封装是一种信息隐蔽技术，它体现于类的说明，是对象的重要特性。封装使数据和加工该数据的方法（函数）封装为一个整体，以实现独立性很强的模块，使得用户只能见到对象的外特性（对象能接受哪些消息，具有哪些处理能力），而对象的内特性（保存内部状态的私有数据和实现加工能力的算法）对用户是隐蔽的。封装的目的在于把对象的设计者和对象的使用者分开，使用者不必知晓行为实现的细节，只需用设计者提供的消息来访问该对象。

（2）继承性：继承性是子类自动共享父类之间数据和方法的机制。它由类的派生功能体现。一个类直接继承其他类的全部描述，同时可修改和扩充。继承具有传递性。继承分为单继承（一个子类只有一父类）和多重继承（一个子类有多个父类）。类的对象是各自封闭的，如果没继承性机制，则类对象中数据、方法就会出现大量重复。继承不仅支持系统的可重用性，而且还促进系统的可扩充性。

（3）多态性：对象根据所接收的消息而做出动作。同一消息为不同的对象接受时可产生完全不同的行动，这种现象称为多态性。利用多态性用户可发送一个通用的信息，而将所有的实现细节都留给接受消息的对象自行决定，如是，同一消息即可调用不同的方法。例如：Print 消息被发送给一图或表时调用的打印方法与将同样的 Print 消息发送给一正文文件而调用的打印方法会完全不同。多态性的实现受到继承性的支持，利用类继承的层次关系，把具有通用功能的协议存放在类层次中尽可能高的地方，而将实现这一功能的不同方法置于较低层次，这样，在这些低层次上生成的对象就能给通用消息以不同的响应。在OOPL中可通过在派生类中重定义基类函数（定义为重载函数或虚函数）来实现多态性。

6.2.3 面向问题程序设计

面向问题的语言又称非过程化的语言或第4代语言。使用面向问题的语言解题时，不必关心问题的求解算法和求解的过程，只需指出问题是要计算机做什么，数据的输入和输出形式，就能得到所需结果。例如，用过程化语言编程要通过打开文件、读入数据、判断、显示等一系列语句来实现。若用非过程化的语言，只要用如下的一条语句就可实现，例如：

```
SELECT 姓名，性别，年龄，成绩 FROM  zg.dbf  WHERE 年龄>=18
```

这是一种称为SQL（Structured Query Language）的数据库查询语言，在第9章中将做介绍，它是目前应用最广泛的面向问题的语言。只要将查询的要求套进公式，SQL就会做完所有的事，并把结果列出来。

面向问题的语言看起来不像计算机程序设计语言，它类似于一串查询需求的列表。它采用快速原型法开发应用软件的强大工具，能够快速地构造应用系统，从而大大提高了软件的开发效率。面向过程的语言目的在于高效地实现各种算法，需要详细地描述“怎样做”。面向问题的语言目的在于高效、直接地实现各种应用系统，仅需要说明“做什么”，它与数据库的关系非常密切，能够对大型数据库进行高效处理。

6.3 小结与提高

本节主要讲述程序与程序设计的基本概念、介绍程序设计的有关知识，介绍程序设计的一般过程、语言的分类，并讨论面向过程及面向对象程序设计的基本思想，关于程序设计的具体训练将在后继“程序设计”课程中专门介绍。

思考题

1．程序与算法的区别是什么？
2．按照程序设计语言发展的过程，其大概分为哪几类？
3．要形成良好的程序设计方法和风格，应注重和考虑哪些因素？
4．程序设计一般包括哪几个步骤？
5．结构化程序设计方法的主要原则有哪些？
6．结构化程序的基本结构有哪些？
7．面向对象的主要特征有哪些？
8．简述结构化程序设计与面向对象程序设计的异同。

软件工程基础

软件是一种逻辑产品，也是开发和运行产品的载体。作为一种产品，它表达了由计算机硬件体现的计算潜能。软件是一个信息转换器，能够产生、管理、获取、修改、显示或转换信息。这些信息可以很简单，也可以很复杂。作为开发运行产品的载体，软件是计算机工作和信息通信的基础，也是创建和控制其他程序的基础。信息是21世纪最重要的产品，软件充分体现了这一点。通过软件处理数据，凸显了数据的重要性；利用软件管理商业信息，增强了商业竞争力。

7.1 软件工程的基本概念

计算机系统是通过运行程序来实现各种不同应用的。把各种不同功能的程序，包括用户为自己的特定目的编写的程序、检查和诊断机器系统的程序、支持用户应用程序运行的系统程序、管理和控制机器系统资源的程序等，统称为软件。它是计算机系统中与硬件相互依存的另一部分，与硬件合为一体完成系统功能。软件定义如下。

（1）在运行中能提供所希望的功能和性能的指令集（即程序）；

（2）使程序能够正确运行的数据结构；

（3）描述程序研制过程和方法所用的文档。

即有：软件＝程序＋数据＋文档。

随着计算机应用的日益普及，软件变得越来越复杂，规模也越来越大，从而使人与人、人与机器间相互沟通，保证软件开发与维护工作的顺利进行显得特别重要，因此，文档（即各种报告、说明、手册的总称）是不可缺少的。

7.1.1 软件危机与软件工程

由于微电子学技术的进步，计算机硬件的性能有了很大的提高。然而，计算机软件成本却不断上升，质量也不尽人意，软件开发的生产率也远远不能满足计算机应用的要求。软件已经成为限制计算机系统进一步发展的关键因素。

1．软件危机

软件危机指的是软件开发和维护过程中遇到的一系列严重问题，主要包括：如何开发软件，以满足对软件日益增长的需求；如何维护数量不断膨胀的已有软件。具体来说，软件危机主要有下列表现。

（1）产品不符合用户的实际需要。

（2）软件开发生产率提高的速度远远不能满足客观需要，软件的生产率远远低于硬件生产率和计算机应用的增长速度，使人们不能充分利用现代计算机硬件提供的巨大潜力。

（3）软件产品的质量差。软件可靠性和质量保证的定量概念刚刚出现不久，软件质量保证技术（审查、复审和测试）没有贯穿到软件开发的全过程中，这些都导致软件产品发生质量问题。

（4）对软件开发成本和进度的估计常常不准确。实际成本比估计成本有可能高出一个数量级，实际进度比预期进度拖延几个月甚至几年。这种现象降低了软件开发者的信誉。而为了赶进度和节约成本所采取的一些权宜之计又往往降低了软件产品的质量，从而不可避免地会引起用户的不满。

（5）软件的可维护性差。很多程序中的错误是难以改正的，实际上不能使这些程序适应硬件环境的改变，也不能根据用户的需要在原有程序中增加一些新的功能。没能实现软件的可重用，人们仍然在重复开发功能类似的软件。

（6）软件文档资料通常既不完整，也不合格。

（7）软件的价格昂贵，软件成本在计算机系统总成本中所占的比例逐年上升。

2．软件工程

1968年北大西洋公约组织（NATO）在前联邦德国召开的国际会议上正式提出并使用了“软件工程”这个术语，运用工程学的基本原理和方法来组织和管理软件生产。

软件工程是指导计算机软件开发和维护的一门学科。它采用工程的概念、原理、技术和方法，把经过时间考验而证明是正确的管理技术和当前能够得到的最好的技术方法结合起来，用于开发与维护软件。

首先，采用工程化方法和途径来开发与维护软件。

软件开发应该是一种组织良好、管理严密、各类人员协同配合、共同完成的工程项目，必须充分吸取和借鉴人类长期以来从事各种工程项目所积累的、行之有效的原理、概念、技术和方法，应该推广使用在实践中总结出来的软件开发的成功技术和方法，并且研究探索更好、更有效的技术和方法，尽快消除在计算机系统早期发展阶段形成的一些错误概念和做法。将软件的生产在时间上分成若干阶段以便于分步而有计划地分工合作，在结构上简化若干逻辑模块。把软件作为工程产品来处理，按计划、分析、设计、实现、测试和维护的周期来进行生产。

其次，应该开发和使用更好的软件工具。

在软件开发的每个阶段都有许多烦琐、重复的工作需要做，在适当的软件工具辅助下，开发人员可以把这类工作做得既快又好。如果把各个阶段使用的软件工具有机地集合成一个整体，支持软件开发的全过程，则称为软件工程支撑环境。

最后，采取必要的管理措施。

软件产品是把思维、概念、算法、组织、流程、效率、质量等多方面问题融为一体的产品。但它本身是无形的，所以又不同于一般工程项目的管理。

它必须通过人员组织管理、项目计划管理、配置管理等来保证软件按时高质量完成。

总之，为了解决软件危机，既要有技术措施（包括方法和工具），又要有必要的组织管理措施。软件工程正是从管理和技术两方面研究如何更好地开发和维护计算机软件的一门新兴学科。

7.1.2 软件生存周期

软件工程采用的生存周期方法是从时间角度对软件的开发与维护这个复杂问题进行分解，将漫长的软件生存时期分为若干阶段，每个阶段都有其相对独立的任务，然后逐步完成各个阶段的任务。

软件生存周期是从提出软件产品开始，直到该软件产品被淘汰的全过程。研究软件生存周期是为了更科学、更有效地组织和管理软件的生产，从而使软件产品更可靠、更经济。

采用软件生存周期来使软件开发分阶段依次进行，前一个阶段任务的完成是后一个阶段任务的前提和基础，而后一个阶段通常是将前一个阶段提出的方案进一步具体化。每一个阶段的开始与结束都有严格的标准，每一个阶段结束之前都要接受严格的技术和管理评审。采用软件生存周期的划分方法，使每一个阶段的任务相对独立，有利于简化问题且便于不同人员分工协作。而且严格而科学的评审制度保证了软件的质量，提高了软件的可维护性，从而大大提高了软件开发的成功率和生产率。

软件生存周期一般可分为以下阶段：

问题定义、可行性研究、需求分析、概要设计、详细设计、编码、测试 、运行与维护。

在软件的研发过程中要了解和分析用户的问题，以及经济、技术和时间等方面的可行性；将用户的需求规范化、形式化，编写成需求说明书及初步的系统用户手册，提交评审；将软件需求设计为软件过程描述，即设计人员将确定的各项需求转化成一个相应的体系结构。结构的每一组成部分都是意义明确的模块，每个模块都与某些需求相对应（概要设计）。然后对每个模块的具体任务进行具体的描述（详细设计）；编代码，就是把过程描述编为机器可执行的代码；测试，发现错误，进行改正；维护，包括故障的排除以及为适应使用环境的变化和用户对软件提出的新要求所做的修改。

软件生存周期也可以分为3个大的阶段：计划阶段、开发阶段和维护阶段。

1．计划阶段

计划阶段可分为两步：软件计划和需求分析。第一步，因为软件是计算机系统中一个子系统，这样不但要从确定的软件子系统出发，确定工作域，即确定软件总的目标、功能等，开发这样的软件系统需要哪些资源（人力和设备），做出成本估算；而且还要求做出可行性分析，即在现有资源与技术的条件下能否实现这样的目标；最后要提出进度安排，并写出软件计划文档。上述问题都要进行管理评审。第二步，在管理评审通过以后，要确定系统定义和有效性标准（软件验收标准），写出软件需求说明书，还要开发一个初步用户手册，进行技术评审。技术评审通过以后，再进行一次对软件计划的评审，因为这时对问题有了进一步的了解。所以对制订的计划需要进行多次修改，以尽量满足各种要求，然后再进入开发阶段。

2．开发阶段

开发阶段要经过3个步骤：设计、编码和测试。首先对软件进行结构设计，定义接口，建立数据结构，规定标记。接着对每个模块进行过程设计、编码和单元测试。最后进行组合测试和有效性测试，对每一个测试用例和结果都要进行评审。

3．维护阶段

首先要做的工作就是配置评审，即检查软件文档和代码是否齐全、两者是否一致、是否可以维护等，然后要确定维护组织和职责，并定义表明系统错误和修改报告的格式。维护可分为改正性维护、完善性维护和适应性维护等。维护内容广泛，有人把维护看作第二次开发。要适应环境的变化，就要扩充和改进，但不是建立新系统。维护的内容应该通知用户，得到用户的认可。然后可进行修改，修改不只是代码修改，必须要有齐全的修改计划、详细过程以及测试等文档。

7.1.3　软件生存周期模型

软件生存周期模型是描述软件开发过程中各种活动如何执行的模型。软件生存周期模型确立了软件开发和演绎中各阶段的次序限制以及各阶段活动的准则，确立了开发过程所遵守的规定和限制，便于各种活动的协调，便于各种人员的有效通信，有利于活动重用，有利于活动管理。目前有若干种软件生存周期模型，如瀑布模型、增量模型、螺旋模型、喷泉模型、变换模型和基于知识的模型等。

1．瀑布模型

1970年温斯顿·罗伊斯（Winston Royce）提出了著名的“瀑布模型”，直到上世纪80年代早期，它一直是唯一被广泛采用的软件开发模型。

瀑布模型的核心思想是按工序将问题化简，将功能的实现与设计分开，便于分工协作，即采用结构化的分析与设计方法将逻辑实现与物理实现分开。将软件生命周期划分为制定计划、需求分析、软件设计、程序编写、软件测试和运行维护6个基本活动，并且规定了它们自上而下、相互衔接的固定次序，如同瀑布流水，逐级下落。

瀑布模型是最早出现的软件开发模型，在软件工程中占有重要的地位，它提供了软件开发的基本框架。其过程是从上一项活动接收该项活动的工作对象作为输入，利用这一输入实施该项活动应完成的内容给出该项活动的工作成果，并作为输出传给下一项活动。同时评审该项活动的实施，若确认，则继续下一项活动；否则返回前面，甚至更前面的活动。对于经常变化的项目而言，瀑布模型毫无价值。

尽管传统的瀑布模型曾经给软件产业带来了巨大的进步，部分缓解了软件危机，但这种模型本质上是一种线性顺序模型，因此存在着比较明显的缺点，各阶段之间存在着严格的顺序性和依赖性，特别强调预先定义需求的重要性，但是实际项目很少是遵循这种线性顺序进行的。虽然瀑布模型也允许迭代，但这种改变往往给项目开发带来混乱。在系统建立之前很难只依靠分析就确定出一套完整、准确、一致和有效的用户需求，这种预先定义需求的方法更不能适应用户需求不断变化的情况。

传统的瀑布模型很难适应可变、模糊不定的软件系统的开发，而且在开发过程中，用户很难参与进去，只有到开发结束才能看到整个软件系统。这种理想的、线性的开发过程，缺乏灵活性，不适应实际的开发过程。

为了克服瀑布模型的不足，提出了软件开发的增量模型，根据增量的方式和形式的不同，增量模型分为渐增模型和原型模型。

2．增量模型

增量模型是在瀑布模型的基础上修改而形成的。

增量模型是在项目的开发过程中以一系列的增量方式开发系统。增量方式包括增量开发和增量提交。增量开发是指在项目开发周期内，以一定的时间间隔开发部分工作软件；增量提交是指在项目开发周期内，以一定的时间间隔增量方式向用户提交工作软件及相应文档。增量开发和增量提交可以同时使用，也可单独使用。

根据增量的方式和形式的不同，增量模型分为渐增模型和原型模型。

3．渐增模型

这种模型是瀑布模型的变种，有两类渐增模型。

（1）增量构造模型

它在瀑布模型的基础上，对一些阶段进行整体开发，对另一些阶段进行增量开发。也就是说在前面的开发阶段按瀑布模型进行整体开发，在后面的开发阶段按增量方式开发。

（2）演化提交模型

它在瀑布模型的基础上，所有阶段都进行增量开发，也就是说不仅是增量开发，也是增量提交。

在该模型中，项目开发的各个阶段都是增量方式。先对某部分功能进行需求分析，然后顺序进行设计、编码、测试，把该功能的软件交付给用户，然后再对另一部分功能进行开发，提交用户，直到所有功能全部增量开发完毕。它不仅是增量开发也是增量提交，用户将最早收到部分工作软件，及早发现问题更彻底，修改扩充更容易。

4．原型模型

这种开发模型又称“快速原型模型”，是增量模型的另一种形式。它是在开发真实系统之前，构造一个原型，在该原型的基础上，逐渐完成整个系统的开发工作。根据原型的不同作用，有3类原型模型。

（1）探索型原型

这种类型的原型模型是把原型用于开发的需求分析阶段，目的是弄清用户的需求，确定所期望的特性，并探索各种方案的可行性。它主要针对开发目标模糊，用户与开发者对项目都缺乏经验的情况，通过对原型的开发来明确用户的需求。

（2）实验型原型

这种原型主要用于设计阶段，考核实现方案是否合适，能否实现。对于一个大型系统，若对设计方案没有把握时，可通过这种原型来证实设计方案的正确性。

（3）演化型原型

这种原型主要用于及早向用户提交一个原型系统，该原型系统或者包含系统的框架，或者包含系统的主要功能，在得到用户的认可后，将原型系统不断扩充演变为最终的软件系统。它将原型的思想扩展到软件开发的全过程。

7.1.4 软件工程的目标与原则

1．软件工程的目标

软件工程学研究的基本目标是以较少的投资获取高质量的软件，即软件的开发要在保证质量和效率的同时，尽量缩短开发周期，降低软件成本。软件工程的目标如下。

（1）定义良好的方法学，面向计划、开发维护整个软件生存周期的方法学；

（2）确定软件成分，记录软件生存周期每一步的软件文件资料，按步显示其轨迹；

（3）可预测结果，在生存周期中，每隔一定时间可以进行复审。

软件工程学的最终目的，是以较少的投资获得易维护、易理解、可靠、高效率的软件产品。软件工程学是研究软件结构、软件设计与维护方法、软件工具与环境、软件工程标准与规范、软件开发技术与管理技术的相关理论。

软件工程项目的基本目标如下：

（1）付出较低的开发成本；

（2）达到要求的软件功能；

（3）取得较好的软件性能；

（4）开发软件质量指标高；

（5）需要较低的维护费用；

（6）能按时完成开发工作，及时交付使用。

为了实现软件工程的多目标，要对软件的各项质量指标进行综合考虑，以实现软件开发的“多、快、好、省”的总目标。

2．软件工程的原则

为了开发出低成本、高质量的软件产品，软件工程学应遵守以下基本原则。

（1）分解

分解是人类分析解决复杂问题的重要手段和基本原则，其基本思想是从时间上或是从规模上将一个复杂抽象的问题分成若干个较小的、相对独立的、容易求解的子问题，然后分别求解。例如，软件瀑布模型、结构化分析方法、结构化设计方法、Jackson 方法、模块化设计等都运用了分解的原则。

（2）抽象和信息隐蔽

尽量将可变因素隐藏在一个模块内，将怎样做的细节隐藏在下层，将做什么抽象到上一层作简化，从而保证模块的独立性。这就是软件设计独立性要遵守的基本原则。模块化和局部性的设计过程使用了抽象和信息隐蔽的原则。

（3）一致性

研究软件工程方法的目的之一，就是要使开发过程标准化、统一化，使软件产品设计有共同遵循的原则，要求软件文件格式一致，工作流程一致。

（4）确定性

软件开发过程要用确定的形式表达需求，表达的软件功能应该是可预测的，用可测试性、易维护性、易理解性、高效率等指标来具体度量软件质量。

组织实施软件工程项目要达到的主要目标有：开发成本较低，软件功能要达到用户要求并具有较好的性能，要有良好的可移植性，易于维护且维护费用较低，能按时完成并及时交付使用。

7.2 软件需求分析

软件需求是决定软件开发是否成功的一个关键因素，一旦发生错误，将会给整个软件开发工作带来极大的损害，并给以后的软件维护带来极大的困难。开发人员应当学会正确地理解软件需求，实行并非完美但是高质量的需求开发和管理，最大限度地降低软件需求风险。

7.2.1 需求分析与需求分析方法

1. 需求分析

需求分析包括提炼、分析和仔细审查已收集到的需求，以确保所有的风险承担者都明白其含义并找出其中的错误、遗漏或其他不足的地方。需求分析的目的在于开发出高质量和具体的需求，这样就能做出实用的项目估算，并可以进行设计、构造和测试。

需求分析的主要过程包括以下方面。

（1）定义系统的边界。建立系统与其外部实体间的界限，明确接口处的信息流。

（2）分析需求可行性。分析每一个需求实现的可行性，确定与需求实现相关的开发风险。

（3）确定需求优先级。由于软件项目受到时间和资源的限制，一般情况下无法实现软件功能的每一个细节。因此需求优先级有助于开发组织和版本规划，以确保在规定的时间和预算内达到最好的效果。

（4）建立需求分析模型。建立需求分析模型是需求分析的核心工作，它通过建立需求的多种视图，揭示出需求的不正确、不一致、遗漏和冗余等更深的问题。

（5）创建数据词典。数据词典定义了系统中使用的所有的数据项及其结构，以确保客户和开发人员使用一致的定义和术语。

多年来，人们提出了许多分析建模的方法，其中占主导地位的是传统的结构化方法和目前流行的面向对象分析方法。

2. 需求分析的方法

需求分析方法有功能分解方法、结构化分析方法、信息建模方法和面向对象分析方法。

（1）功能分解方法

功能分解方法将一个系统视为由若干功能构成的一个集合。每个功能又可划分成若干个加工（即子功能），一个加工又进一步分解成若干加工步骤（即子加工）。这样，功能分解方法有功能、子功能和功能接口3个组成要素。它的关键策略是利用已有的经验，对一个新系统预先设定加工和加工步骤，着眼点放在这个新系统需要进行什么样的加工上。

功能分解方法本质上是用过程抽象的观点来看待系统需求，符合传统程序设计人员的思维特征，而且分解的结果一般已经是系统程序结构的一个雏形，实际上它已经很难与软件设计明确分离。

功能分解方法存在一些问题，它需要人工来完成从问题空间到功能和子功能的映射，既没有显式地将问题空间表现出来，也无法对表现的准确程度进行验证，而问题空间中的一些重要细节更是无法显示出来。功能分解方法缺乏对客观世界中相对稳定的实体结构进行的描述，而将基点放在相对不稳定的实体行为上。显然，基点是不稳定的，难以适应需求的变化。

（2）结构化分析方法

结构化分析方法是一种从问题空间到某种表示的映射方法，由数据流图表示软件的功能，是结构化方法中重要的、被普遍接受的表示系统，它由数据流图和数据词典构成。这种方法简单实用，适用于数据处理领域问题。

结构化分析方法对现实世界中的数据流进行分析，把数据流映射到分析结果中。但如果现实世界中的有些要求不是以数据流为主干的，就难以用此方法。如果分析是在现有系统的基础上进行的，应先除去原来物理上的特性，增加新的逻辑要求，再追加新的物理上的考虑。这时，分析面对的并不是问题空间本身，而是过去对问题空间的某一映射。在这种焦点已经错位的前提下，来进行分析显然是十分困难的。

结构化分析方法的一个难点是确定数据流之间的变换，而且数据词典的规模也是一个问题，它会引起所谓的“数据词典爆炸”，同时对数据结构的强调很少。

（3）信息建模方法

信息建模方法是从数据的角度来对现实世界建立模型的，它对问题空间的认识很有帮助。

信息建模方法的基本工具是E-R图，其基本要素由实体、属性和联系构成。该方法的基本策略是从现实世界中找出实体，然后再用属性来描述这些实体。

信息模型和语义数据模型是紧密相关的，有时被视为数据库模型。在信息模型中，实体E是一个对象或一组对象。实体把信息收集在其中。关系R是实体之间的联系或交互作用。有时在实体和关系之外，再加上属性。实体和关系形成一个网络，描述系统的信息状况，给出系统的信息模型。

信息建模和面向对象分析很接近，但仍有很大差距。在E-R图中，数据不封闭，每个实体和它的属性的处理需求不是组合在同一实体中的，没有继承性和消息传递机制来支持模型。但E-R图是面向对象分析的基础。

（4）面向对象方法

面向对象的分析是把E-R图中的概念与面向对象程序设计语言中的主要概念结合在一起，而形成的一种分析方法。该方法采用了实体、关系和属性等信息模型分析中的概念，同时采用了封装、类结构和继承性等面向对象程序设计语言中的概念。

7.2.2 结构化方法

结构化方法是软件工程产生后首先提出来的软件开发方法，也是一种较为实用的方法，它由结构化分析（Structured Analysis，SA）、结构化设计（Structured Design，SD）和结构化程序设计（Structured Programming，SP）3部分组成，即分析、设计到实现都采用结构化思想。

结构化方法的基本指导思想是自顶向下、逐步求精，它的基本原则是抽象与分解。结构化方法具有以下特点：

（1）它是使用最早的开发方法，发展较为成熟，成功率较高；

（2）该方法简单、实用、易掌握，适应于瀑布模型，也特别适合于数据处理领域中的应用；

（3）难以解决软件重用问题，难以适应需求的变化，对规模大的项目、特别复杂的应用不太适应。

结构化分析是面向数据流的需求分析方法，在 20 世纪 70 年代后期由 Yourdon 公司提出并得到广泛应用，它使用简单易读的符号进行建模，根据软件内部数据传递变换的关系，自顶向下逐层分解，描绘出满足功能要求的软件模型。

1．结构化分析策略

人们处理复杂问题的基本手段是分解，把一个复杂的问题划分成若干小问题，将问题的复杂性降低到人们可以掌握的程度，然后分别解决。分解可以分层进行，先考虑问题最本质的方面，忽略细节，形成问题的高层概念，然后再逐层添加细节，即在分层过程中采用不同程度的“抽象”级别。图 7-1 所示是自顶向下逐层分解的示意图。

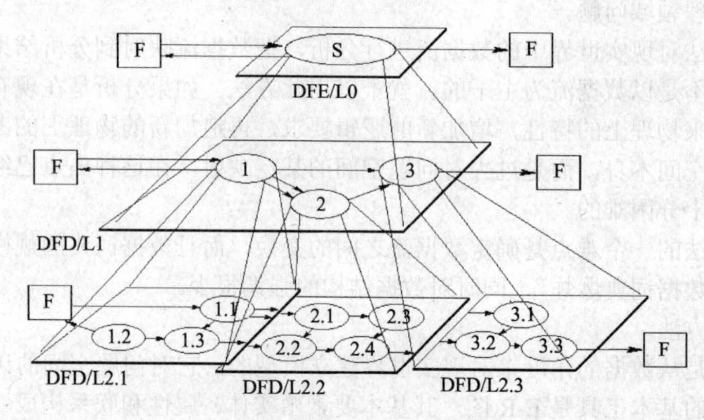

图 7-1 逐层分解的示意图

顶层的 S 系统很复杂。可以把它分解为 1 层的 1、2、3 3 个子系统，若 1 层的子系统仍很复杂，可再分解为下一层的子系统，直到子系统都能被清楚地理解为止。可见，顶层是抽象地描述了整个系统，在底层是具体地画出了系统的每一个细节，中间层是从抽象到具体的逐步过渡，这种层次分解使分析人员在分析问题时不至于一下子陷入细节，而是逐步了解更多细节。

2．描述工具

SA 方法利用图形等半形式化的描述方法表达需求，简单易懂，用它们来形成需求说明书中的主要部分。这些描述工具有如下 3 种。

（1）数据流图（Data Flow Diagram，DFD）。数据流图用于描述系统的分解，即描述系统由哪些部分组成，各部分间有什么联系等。

（2）数据词典（Data Dictionary，DD）。数据词典用于定义数据流图中的数据和加工。它是数据流条目、数据存储条目、数据项条目和基本加工条目的集合。

（3）描述加工逻辑的结构化语言、判定树、判定表。结构化语言、判定树、判定表用来描述数据流图中不能被再分解的每一个基本加工的处理逻辑。

3．数据流图（DFD）

数据流图是软件系统逻辑模型的一种图形表示，是描述数据处理过程的工具。数据流图从数据传递和加工的角度，以图形的方式刻画数据流从输入到输出的移动变换过程。在数据流图中没有任何具体的物理元素，它只是描绘信息在软件中流动和被处理的情况。因为数据流图是逻辑系统的图形表示，即使不是专业的计算机技术人员也容易理解，因此是分析员与用户之间极好的通信工具。

数据流图是描述信息流和当数据从输入移动到输出时被应用的变换的图形化技术。它的理论依据是：任何软件系统从根本上来说，都是对数据进行变换的工具。数据流图有4种基本图形符号，如图7-2所示。

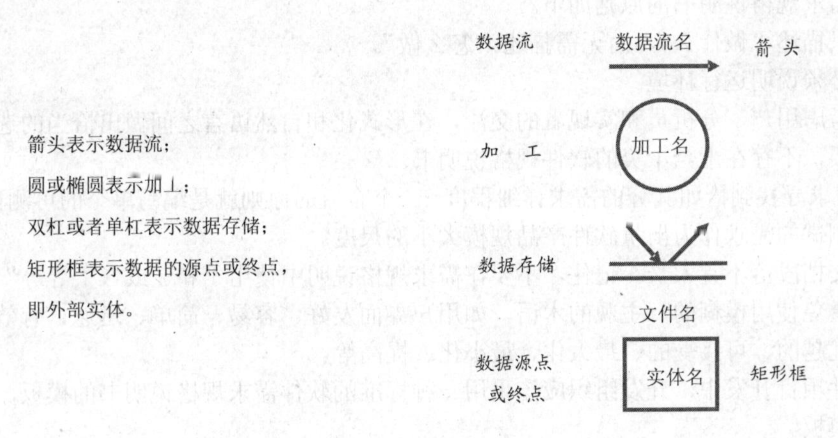

图7-2 DFD的基本符号

（1）数据流是数据在系统内传播的路径，由一组固定的数据项组成。除了与数据存储（文件）之间的数据流不用命名外，其余数据流都应该用名词或名词短语命名。数据流可以从加工流向加工，也可以从加工流向文件，或从文件流向加工，还可以从源点流向加工或从加工流向终点。

（2）加工也称为数据处理，它对数据流进行某些操作或变换。每个加工也要有名字，通常是动词短语，简明地描述完成什么加工。在分层的数据流图中，加工还应有编号。

（3）数据存储指暂时保存的数据，它可以是数据库文件或任何形式的数据组织。流向数据存储的数据流可理解为写入文件，或查询文件，从数据存储流出的数据可理解为从文件读数据或得到查询结果。

（4）数据源点和终点是软件系统外部环境中的实体（包括人员、组织或其他软件系统），统称为外部实体，一般只出现在数据流图的顶层图中。

7.2.3 软件需求规格说明书

需求分析阶段的最后一步工作是将对系统分析的结果用标准化的文档，即软件需求规格说明书的形式清晰地描述出来，以此作为审查需求分析阶段工作完成情况的依据和设计阶段开展工作的基础。需求规格说明书是系统所有相关人员，包括用户和开发人员对软件系统共同理解和认识的表达形式，是需求分析阶段最重要的技术文档。

需求规格说明书中应包括如下主要内容。

（1）引言。引言用于说明项目的开发背景、应用范围，定义所用到的术语和缩略语以及列出文档中所引用的参考资料等。

（2）项目概述。项目概述主要包括功能概述和约束条件。功能概述用于简要叙述系统预计实现的主要功能和各功能之间的相互关系；约束条件用于说明对系统设计产生影响的限制条件，如管理模式、用户特点、硬件限制及技术或工具的制约因素等。

（3）具体需求。具体需求主要包括功能需求、接口定义、性能需求、软件属性及其他需求等。功能需求用于说明系统中每个功能的输入、处理和输出等信息。主要借助于数据流图和数据词典等工具进行表达；接口定义用于说明系统软硬件接口、通信接口和用户接口的需求；性能需求用于说明系统对包括精度、响应时间、灵敏性等方面的性能要求；软件属性用于说明软件对可使用性、安全性、可维护性及可移植性等方面的需求；其他需求主要指系统对数据库、操作及故障处理等方面的需求。

编写需求规格说明书的原则如下。

（1）只描述“做什么”，而无需描述“怎么做”。

（2）必须说明运行环境。

（3）考虑用户、分析员和实现者的交流，在形式化和自然语言之间做出恰当的选择；明确的理解最重要，不存在十全十美的软件规格说明书。

（4）力求寻找到恰如其分的需求详细程度。一个有益的原则就是编写单个的可测试需求文档，建议将可测试的需求作为衡量软件产品规模大小的尺度。

（5）文档段落不宜太长。记住，不要在需求规格说明中使用“和 / 或”、“等等”之类的词。

（6）避免使用模糊的、主观的术语，如用户界面友好、容易、简单、迅速、有效、许多、最新技术、优越的、可接受的、最大化、最小化、提高等。

在软件项目开发中，开发组织应该采用一种标准的软件需求规格说明书的模板，下面给出一个标准的模板。

软件需求规格说明书标准模板

1．引言
1．1 目的
1．2 文档约定
1．3 预期的读者和阅读建议
1．4 产品范围
1．5 参考文献
2．综合描述
2．1 产品的前景
2．2 产品的功能
2．3 用户类和特征
2．4 运行环境
2．5 设计和实现上的限制
2．6 假设和依赖
3．外部接口需求
3．1 用户界面
3．2 硬件接口
3．3 软件接口
3．4 通信接口
4．系统特性
4．1 说明和优先级
4．2 激励 / 响应序列
4．3 功能需求
5．非功能需求
5．1 性能需求
5．2 安全设施需求
5．3 安全性需求
5．4 软件质量属性
5．5 业务规则
5．6 用户文档
6．其他需求
附录

7.3 软件设计

7.3.1 软件设计的概念和原理

1．软件设计的概念

对软件需求有了完整、准确、具体的理解之后，接下来的工作就是用软件正确地实现这些需求。为此，必须首先进行软件设计。软件设计的目标，是设计出所要开发的软件的模型。设计软件模型的过程综合了诸多因素：从开发类似软件的经验中获得的直觉和判断力，指导模型演化的一组原理和启发规则，判断质量优劣的一组标准以及导出最终设计表示的迭代过程。

传统的软件工程方法学采用结构化设计技术完成软件设计工作。通常把软件设计工作划分为概要设计和详细设计两个阶段。概要设计的主要任务是，通过仔细分析软件需求规格说明，适当地对软件进行功能分解，从而把软件划分为模块，并且设计出完成预定功能的模块结构；详细设计阶段详细地设计每个模块，确定完成每个模块功能所需要的算法和数据结构。

软件设计在软件工程过程中处于技术核心地位，而且不依赖于所使用的软件过程模型。在完成了软件需求分析并写出软件规格说明之后，软件设计就开始了，它是构造和验证软件所需要完成的3项技术活动（设计、代码生成和测试）中的第一项。

2．软件设计原理

软件设计经过多年的发展，已经形成一套基本的软件设计概念与原则。这些概念与原则经历了时间的考验，已经成为软件设计人员完成复杂设计问题的基础。

（1）模块化设计原理

所谓模块，是指具有相对独立性的，由数据说明、执行语句等程序对象构成的集合。程序中的每个模块都需要单独命名，通过名字可实现对指定模块的访问。在高级语言中，模块具体表现为函数、子程序和过程等。在软件的体系结构中，模块是可组合、分解和更换的单元。

（2）抽象和逐步求精

抽象是人类在认识复杂现象的过程中使用的最强有力的思维工具，即抽取事物本质的共同特性而暂不考虑细节。在软件定义阶段，将软件作为整个计算机系统的一个元素来对待；在需求分析阶段，软件解法使用在问题环境内熟悉的方式来描述；从总体设计到详细设计阶段，抽象的程度逐渐降低，将面向问题的术语与面向实现的术语结合起来描述解法；最后当程序编写出来，也就到了抽象的最底层，完全用实现的术语来描述。

在软件设计阶段，又有不同的抽象层次。软件结构每一层中的模块，表示了对抽象层次的一次精化。软件结构顶层的模块，控制了系统的主要功能并影响全局，底层的模块，完成一个具体的处理。自顶向下由抽象到具体地分析和构造软件的层次结构，不仅可以简化软件的设计，还可以提高软件的可理解性。可见，逐步求精和模块化的概念，与抽象是紧密相关的。

逐步求精是一种先总体、后局部的思维原则，也就是一种逐层分解、分而治之的方法。在面对一个复杂的大问题时，它采用自顶向下、逐步细化的方法，将一个大问题逐层分解成许多小问题，然后每个小系统再分解成若干个更小的问题，经过多次逐层分解，使每个最低层问题都足够简单，最后再逐个解决。

（3）信息隐蔽和局部化

信息隐蔽是指在设计和确定模块时，使一个模块内包含的信息（过程和数据），对于不需要这些信息的其他模块来说是不可访问的。“隐蔽”意味着有效的模块化可以通过定义一组相互独立的模块来实现，这些独立的模块彼此间仅仅交换那些为了完成系统功能而必须交换的信息，而将自身的实现细节与数据“隐藏”起来。一个软件系统在整个生存期内要经过多次修改，信息隐蔽为软件系统的修改、测试及以后的维护都带来了好处。绝大多数数据和过程对于软件的其他部分而言是隐蔽的，在修改期间由于疏忽而引入的错误就很少可能被传播到其他部分。在划分软件模块时，模块中采用局部数据结构，有助于实现信息隐蔽。

（4）模块独立性

模块独立性是指每个模块只完成系统要求的独立的子功能，并且与其他模块的联系量最少且接口简单。模块独立性的概念是模块化、抽象和信息隐蔽这些软件工程基本原理的直接结果。只有符合和遵守这些原则才能得到高度独立的模块。良好的模块独立性能使开发的软件具有较高的质量，并能有效提高软件的生产率。这是因为有效模块化（即具有独立的模块）的软件比较容易开发，功能分割明确并且接口简单，当多人合作开发时，这点尤其重要。同时，独立的模块也容易测试和维护，所以模块独立是好的设计的关键。

模块独立性可以由两个定性标准度量，反映模块外部特征的标准是耦合，反映模块内部特征的则是内聚。

耦合也称为块间联系，是对一个软件结构内不同模块间相互联系紧密程度的度量。由于模块间联系越紧密，耦合性越强，而模块的独立性却越差，因此软件设计中应追求尽可能松散的耦合系统。模块间的耦合强度取决于模块间接口的复杂程度、调用的方式及传递的信息。

内聚也称为块内联系，是对模块的功能强度的度量，即一个模块内部各个元素彼此结合紧密程度的度量。若一个模块内各元素（语句间、程序段间）联系得越紧密，则内聚性越高，模块的独立性就越好。软件设计中应追求尽可能紧密的内聚，理想内聚的模块只做一件事。

耦合性和内聚性是模块独立性的两个定性标准，在划分软件模块时，应尽量做到高内聚、低耦合，提高模块的独立性。

7.3.2 概要设计

在软件需求分析阶段，已经搞清楚了软件“做什么”的问题，并把这些需求通过规格说明书描述了出来，这也是目标系统的逻辑模型。进入了设计阶段，要把软件“做什么”的逻辑模型变换为“怎么做”的物理模型，即着手实现软件的需求，并将设计的结果反映在“设计规格说明书”文档中，所以软件设计是一个把软件需求转换为软件表示的过程，最初这种表示只是描述了软件的总的体系结构，称为软件概要设计或结构设计，概要设计基本任务如下所述。

1. 设计软件系统结构（简称软件结构）

为了实现目标系统，最终必须设计出组成这个系统的所有程序和数据库（文件），对于程序，则首先进行结构设计，具体为：

（1）采用某种设计方法，将一个复杂的系统按功能划分成模块；

（2）确定每个模块的功能；

（3）确定模块之间的调用关系；

（4）确定模块之间的接口，即模块之间传递的信息；

（5）评价模块结构的质量。

根据以上内容，软件结构的设计是以模块为基础的，在需求分析阶段，已经把系统分成层次结构。在设计阶段，以需求分析的结果为依据，从实现的角度进一步划分为模块，并组成模块的层次结构。软件结构的设计是概要设计关键的一步，直接影响到下一阶段详细设计与编码的工作，软件系统的质量及一些整体特性都在软件结构的设计中决定。

2. 数据结构及数据库设计

对于大型数据处理的软件系统，除了控制结构的模块设计外，数据结构与数据库设计也是很重要的。

（1）数据结构的设计

逐步细化的方法也适用于数据结构的设计。在需求分析阶段，已通过数据字典对数据的组成、操作约束、数据之间的关系等方面进行了描述，确定了数据的结构特性，在概要设计阶段要加以细化，详细设计阶段则规定具体的实现细节。在概要设计阶段，宜使用抽象的数据类型。

（2）数据库的设计

数据库的设计指数据存储文件的设计，主要进行以下几方面设计。

① 概念设计。在数据分析的基础上，采用自底向上的方法从用户角度进行视图设计，一般用E-R模型来表示数据模型，这是一个概念模型。

② 逻辑设计。E-R 模型是独立于数据库管理系统（DBMS）的，要结合具体的 DBMS 特征

来建立数据库的逻辑结构，对于关系型的 DBMS 来说，将概念结构转换为数据模式、子模式并进行规范，要给出数据结构的定义，即定义所含的数据项、类型、长度及它们之间的层次或相互关系的表格等。

③ 物理设计。对于不同的 DBMS，物理环境不同，提供的存储结构与存取方法也不相同。物理设计就是设计数据模式的一些物理细节，如数据项存储要求、存取方式、索引的建立。

3．编写概要设计文档

文档主要有：

（1）概要设计说明书；

（2）数据库设计说明书。主要给出所使用的 DBMS 简介、数据库的概念模型、逻辑设计、结果；

（3）用户手册。对需求分析阶段编写的用户手册进行补充；

（4）修订测试计划。对测试策略、方法和步骤提出明确要求。

4．评审

对设计部分是否完整地实现了需求中规定的功能、性能等要求，设计方案的可行性，关键的处理及内外部接口定义正确性、有效性，各部分之间的一致性等都一一进行评审。

7.3.3 详细设计

1．详细设计概述

在概要设计阶段，已经确定了软件系统的总体结构，给出了系统中各个组成模块的功能和模块间的联系。详细设计是在概要设计的基础上，对每个模块给出足够详细的过程性描述。

在详细设计阶段给出的过程性描述应该用详细设计的表达工具来表示，但它们还不是程序，一般不能够在计算机上运行。详细设计中采用的典型方法是结构化程序设计（SP）方法，由于详细设计不是具体地编程序，而是把系统细化成能让程序员书写出实际代码的“蓝图”，因此详细设计的结果基本上决定了最终程序代码的质量。

详细设计不仅在逻辑上正确地实现每个模块的功能，而且更重要的是，设计出来的处理过程应该简明易懂。结构化程序设计方法是实现上述目标的关键技术之一，它指导人们用良好的思维方法去开发易于理解、易于验证的程序。

详细设计的目的是为软件结构图中的每一个模块确定使用的算法和块内数据结构，并用某种选定的表达工具给出清晰的描述。表达工具可以由开发单位或设计人员自由选择，但它必须具有描述过程细节的能力，进而可在编码阶段能够直接将它翻译为用程序设计语言书写的源程序。

2．详细设计的主要任务

详细设计的主要任务包括以下 5 个方面。

（1）为每个模块确定采用的算法。根据概要设计阶段所建立的软件结构，选择某种适当的工具表达算法的过程，写出模块的详细过程性描述。

（2）确定每一模块的内部数据结构及数据库的物理结构。为系统中的所有模块确定并构造算法实现所需的内部数据结构；根据前一阶段确定的数据库的逻辑结构，对数据库的存储结构、存取方法等物理结构进行设计。

（3）确定模块接口的细节。按照模块的功能要求，确定模块接口的详细信息，包括模块之间的接口信息、模块与外部的接口及用户界面等。

（4）要为每一个模块设计出一组测试用例。模块的测试用例是软件测试计划的重要组成部分，负责详细设计的软件人员对模块的情况（包括功能、逻辑和接口）了解得最清楚，由他们在完成详细设计后接着提出对各个模块的测试要求。

（5）编写文档，参加复审。详细设计阶段的成果主要以详细设计说明书的形式保留下来，通过复审对其进行改进和完善后作为编码阶段进行程序设计的主要依据。

3．详细设计的原则

详细设计的原则有以下3项。

（1）采用自顶向下、逐步求精的程序设计方法。在需求分析、概要设计中，都采用了自顶向下、逐步求精的方法。在详细设计中，虽处于“具体”设计阶段，但在设计某个模块的内部处理时，仍可逐步求精，降低处理细节的复杂度。

（2）使用3种基本控制结构构造程序。结构化程序设计反对滥用GOTO语句，任何程序的逻辑结构限制为由顺序、选择和循环3种基本控制结构来构造，这3种基本结构的共同点是单入口、单出口，这样可以有效地限制使用GOTO语句，同时为自顶向下、逐步求精的设计方法提供了具体的实施手段。

（3）选择恰当的描述工具描述模块的算法。

4．详细设计工具

详细描述处理过程常用3种工具：图形、表格和语言。这里主要介绍结构化程序流程图、问题分析图、盒图。

（1）程序流程图

程序流程图，又称为程序框图，是历史最悠久、使用范围最广泛的一种描述程序逻辑结构的工具。它使用的符号与系统流程图的符号有很多相同之处，但是其箭头符号代表控制流而不是信息流。

程序流程图的优点是直观清晰、易于使用。使用时，要求程序流程图应由顺序、选择和循环3种基本控制结构顺序组合和完整嵌套而成，不能有相互交叉的情况，这样才能构成结构化的程序流程图。图7-3所示为流程图中的基本控制结构。

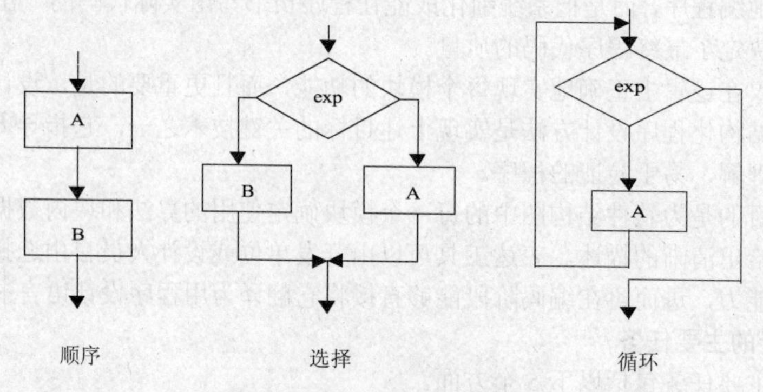

图7-3 流程图中的基本控制结构

（2）盒图（N-S图）

1973年，Nassi和Shneiderman提出了用方框图来代替传统的流程图，人们把这种方框图称为N-S图。图7-4所示为结构化控制结构的盒图表示。N-S图的优点是所有的程序结构均用方框来表示，无论并列或嵌套，程序的结构清晰可见。而且它只能表达结构化的程序逻辑，使用它的人不得不遵守结构化程序设计的规定。不足的是，当程序内嵌套的层数增多时，内层的方框将越来越小，从而增加绘图的难度，并使图形的清晰性受影响。

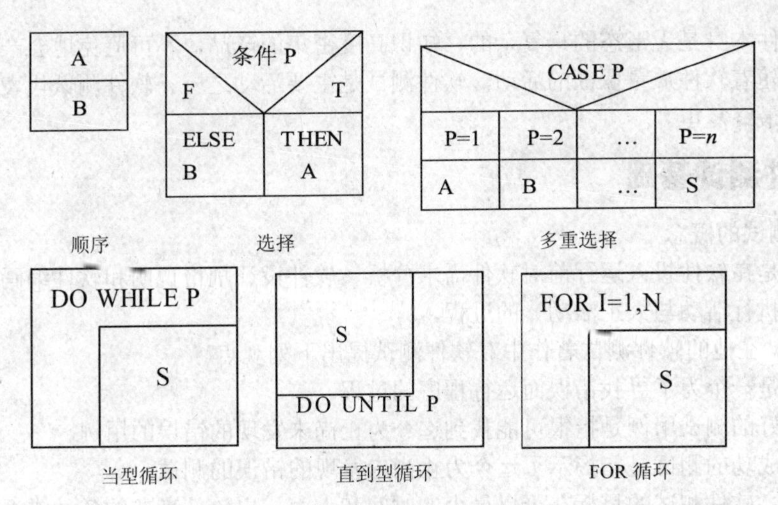

图 7-4 结构化控制结构的盒图表示

（3）PAD 图

问题分析图（Problem Analysis Diagram）是日本日立公司于 1979 年提出的一种算法描述工具，它是一种由左往右展开的二维树状结构，其基本控制结构如图 7-5 所示。

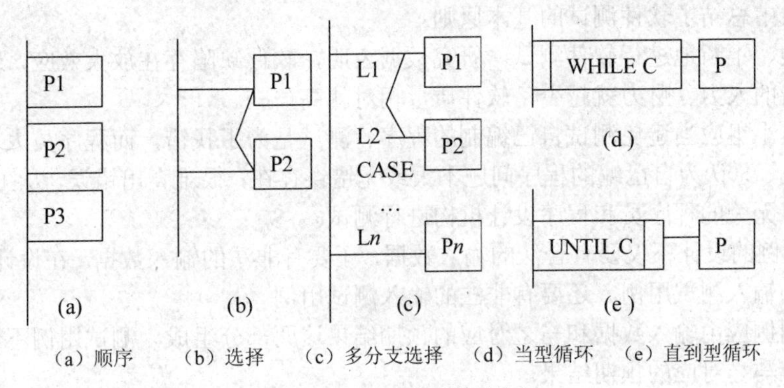

图 7-5 PAD 基本控制结构

PAD 的控制流程为自上而下，从左到右地执行。PAD 具有如下优点。

（1）清晰地反映了程序的层次结构。图中的竖线为程序的层次线，最左边的竖线是程序的主线，其后一层层展开。

（2）支持逐步求精的设计方法，左边层次中的内容可以抽象，然后由左到右逐步细化。

（3）易读易写，使用方便。

（4）支持结构化的程序设计原理。

（5）可自动生成程序。

7.4 软件测试

在软件开发活动中，为保证软件的可靠性，人们研究并使用多种方法进行分析、设计及编码实现。由于软件本身是无形态的、复杂的、知识高度密集的产品，不可避免地会产生错误。因此软件开发总伴随着软件质量保证的活动，软件测试是主要活动之一。软件测试代表了需求分析、设计和编码的最终复审。

7.4.1 软件测试基础

1．软件测试的概念

软件测试是在软件投入运行前对软件需求分析、软件设计规格说明和软件编码进行查错和纠错（包括代码执行活动与人工活动）的过程。

GlenMyers 在他的软件测试著作中对软件测试提出下列观点。

（1）测试是一个为了寻找错误而运行程序的过程。

（2）一个好的测试用例是指很可能找到迄今为止尚未发现的错误的用例。

（3）一个成功的测试是指揭示了迄今为止尚未发现的错误的测试。

总体来说，软件测试的目标在于以最少的时间和人力找出软件潜在的各种错误和缺陷，能够确认软件实现的功能和性能与用户说明的一致性，能够收集到足够的测试结果为软件可靠性评价提供依据。软件测试的任务就是根据软件开发各阶段的文档资料和程序的内部结构，精心设计一组“高产”的测试用例，利用这些用例执行程序，找出软件中潜在的错误和缺陷。

2．软件测试的原则

人们在实践中总结了软件测试的基本原则。

（1）尽早地、不断地进行软件测试。研究数据表明，软件缺陷存在放大效应，错误发现得越早，后阶段耗费的人力、财力就越少，软件质量相对就高一些。

（2）程序员小组应当避免测试自己编制的程序。测试是为了找错，而程序员大多对自己所编的程序存有偏见，总认为自己编的程序问题不大或无错误存在，很难查出错误。从工作效率来讲，最好由与原程序无关的程序员和程序设计机构进行测试。

（3）测试用例的设计不仅要有合法的输入数据，还要有非法的输入数据。在设计测试用例时，不仅要有合法的输入测试用例，还要有非法的输入测试用例。

（4）测试用例应由输入数据和与之对应的预期结果这两部分组成。测试用例不仅要有输入数据，而且还要有与之对应的预期结果。

（5）在对程序修改之后要进行回归测试。由于在修改程序的同时时常又会引进新的错误，因而在对程序修改完之后，还应用以前的测试用例进行回归测试。

（6）充分注意测试中的群集现象。经验表明，一段程序中发现错误的数目越多，此段程序中残存的错误数目也较多。

（7）严格执行测试计划，排除测试的随意性。

（8）应当对每一个测试结果做全面检查。

（9）妥善保留一切测试过程文档，为维护提供方便。测试过程文档包括：测试计划、全部测试用例、出错统计和最终分析报告等。妥善保留与测试有关的资料，能为后期的维护工作带来方便。

7.4.2 软件测试技术与方法

1．软件测试技术

软件测试技术分为静态测试技术与动态测试技术两种。

静态测试是指被测程序不在机器上运行，而是采用人工检测和计算机辅助静态分析的手段对程序进行检测。方法如下。

（1）人工测试。人工测试是指依靠人工审查程序或评审软件。由一组人员对程序设计、需求分析、编码测试工作进行评议，虚拟执行程序，并在评议中进行错误检验。此方法能找出典型程序中30%～70%的有关逻辑设计与编码的错误。

（2）计算机辅助静态分析。计算机辅助静态分析是指利用静态分析工具对被测程序进行特性分析，从程序中提取信息，检查程序逻辑和程序构造。

对软件产品进行动态测试时，也有两种方法：黑盒测试法和白盒测试法。

2. 白盒测试

白盒测试把程序视为装在一个透明的白盒子里，也就是测试人员完全了解程序的结构和处理过程，对程序执行的逻辑路径进行测试。

由于白盒测试是通过在不同的关键点检查程序的状态，来确定实际状态是否和预期状态一致，因此，白盒测试又称为结构测试、逻辑测试。

由于白盒测试是结构测试，所以被测对象基本上是源程序，以程序的内部逻辑结构为基础设计测试用例。

（1）逻辑覆盖方法

逻辑覆盖方法通过对程序逻辑结构的遍历实现程序的覆盖。下面讨论几种常用的覆盖技术。

① 语句覆盖。语句覆盖，就是设计若干个测试用例，运行所测程序，使得每一个可执行的语句至少执行一次。

② 判定覆盖。判定覆盖又称为分支覆盖，就是设计若干个测试用例，不仅使每个语句至少执行一次，而且程序中的每个取真分支和取假分支都至少执行一次。

③ 条件覆盖。条件覆盖就是设计若干个测试用例，使判定表达式的每个条件的所有可能的取值都至少执行一次。

④ 判定/条件覆盖。要求选取足够多的测试数据使每个判定表达式都取得各种可能的结果，从而测试比较复杂的路径。

⑤ 条件组合覆盖。构造一组测试实例，保证使判断语句中的各逻辑条件取值的可能组合至少执行一次。

（2）程序路径的覆盖程度分析方法

以下介绍几种程序路径的覆盖程度分析方法。

① 点覆盖。点覆盖是指把程序流图经过一系列的变换，转换为程序图。点覆盖测试要求选取足够多的数据，使得程序执行时至少经过程序图中的每个点一次。

② 边覆盖。边覆盖是指要求选取足够多的测试数据，使程序执行路径至少经过程序图中每条边一次。

③ 路径覆盖。路径覆盖是指要求选取足够多的测试数据，使程序的每条路径都至少执行一次。路径覆盖是3种覆盖中最强的覆盖测试标准，用这个测试标准测试程序，可保证程序中每条可能的路径都至少执行一次，可见测试数据有代表性，检错能力较强。

3. 黑盒测试

黑盒测试把程序视为一个黑盒子，完全不考虑程序的内部结构和处理过程。黑盒测试是在程序接口进行的测试，它只检查程序功能是否能按照规格说明书的规定正常使用，程序是否能适当地接收输入数据产生正确的输出信息，并且保持外部信息的完整性。

黑盒测试又称为功能测试或输入/输出驱动测试。黑盒测试以程序的功能作为测试依据，并按功能要求，输入执行参数，然后执行输出结果。用黑盒测试技术构造测试用例的方法一般有以下几种。

（1）等价分类法

等价分类划分是一种典型的黑盒测试方法。使用这一方法时，可以完全不考虑程序的内部结构，只依据程序的规格说明来设计测试用例。使用这一方法设计测试用例要经历划分等价类（列出等价类表）和确立测试用例两步。

（2）边界值分析法

长期经验表明：大量的错误发生在输入或输出范围的边界上，而不发生在输入范围的内部。

边界是相当于输入等价类和输出等价类而言的，稍高于其边界值及稍低于其边界值的一些特定情况。使用边界值分析方法设计测试用例，应对确定的边界，选取正好等于，刚刚大于，或刚刚小于边界的值作为测试数据，而不是选取等价类中的典型值或任意值作为测试数据。

（3）因果图

如果在测试时必须考虑输入条件的各种组合，可使用一种适合于描述对于多种条件的组合，相应产生多个动作的形式来设计测试用例，这就需要利用因果图。因果图方法最终生成的就是判定表，它适合于检查程序输入条件的各种组合情况。

7.4.3 软件测试的实施

软件测试过程必须分步骤进行，每个步骤在逻辑上是前一个步骤的继续。大型软件系统通常由若干个子系统组成，每个子系统又由许多模块组成。大型软件系统的测试基本由以下 4 个步骤组成：单元测试、集成测试、确认测试和系统测试，如图 7-6 所示。

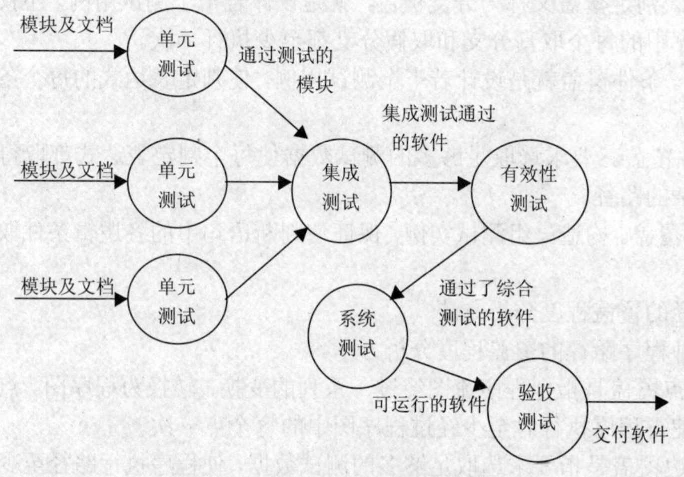

图 7-6 系统的测试步骤

1．单元测试

对软件单元进行测试，确实保证它作为一个单元能正常地工作。单元测试的目的是验证单元满足功能、性能和接口等的要求。主要针对模块的 5 个基本特性进行：模块接口、局部数据结构、重要的执行路径、出错处理测试、影响以上各点的边界条件。

2．集成测试

依据软件设计确定的软件结构，按照软件集成“工序”，把各个软件单元逐步集成为完整的软件系统，并不断发现和排除错误，以保证联接、集成的正确性。

集成测试分为非增量测试和增量测试。非增量测试是先测试好每一个软件单元，然后一次组装在一起再测试整个程序。这种方法会引起混乱，且难以确定错误源的位置。增量测试是逐步把下一个要被组装的软件单元或部件，同已测好的软件部件结合起来测试。增量测试主要包括自顶向下、自底向上、自顶向下与自底向上相结合的“三明治”等方法。

3．确认测试

确认测试又称为有效性测试、合格测试或验收测试。模块组装后已成为完整的软件包，消除了接口的错误。确认测试主要由用户参加测试，检验软件规格说明的技术标准的符合程度，是保证软件质量的最后关键环节。

4．系统测试

系统测试是将通过确认测试的软件，作为整个基于计算机系统的一个元素，与计算机硬件、外设、某些支持软件、数据和人员等其他系统元素结合在一起，在实际运行（使用）环境下，对计算机系统进行一系列的组装测试和确认测试。

7.5 程序的调试与维护

7.5.1 程序调试的基本概念

所谓程序调试，是将编制的程序投入实际运行前，用手工或编译程序等方法进行测试，修正语法错误和逻辑错误的过程。这是保证计算机信息系统正确性的必不可少的步骤。编完计算机程序，必须送入计算机中测试。

软件调试则是在进行了成功的测试之后才开始的工作。它与软件测试不同，软件测试的目的是尽可能多地发现软件中的错误，而进一步诊断和改正程序中潜在的错误，则是调试的任务。调试活动由两部分组成。

① 确定程序中可疑错误的确切性质和位置；

② 对程序（设计，编码）进行修改，排除这个错误。

通常，调试工作是一个具有很强技巧性的工作。一个软件工程人员在分析测试结果的时候会发现，软件运行失效或出现问题，往往只是潜在错误的外部表现，而外部表现与内在原因之间常常没有明显的联系，如果要找出真正的原因，排除潜在的错误，不是一件易事。因此可以说，调试是通过现象找出原因的一个思维分析的过程。

7.5.2 软件的调试方法

调试的关键在于推断程序内部的错误位置及原因。为此，可以采用以下方法。

1．强行排错

这是目前使用较多，效率较低的调试方法。它不需要过多的思考，比较省脑筋。

（1）通过内存全部打印来排错

将计算机存储器和寄存器中的全部内容打印出来，然后在这大量的数据中寻找出错的位置。虽然有时使用它可以获得成功，但效率极低。

（2）在程序特定部位设置打印语句

把打印语句插在出错的源程序的各个关键变量改变部位，重要分支部位、子程序调用部位，跟踪程序的执行，监视重要变量的变化。这种方法能显示出程序的动态过程，允许人们检查与源程序有关的信息。因此，比全部打印内存信息优越。

（3）自动调试工具

利用某些程序语言的调试功能或专门的交互式调试工具，分析程序的动态过程，而不必修改程序。

2．回溯法排错

这是在小程序中常用的一种有效的排错方法。一旦发现了错误，人们先分析错误征兆，确定最先发现“症状”的位置。然后，人工沿程序的控制流程，向回追踪源程序代码，直到找到错误根源或确定错误产生的范围。

回溯法对于小程序很有效，往往能把错误范围缩小到程序中的一小段代码，仔细分析这段代码不难确定出错的准确位置。但对于大程序，由于回溯的路径数目较多，回溯会变得很困难。

3．归纳法排错

归纳法是一种从特殊推断一般的系统化思考方法。归纳法排错的基本思想是：从一些线索（错误征兆）着手，通过分析它们之间的关系找出错误。

归纳法排错大致分为以下4步。

（1）收集有关的数据——列出所有已知的测试用例和程序执行结果，看哪些输入数据的运行结果是正确的，哪些输入数据的运行结果有错误。

（2）组织数据——由于归纳法是从特殊到一般的推断过程，所以需要组织整理数据，以便发现规律。

（3）提出假设——分析线索之间的关系，利用在线索结构中观察到的矛盾现象，设计一个或多个关于出错原因的假设，如果一个假设也提不出来，归纳过程就需要收集更多的数据。此时，应当再设计与执行一些测试用例，以获得更多的数据。如果提出了许多假设，则首先选用最有可能成为出错原因的假设。

（4）证明假设——把假设与原始线索或数据进行比较，若它能完全解释一切现象，则假设得到证明；否则，认为假设不合理，或不完全，或是存在多个错误，以致只能消除部分错误。有人想越过这一步，立刻就去改正错误。这样的话，假设是否合理，是否完全，是否同时存在多个错误都不甚清楚，因此就不能有效地消除多个错误。

4．演绎法排错

演绎法是一种从一般原理或前提出发，经过排除和精化的过程推导出结论的思考方法。演绎法排错是测试人员首先根据已有的测试用例，设想及枚举出所有可能出错的原因作为假设；然后再用原始测试数据或新的测试，从中逐个排除不可能正确的假设；最后，再用测试数据验证余下的假设的确是出错的原因。

7.5.3 软件的维护

在软件开发完成交付用户使用后，就进入了软件运行/维护阶段。软件维护的工作就是要保证软件在一个相当长的时期能够正常运行，因此是必不可少的阶段。

1．软件维护的定义

软件维护主要是指根据需求变化或硬件环境的变化对应用程序进行部分或全部的修改，修改时应充分利用源程序。修改后要填写程序修改登记表，并在程序变更通知书上写明新旧程序的不同之处。

2．维护的分类

根据要求维护的原因，维护的活动可以分为4种类型。

（1）改正性维护

在软件交付使用后，由于开发时测试的不彻底、不完全，必然会有一部分隐藏的错误被带到运行阶段来。这些隐藏的错误在某些特定的使用环境下会暴露出来。为了识别和纠正软件错误，改正软件性能上的缺陷、排除实施中的误使用，而进行的诊断和改正错误的过程，是改正性维护。例如，解决开发时未能测试各种可能情况带来的问题，解决原来程序中遗漏处理文件中最后一个记录的问题等。

所发现的错误有的不太重要，不影响系统的正常运行，其维护工作可随时进行；而有的错误非常重要，甚至影响整个系统的正常运行，其维护工作必须制定计划，进行修改，并且要进行复查和控制。

（2）适应性维护

随着计算机的飞速发展，外部环境（新的硬、软件配置）或数据环境（数据库、数据格式、数据输入/输出方式、数据存储介质）可能发生变化，为了使软件适应这种变化，而修改软件的过程叫作适应性维护。例如，适应性维护可以将某个应用程序从 DOS 环境移植到 Windows 环境；将原来在 VAX750 机上用 Oracle 的 SQL 实现的数据库移到 Compaq 机上；修改程序，使其适用于另外一种终端。

（3）完善性维护

在软件的使用过程中，用户往往会对软件提出新的功能与性能要求。为了满足这些要求，需要修改或再开发软件，以扩充软件功能、增强软件性能、改进加工效率、提高软件的可维护性。这种情况下进行的维护活动叫作完善性维护。

（4）预防性维护

除了以上 3 类维护之外，还有一类维护活动，叫作预防性维护。这是为了提高软件的可维护性、可靠性等，为以后进一步改进软件打下良好基础。通常，预防性维护定义为“把今天的方法学用于昨天的系统以满足明天的需要”。即采用先进的软件工程方法对需要维护的软件或软件中的某一部分（重新）进行设计、编制和测试。在整个软件维护阶段花费的全部工作量中，预防性维护只占很小的比例，而完善性维护占了几乎一半的工作量。

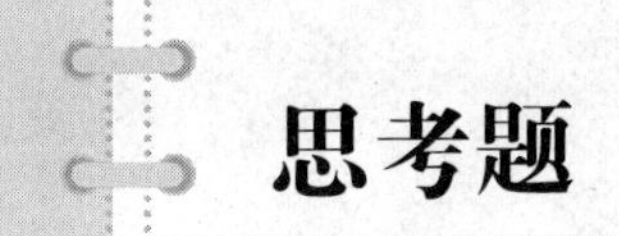

1．什么是软件危机？其产生的原因是什么？
2．软件生命周期各阶段是如何划分的？各阶段的基本任务是什么？
3．常用的软件开发模型有哪些？各有什么特点？
4．软件开发的基本原则有哪些？
5．什么是需求分析？需求分析的主要过程有哪些？
6．需求分析的方法有哪些？各有什么特点？
7．什么是结构化方法？结构化方法具有哪些特点？
8．结构化描述工具有哪几种？各有什么作用？
9．什么是数据流图？它有哪些基本符号？其含义是什么？
10．软件设计原理有哪些？各是什么内容？
11．模块独立性是指什么？它有哪些定性标准？
12．概要设计的基本任务有哪些？
13．详细设计的主要任务包括哪几个方面？

14．详细设计工具有哪些？各有什么特点？
15．软件测试的基本原则有哪些？其具体内容是什么？
16．软件测试技术有哪几种？各有什么特点？
17．白盒测试的定义是什么？有几种测试方法？
18．黑盒测试的定义是什么？有几种测试方法？
19．软件测试过程必须分哪几个步骤进行？各个步骤的内容是什么？
20．软件的调试方法有哪几种？其具体内容是什么？
21．软件维护活动可以分为哪 4 种类型？

计算机网络

计算机网络是一门集计算机、通信、多媒体、管理等技术于一体的综合性学科。随着互联网（Internet，也称因特网）应用的普及和延伸，计算机网络技术得到了飞速的发展，三网合一目标的实现更会使得人们的工作、学习、生活、娱乐方式发生巨大变化。目前，我国十分重视计算机网络基础设施的建设，在未来的信息化社会中，掌握必要的计算机网络知识，学会通过计算机网络与人交流、获取有用信息，是对新一代大学生的基本要求。本章主要介绍计算机网络的基础知识、主流应用和信息安全。

8.1 计算机网络概述

8.1.1 计算机网络的定义

随着信息技术的发展，人们对信息处理的要求也越来越高，单一计算机的工作模式已经不能满足信息处理和交流的需要，于是人们将功能相对独立的多台计算机连接起来协同工作，形成了一个功能更加强大的多计算机系统，这实际就是计算机网络的雏形。

那么，什么是计算机网络？目前没有一个非常严格的定义。但针对网络的实际应用情况，可以给出计算机网络如下定义：所谓计算机网络，就是利用通信设备和通信介质（有线或者无线）将地理位置不同的、功能独立的多个计算机（或其他智能设备）互连起来，通过功能完善的网络软件（即网络通信协议、信息交换方式和网络操作系统等）实现网络资源共享和信息传递的系统。

需要强调的是，计算机网络不能理解成多台计算机之间的简单连接，重要的是它们互连之后，彼此之间能够进行信息交换、资源共享和协同工作。

8.1.2 计算机网络的组成

从计算机网络的定义不难看出，计算机网络系统必须具备以下 3 个要素：

（1）至少有两台具有独立操作系统的计算机，且相互间有共享的资源；

（2）两台（或多台）计算机之间要有通信手段将其互联。可以是诸如双绞线、同轴电缆、光纤等有线媒体，也可以是微波、卫星等无线媒体；

（3）网络通信协议。计算机网络是一个非常复杂的数据通信系统，由于连网的计算机类型、操作系统、信息表示方法等都存在差异，要保证它们之间正确地通信就必须要遵循一些共同的规则和约定，例如数据如何表示、发生错误如何处理等，这些规则、约定称为通信协议，简称协议（Protocol）。目前，全球最大的计算机网络——Internet（国际互联网）采用的是 TCP/IP。

8.1.3 计算机网络的功能

为何要建立计算机网络呢？换句话说，组建一个计算机网络能带来哪些好处？下面通过介绍计算机网络的一些主要功能来加以说明。

（1）数据通信

数据通信是计算机网络最基本的功能，也是实现其他功能的基础，是指分散在不同部门、不同单位甚至不同国家或地区的计算机之间互相传送数据。例如收发电子邮件、网上聊天、拨打 IP 等。

（2）资源共享

这是计算机网络最具吸引力的功能。从理论上说，只要允许，用户可以共享网络中的各种资源（包括网络中的各种硬件、软件和数据资源），而不必考虑资源所在的地理位置。如浏览和下载远程 Web 网站上的信息资源等。

（3）分布式信息处理

有了计算机网络，许多大型复杂的信息处理任务就可以借助于分散在网络中的多台计算机协同完成，以解决单台计算机无法完成的任务，正所谓“众人拾柴火焰高”。如大型软件系统的开发、多人网络游戏、云计算等。

（4）提高计算机系统的可靠性和可用性

网络中的计算机可以互为后备，一旦某台计算机出了故障，其任务可由网络中的其他计算机取代，提高了系统的可靠性；当网络中某些计算机负荷过重时，网络可将一部分任务分配给比较空闲的计算机去完成，提高了系统的可用性。

8.1.4 计算机网络的分类

计算机网络有多种不同的类型，分类的方法也很多。例如，按使用的传输介质可分为有线网和无线网；按网络的使用性质可分为公用网和专用网；按网络的使用范围和对象可分为企业网、政府网、金融网和校园网等；按使用的协议可分为 TCP/IP 网、ATM 网、IPX 网等。更多的情况下，人们按网络所覆盖的地域范围把计算机网络分为如下 3 种。

（1）局域网（Local Area Network，简称 LAN），使用专用的高速通信线路把若干台（数目有限）计算机相互连接成网，地域上局限在较小的范围（如几公里），一般是一幢楼房、一个楼群、一个单位或一个小区。

（2）广域网（Wide Area Network，简称 WAN），把相距遥远的许多局域网和计算机用户互相连接在一起，它的作用范围通常可以从几十公里到几千公里，甚至更大的范围。

（3）城域网（Metropolitan Area Network，简称 MAN），其作用范围介于广域网和局域网之间，例如是一个城市。城域网的数据传输速率也相当高，其作用距离为 5～50 km。城域网是网络运营商（如电信和广电）在城市范围内组建的一种高速（宽带）网络，用于把城市范围内大量的局域网和个人终端高速接入因特网，并提供语音、数据、图像、视频等多种增值信息服务。

8.2 计算机网络基础知识

8.2.1 数据通信基础

计算机网络的本质是互连各方的信息传递和交流，连接只是其外部形式。从广义上讲，用任何方法、通过任何媒体将信息从一个地方传递到另一个地方均可称为通信。本节所讲的数据通信特指现代通信，即使用电波或光波传递信息的技术，如电话、电报、广播、电视和互联网等。

1. 通信系统的简单模型

通信的基本任务是传递信息，一个完整的信息传递过程至少包括3个要素：信息的发送者（称为信源）和接收者（称为信宿）、携带信息的电（或光）信号、信息的传输通道（称为信道）。最简单的通信系统模型如图8-1所示。

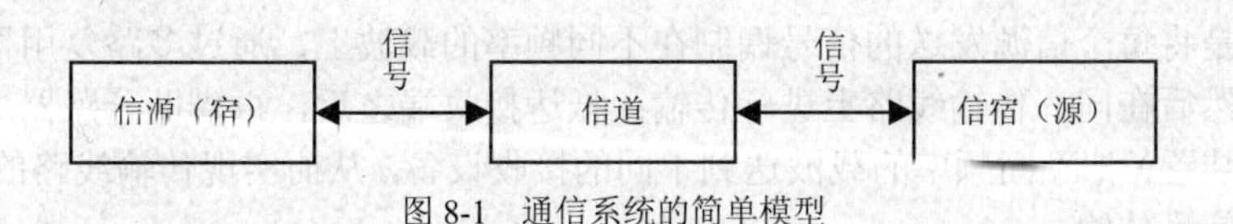

图8-1 通信系统的简单模型

现代通信的特征主要表现为电信，即被传输的信号必须以某种电（或光）信号的形式才能通过传输介质进行传输。电（或光）信号有两种形式：模拟信号和数字信号。模拟信号是指用连续变化的物理量表示的信息，如人的声音；数字信号是指用离散的物理量表示的信息，如电报机、传真机和计算机发出的信号，如图8-2所示。

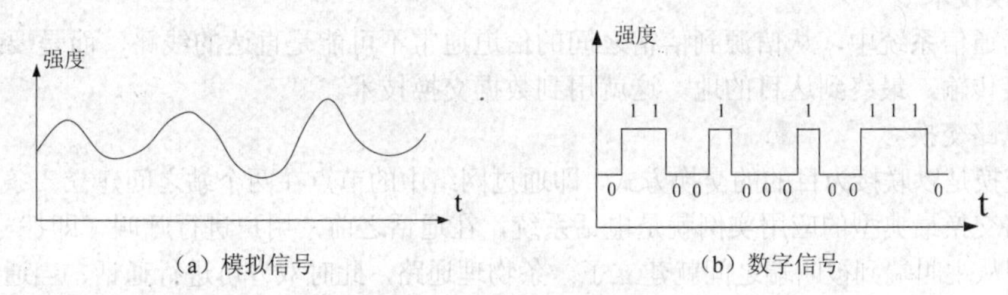

图8-2 模拟信号与数字信号

早期的数据通信以模拟信号传输为主，但模拟信号在传输过程中容易受到干扰，传输质量不高。随着数字技术的发展，加之数字信号有抗干扰能力强、传输质量高、便于计算机处理等优点，目前已经越来越多地把模拟信号转换成数字信号再进行传输（或信源发出的本身就是数字信号），这种通信传输技术称为数字通信。

移动电话、数字有线电视（或卫星电视）和固定电话中继通信（及长途通信）都是将信源发出的模拟信号转换成数字信号进行传输的例子。

2. 调制与解调技术

数据信号分为模拟信号和数字信号，信道分成模拟信道和数字信道，这样数据传输形式就会有以下4种：模拟信号在模拟信道上传输，模拟信号在数字信道上传输，数字信号在模拟信道中传输，数字信号在数字信道中传输。

当传输的信号和信道不匹配时，就需要一个变换器进行数字信号到模拟信号的转换，这个变换器称作调制解调器，英文为MODEM。调制解调器包括调制器和解调器，其主要作用是波形变换，将数字信号的波形变换成适合于模拟信道传输的波形的过程叫作“调制”，将模拟信号转换恢复成原来的数字信号的过程叫作“解调”。

需要指出的是，数据通信是个比较复杂的过程，在实际应用中，调制是用要传输的信源数字信号去调整（改变）一种称之为“载波”的高频振荡正弦波信号某些参数（如幅度、频率、相位），相当于把要运输的货物装上了车。经过调制后的载波携带信源信号可在信道中进行长距离传输，到达目的地之后，接收方再通过调制解调器把传过来的信号进行反向转换（解调），检测恢复为原始信号，相当于把运过来的货物卸下了车。

3．多路复用技术

由于通信工程中用于通信线路架设的费用相当高，而一条传输线路的容量通常又远远超过传输单一用户信号所需的带宽。为了提高传输线路的利用率，降低通信成本，有必要在一条物理线路上建立多个通信信道，让多路信号同时共用一条传输线路进行传输，这就是多路复用技术。

多路复用技术一般可分为频分多路复用（FDM）、时分多路复用（TDM）和波分多路复用（WDM）等。

- FDM 是将每个信源发送的信号调制在不同频率的载波上，通过多路复用器将它们复合成为一个信号，然后在同一传输线路上进行传输；抵达接收端之后，再借助分路器（比如收音机或电视机的调谐装置）把不同频率的载波送到不同的接收设备，从而实现传输线路的复用。FDM 比较适用于模拟信号传输。
- TDM 以信道传输时间作为分割对象，通过对多个信道分配互不重叠的时间片的方法来实现多路复用时，分多路复用更适用于数字信号的传输。
- WDM 针对光纤通信，指在一根光纤中同时传输几种不同波长的光波，到达接收端后，通过分波器将它们分开，分别送到相应的光电检测器中，恢复出原始的信号。

4．交换技术

在数据通信系统中，从信源到信宿之间的信道通常不可能是直达的线路，而是要通过许多中间节点转接传输，最终到达目的地。这就用到数据交换技术。

（1）电路交换

电路交换是以联接为目的的交换方式，即通过网络中的节点在两个站之间建立一条专用的通信线路。电路交换最典型的应用实例就是电话系统，在通话之前，用户进行呼叫（即拨号），如果呼叫成功，则从主叫端到被叫端之间就建立了一条物理通路，此时双方可进行通话，当通话结束挂机后，所建立的物理通路即自动拆除。可见，电路交换包括线路建立、数据传送和线路拆除 3 个阶段。电路交换适用于实时传输，但在通话的全部时间内用户始终占用传输信道，线路利用率不高。

（2）分组交换

分组交换也称包交换，是将用户要传送的数据划分成适当长度的小块，并为每块数据附加上收发双方地址、编号、校验等附加信息（称为“头部”），组成一个一个所谓的“包”（Packet，也称为“分组”）（图 8-3），然后以包为单位进行数据传输，如图 8-3 所示。

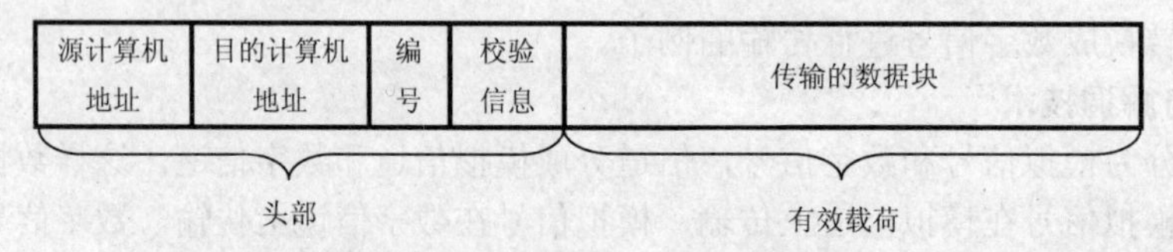

图 8-3　分组交换中数据包格式

分组交换技术是根据计算机通信对传输数据的实时性要求不高但具有突发性的特点提出来的一种交换技术。“交换”从通信资源分配角度来看，就是按照某种方式动态地分配传输线路的资源。以分组交换方式传输时，所需传送的数据首先被分成“包”，再由分组交换机进行存储并动态转发，直至到达目的地。当全部的包都到达目的计算机之后，再由目的计算机剥去头部，按编号顺序重新合并为原来的数据。

分组交换和存储转发技术，使得传输线路利用率大大提高，加之数据包长度比较小，又包含有校验信息，很容易发现传输过程中的错误，使数据通信更加可靠。当然，分组交换技术也有一些缺点，如包在交换机中转发时会有一定的时延，包中增加的头部信息带来额外的开销，交换机导致的成本增大等。

8.2.2 计算机网络通信协议与体系结构

1. 网络通信协议

由计算机网络组成可以看出，一个完整的计算机网络不仅包含有形的计算机等网络设备、连接网络设备的通信介质，还包含无形的各个网络设备之间进行交流和沟通的语言——通信协议。网络上的计算机相互之间要想正确通信都离不开这些标准协议。

由于连接在网络上的计算机等设备型号各异，如同世界上各个国家的人们使用不同的语言一样，不同的语言形成了沟通的障碍。因此，只有使用大家公认的标准语言才能方便交流，TCP/IP 就是其中一种标准语言。

2. 网络体系结构

有了标准语言，网络中的计算机还要高度“协调”才能很好完成通信任务，而“协调”是相当复杂的。为了解决、协调计算机网络传输中的复杂问题，采取的办法是“分而治之”，即将计算机网络中复杂的网络互联问题划分为若干个较小的、单一的问题，并在不同层上予以解决。计算机网络的体系结构就是对计算机网络及其部件所应完成的功能的精确定义。

国际标准化组织（ISO）于 1983 年提出的一种开放的网络体系——开放系统互联基本参考模型（OSI/RM）就是一种经典的网络体系结构。但 OSI 模型过于复杂和详细，并未形成网络市场的产品标准，只是提供了一个概念和功能上的框架。

8.2.3 计算机网络传输介质

网络传输介质是连接网络中各设备节点并进行数据传输的实体。目前常见的有线网络传输介质有：双绞线、同轴电缆和光纤等。

1. 双绞线

双绞线是将一对互相绝缘的金属导线相互扭绕而成，双绞线由此得名。缠绕的目的是降低信号干扰程度，每一根导线在传输中辐射的电波会被另一根线上发出的电波抵消。

双绞线一般由两根 22-26 号绝缘铜导线相互缠绕而成，实际使用时，双绞线是由多对双绞线（典型的有 4 对）一起包在一个绝缘电缆套管里的。

双绞线分为屏蔽双绞线（STP）和非屏蔽双绞线（UTP），如图 8-4 所示。屏蔽双绞线在电缆与外层绝缘封套之间有一个铝铂金属屏蔽层，可减小辐射，但并不能完全消除辐射，屏蔽双绞线价格相对较高，安装时要比非屏蔽双绞线电缆困难；非屏蔽双绞线的价格低廉，性能对普通企业局域网来说影响不大，因此，计算机局域网中广泛使用的是超 5 类非屏蔽双绞线。

双绞线一般用于星型网的布线连接，两端安装有 RJ-45 接头（水晶头），如图 8-5 所示，可用于连接网卡与交换机，网线最大长度为 100 米。

（a）屏蔽双绞线

（b）非屏蔽双绞线

图 8-4 双绞线

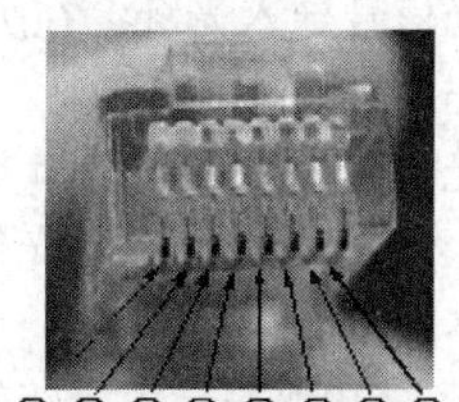

图 8-5 RJ-45 水晶头

提示 双绞线的 8 根电缆线中只有 4 根是传输数据的（其中 1 对应 2、3 对应 6），其余 4 根用来屏蔽干扰或备用。

8 根线的线序有两种标准 568B 和 568A：

- 568B 排序方式为：橙白、橙、绿白、蓝、蓝白、绿、棕白、棕；
- 568A 排序方式为：绿白，绿，橙白，蓝，蓝白，橙，棕白，棕。如图 8-6 所示。

具体连线方式有直连线和交叉线两种。交叉线一端使用 568B 标准，另一端使用 568A 标准，主要用于同类型设备两端的连接；直连线一般两端均使用 568B 标准，主要用于不同类型设备两端的连接。

2．同轴电缆

同轴电缆由一根空心的圆柱导体和一根位于中心轴线的内导线组成，内导线和圆柱导体及圆柱导体与外界之间用绝缘材料隔开（如图 8-7 所示）。

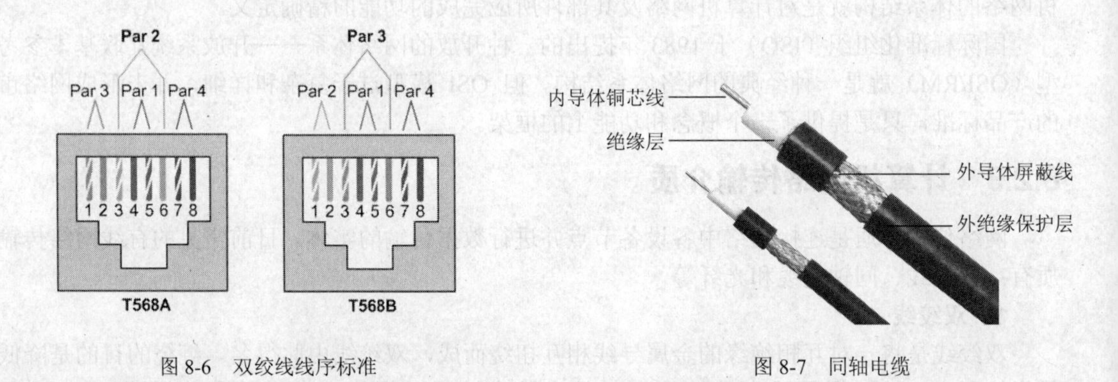

图 8-6 双绞线线序标准

图 8-7 同轴电缆

根据传输频带的不同，可分为基带同轴电缆和宽带同轴电缆。

- 基带同轴电缆：一条电缆只用于一个信道，阻抗为 50Ω，用于数字信号传输，主要在计算机局域网中使用，与双绞线相比，抗干扰能力强。
- 宽带同轴电缆：一条电缆同时传输不同频率的多路模拟信号，阻抗为 75Ω，用于模拟信号传输，主要在有线电视传输系统中使用。

3．光纤

光纤是由一组光导纤维组成的用来传播光束的细小而柔韧的传输介质。与前面两种传输介质不同的是，光纤传播的不是电信号而是光信号。应用光学原理，由光发送机将电信号变为光信号，再把光信号导入光纤；在另一端则由光接收机接收光纤上传来的光信号，并把它变为电信号后，经解码后再处理。

光纤分为单模光纤和多模光纤两类（所谓“模”是指以一定角度进入光纤的一束光）。

- 单模光纤：由激光作光源，仅有一条光通路。单模光纤传输频带宽、容量大、传输距离长，但成本较高。
- 多模光纤：由二级管作光源，有多条不同入射角度的光线在一条光路中传输。多模光纤的纤芯线粗、传输速度低、传输距离短，但成本较低。

与双绞线和同轴电缆相比，光纤除了具有通信容量大和传输距离远的优点之外，由于是绝缘体，不会受到电磁感应影响，抗核辐射能力也强。光缆几乎可以做到不漏光，因此保密性强。目前，光纤已经广泛用于计算机主干网建设。随着网络应用的多媒体化，人们对于网络速度的要求将越来越高，光纤通信必将成为未来高速网络的基础平台。图 8-8 所示的是光纤结构图。

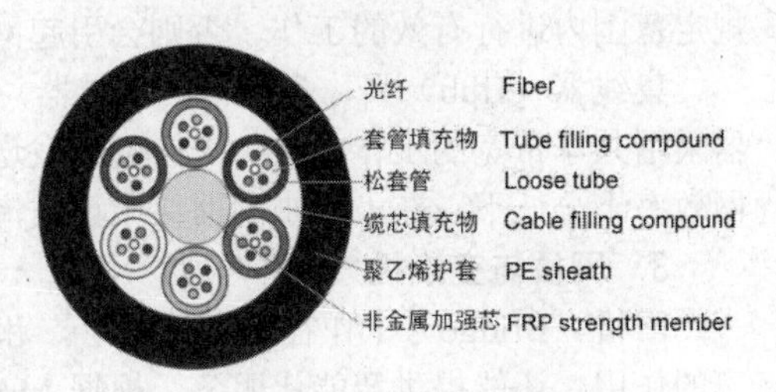

图 8-8 光纤结构示意图

4. 无线介质

无线通信是指在两个通信设备之间不使用任何物理连接，而是通过空间传输信息的一种技术。无线传输介质主要有卫星、无线电、微波、红外线和激光等。随着无线终端设备应用的普及，无线传输以其无需布线、投资少、使用灵活方便等特点成为计算机网络不可缺少的重要组成部分。

8.2.4 计算机网络互连设备

1. 网卡

网络接口卡（NIC，Network Interface Card），简称网卡，又称为网络适配器，是连接计算机和网络的最基本硬件设备。无论使用何种通信介质连接，都必须借助于网卡才能实现数据的通信。如果有必要，一台计算机还可以安装两块或多块网卡。

每块网卡都有一个标识自己身份的编码，它是网卡生产厂家在生产时烧入 ROM 中的，叫作 MAC 地址（物理地址），MAC 地址由 48 位二进制数组成，且保证全球唯一。

网卡的主要任务是负责数据的发送和接收。当需要发送数据时，网卡会把数据分解为适当大小的数据包、再附加上源/目的计算机的 MAC 地址及校验信息后组成“帧”，然后将数据帧依次发送出去；同时，网卡还不断检测网络上有无发给本机的数据帧，如果有，则把数据帧接收下来，从帧中提取出数据并检验无误后交给 CPU 进行处理。

不同类型的网络传输的数据帧格式各不相同，所使用的网卡类型也不一样。目前使用最多的是以太网网卡（如图 8-9 所示）。

2. 中继器与集线器

中继器（Repeater）是网络物理层上面的连接设备，只适用于完全相同的两类网络互连。中继器是最简单的网络互连设备，主要负责在两个节点的物理层上按位传递信息，完成信号的复制、调整和放大功能，以此来延长网络传输的距离，如图 8-10 所示。

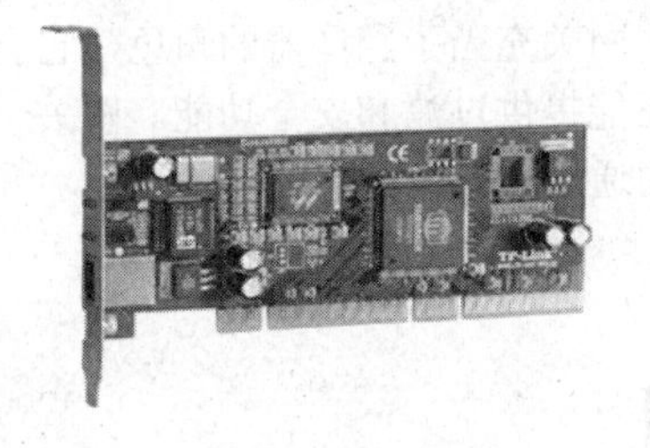

图 8-9 以太网网卡

（a）端口类型：RJ-45

（b）端口类型：光纤

图 8-10 中继器

由于存在损耗，在线路上传输的信号功率会逐渐衰减，衰减到一定程度时将造成信号失真，进而会导致接收错误。中继器就是为解决这一问题而设计的。它完成物理线路的连接，对衰减的信号进行放大，保持与原数据相同。从理论上讲中继器的使用是无限的，网络也因此可以无限延长。事实上这是不可能的，因为网络标准中对信号的延迟范围作了具体的规定，中继器只能在此规定范围内进行有效的工作，否则会引起网络故障。

集线器（Hub）又称多端口的中继器，其本质就是中继器，也属于物理层的连接设备。集线器采用共享带宽的工作方式，一个端口发送的数据会广播给其他所有端口。使用集线器搭建局域网效率十分低下，在大、小型网络中已被淘汰。

3．网桥与交换机

网桥（Bridge）工作在数据链路层，和中继器不同，网桥不仅有转发数据信号、扩展网络距离的作用，还能提供智能化服务，根据 MAC 地址来转发帧，即根据数据帧的目的地址处于哪一网段来进行转发和过滤，使本地通信限制在本网段内，也可转发相应的信号至另一网段。

交换机（Switch）和网桥属于同一类设备，它也工作在数据链路层，但交换机的端口数多，并且交换速度快，因此交换机可看作是多端口的高速网桥。交换机具有数据交换的功能，它可以为接入交换机的任意两个网络节点提供独享的电信号通路，最常见的交换机是以太网交换机（如图 8-11 所示），其他常见的还有电话语音交换机、光纤交换机等。

4．路由器

路由器（Router）是一种多端口的网络设备（如图 8-12 所示），它能够连接多个不同网络或网段，并能将不同网络或网段之间的数据信息经过路由寻找一条最佳传输路径，最终将该数据有效地传送到目的站点。

从计算机网络模型角度来看，路由器工作在 OSI 的第 3 层（网络层）。作为异构网络之间互相连接的枢纽，路由器系统构成了基于 TCP/IP 的国际互联网络（Internet）的主体脉络，也可以说，路由器构成了 Internet 的骨架。

图 8-11　以太网交换机

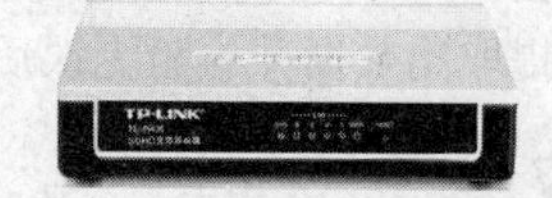

图 8-12　路由器

5．网关

网关（Gateway）又称网间连接器、协议转换器。当连接不同类型而协议差别又比较大的网络时，可选用网关设备。网关工作在 OSI 模型的传输层上实现网络互连，是最复杂的网络互连设备，既可以用于广域网，又可以用于局域网。

从本质上说，网关就是一个网络连接到另一个网络的“关口”，面对不同通信协议、数据格式或语言甚至体系结构完全不同的两种类型网络间的通信，网关充当了翻译器的角色，它会对收到的信息重新打包，以适应目的计算机的需求，同时网关还能提供过滤和安全功能。网关一般是一种软件产品，目前已成为网络上每个用户访问大型主机的通用工具。

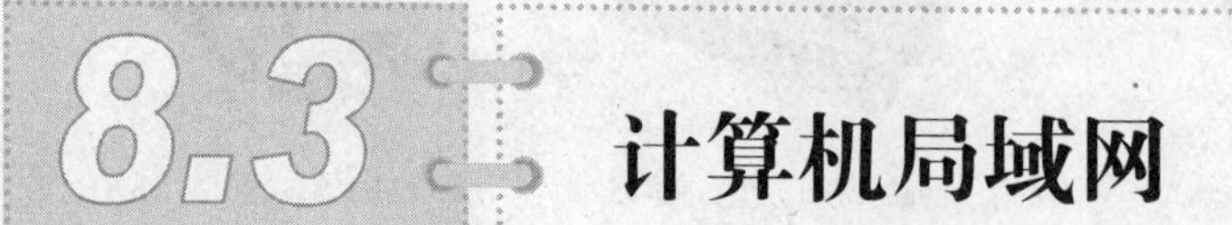

8.3 计算机局域网

8.3.1 计算机局域网的特点与组成

局域网（LAN）指较小地域范围（1km 或几 km）内的计算机网络，一般是一幢建筑物内或一个单位几幢建筑物内连成的计算机网络。局域网常见于公司、学校、政府机构，是计算机网络中最流行的一种形式，它的主要特点有以下几个方面。

- 地域范围小：局域网一般为一个单位所建，用于内部联网，其地理范围虽说没有严格定义，但一般认为距离为 0.1~25km。
- 数据传输速率高：10Mbit/s~10Gbit/s。
- 传输延时小：一般在几毫秒到几十毫秒之间。
- 误码率低：10^{-8}~10^{-11}。
- 支持多种传输介质：局域网可以根据网络性能的需要，选取价格低廉的双绞线、同轴电缆，或选用价格较贵的光纤以及无线传输介质。

计算机局域网的逻辑组成如图 8-13 所示。它包括网络服务器、网络工作站、传输介质、网络接口卡、网络打印机及网络互连设备（如交换机、集线器）等。

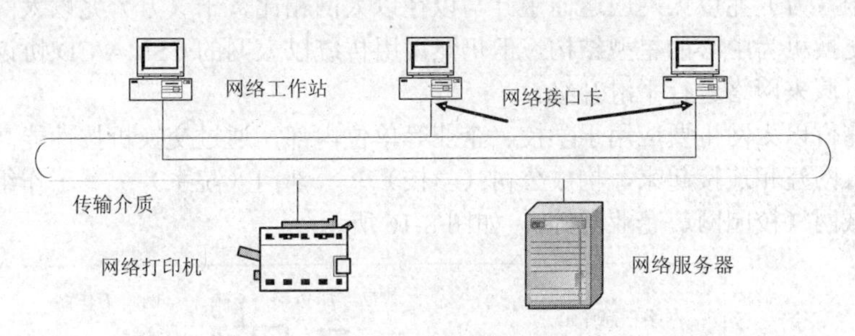

图 8-13 计算机局域网的逻辑组成

8.3.2 常用计算机局域网

局域网有多种不同的类型，分类方法也有多种。按照它所使用的传输介质，可分为有线网和无线网；按照网络中各种设备互连的拓扑结构，可以分为星型网、环型网、总线网和混合网等；按照传输介质所使用的访问控制方法，可以分为以太网（Ethernet）、FDDI 网和令牌网等。不同类型的局域网采用不同的 MAC 地址格式和数据帧格式，使用不同的网卡和协议。下面介绍几种常用的计算机局域网。

1．共享式以太网

共享式以太网是最早使用的一种以太局域网，网络中的所有节点都通过以太网卡连接到一条公用传输线（称为总线）上，借助于该总线实现计算机之间的通信（如图 8-14 所示）。

实际使用中，共享式以太网大多数以集线器（Hub）为中心构成。网络中每一个节点通过网卡和网线（一般是 5 类或超 5 类双绞线，UTP）连接到集线器上，其拓扑结构是总线型的。在同一时间内，它只支持一对节点进行通信，其他节点处于等待状态，所有节点共享总线的带宽。因此，当网络通信频繁时，网络性能会急剧下降。

2．交换式以太网

交换式以太网是以交换机为中心构成的，所有节点通过连接到交换机上进行相互通信（如图 8-15 所示）。交换式以太网是一种星型拓扑结构，与共享式以太网不同的是，交换机的一个端口在收到数据帧后，直接按该帧的目的 MAC 地址进行转发（单播），而且它还支持多对节点互相之间同时进行通信，连接在交换机的每个节点各自独享一定的带宽。

总线式以太网和交换式以太网使用的网卡是一样的。

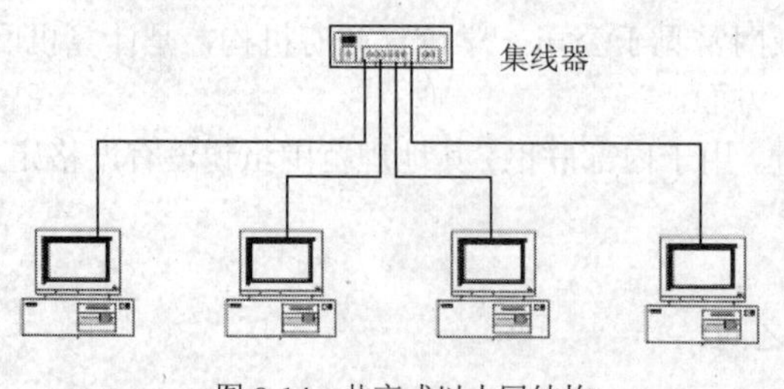

图 8-14 共享式以太网结构

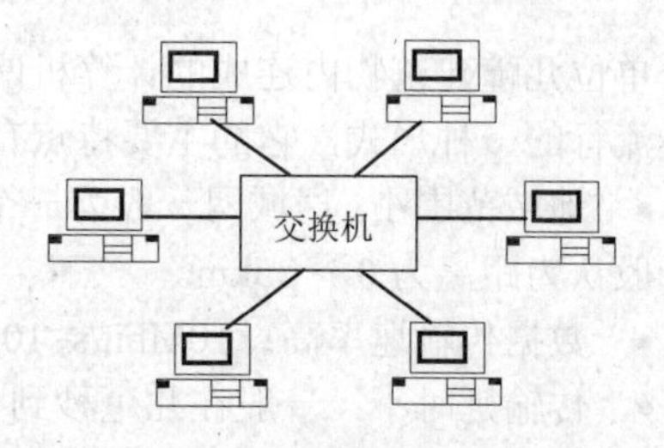

图 8-15 交换式以太网结构

3. 千（万）兆位以太网

千（万）兆位以太网是一种新型高速局域网，它可以提供高达 1Gbit/s 的通信带宽。由于多媒体通信和视频技术的广泛应用以及构建大型局域网主干网络的需求，人们不得不寻求更高带宽的局域网，于是千（万）兆以太网应运而生。与以往以太网相比，千（万）兆以太网以光纤为传输介质，采用以交换机为中心的星型结构，但仍然采用传统以太网的 CSMA/CD 协议、帧格式、帧长，这样可以对原来网络进行平滑升级。

千（万）兆位以太网主要应用于学校、企业等单位内部，通过交换机按性能高低以树状方式将许多小型以太网互相连接起来，构成公司（学校）——部门（院系）——工作组（科室）的多层次的以太局域网（校园网、企业网等），如图 8-16 所示。

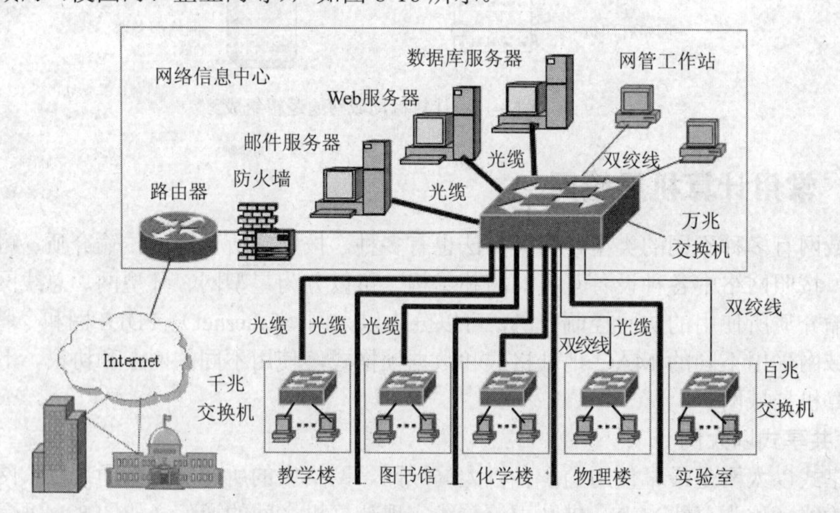

图 8-16 万兆位多层次以太网

4. 无线局域网

无线局域网（Wireless Local Area Network，WLAN）利用电磁波在空气中发送和接收数据，无需有线介质，能提供有线局域网的所有功能，同时还能方便地移动节点的位置或改变网络的组成。

WLAN 所使用的无线电波主要是 2.4GHz 和 5.8GHz 两个频段，不会对人体健康造成伤害。使用扩频方式通信时，具有抗干扰、抗噪声、抗信号衰减能力，提高了通信安全性能。

WLAN 采用的协议主要有 IEEE802.11（俗称 Wi-Fi）及蓝牙（Bluetooth）等标准。在 IEEE 802.11 中，最早的 802.11b（2.4GHz 频段）采用跳频扩频技术，传输速率可根据环境而调整，最高可达 11Mbit/s，能满足一般的使用要求；随后的 802.11a（5.8GHz 频段）和 802.11g（2.4GHz 频段）的传输速度均可达到 54Mbit/s，能满足传输语音、数据、图像等业务需要；近年推出的 802.11n 协议，更是将传输速度提高到108Mbit/s甚至更高；目前已有300Mbit/s～600Mbit/s的高速无线局域网产品问世。蓝牙是一种短距离、低速率、低成本的无线通信标准，蓝牙技术最早由瑞典爱立信公司提出，后来IEEE将它作为个人无线区域网协议（802.15）的基础。目前，蓝牙技术广泛应用于笔记本电脑、PDA、手机等智能终端设备之中，可方便构建一个操作空间在几米范围之内的无线个人区域网络（WPAN）。

WLAN通过无线网卡、无线集线器等设备组建局域网，其配置和维护较为容易，有很好的灵活性。但相比有线网络，其传输速度较慢、容易受到外界干扰、安全性和保密性也相对较差，目前它还不能完全脱离有线网络，但可作为有线网络的补充和延伸。

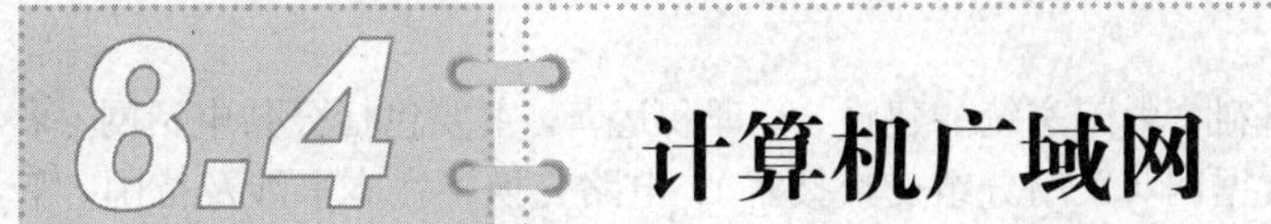

8.4 计算机广域网

8.4.1 广域网的基本概念

广域网（WAN）也称远程网，通常是指跨越很大地域范围（从几十公里到几千公里），包含大量计算机，利用数字通信线路把许多LAN和计算机互相连在一起并提供远距离通信的网络。其典型的代表就是Internet，它是全球最大的、开放的、由众多网络相互连接而成的特定计算机广域网。

广域网的名字是针对局域网而言的，其覆盖范围比局域网和城域网都广，但数据传输速率相对较低、信号延迟也比局域网大得多。从体系结构上看，WAN主要采用TCP/IP体系结构，主要层次涉及网络互联层、传输层和应用层3层；而LAN的主要层次是网络接口和硬件层。

广域网由许多节点交换机以及连接这些交换机的链路组成，这些链路一般采用光纤线路或点对点的卫星链路等高速链路，距离没有限制。节点交换机的交换方式是分组交换和存储转发。

WAN分为由机构（如政府、教育部等）自行构建用于处理特定事务的专用广域网；由因特网服务提供商（Internet Service Provider ，ISP）（如电信局）构建的用于为社会公众提供数据通信服务的营运性的公用数据网（Public Service Data Network，PSDN）；由移动通信运营商构建的无线广域网（如GSM和GPRS等）。

1. 专用广域网

政府网、军事网和教育网等专用网络一般都使用ISP提供的传输线路和网络设备构建而成。其构建方法有以下几种。

（1）电话线连接

通过电话线连接远程计算机特别适合于家庭用户、企事业单位的外地分支机构和在外出差人员。由于电话网的用户线部分只适合传输音频模拟信号，故计算机与电话网连接必须使用调制解调器（MODEM）把数字信号调制成音频模拟信号进行传输。通信开始时发送节点先进行拨号，电话网中的交换机为收发双方建立一条临时的通信链路，一旦通信结束，通信链路即被拆除。

这种使用公用电话线连接的缺点是线路利用率低，数据传输速度慢，通信质量不稳定，费用较高，所以一般只用来构建WAN的接入网。

除了普通电话网外，也可使用综合业务数字网（Integrated Service Data Network，ISDN）或xDSL等来构建WAN。

（2）专线

为了把地理上分散的LAN连接起来，可以租用ISP的中高速的数字远程通信线路来建立专门的点到点的连接，以实现 7×24 的不间断通信。每条专线连接两个特定的点，其费用取决于线路的容量和跨越的距离。

（3）虚拟专用网

虚拟专用网（Virtual Private Network，VPN）采用隧道技术、加密、身份鉴别等方法，在 ISP 的公用骨干网构建自己的逻辑上的专用网，效果如同租用专线一样。因为整个 VPN 网络节点之间的连接并没有使用专线实现端到端的物理链路，而是架构在公用骨干网所提供的网络平台上的逻辑网络。

目前最常用的 VPN 是构建在 Internet 平台上的 IP VPN，具有节省费用、运行灵活、易于扩展、易于管理等优点，由于采用 IPSec 安全协议对 IP 数据包进行加密和鉴别，信息安全也得到了保证。

2．公用数据网

公用数据网是国家的公用通信基础，由国家统一建设、管理和运营，主要包括公共电话网（采用电路交换技术）和公用分组交换数据网（采用分组交换技术）。电路交换不在本书涉及范围，下面着重讨论一下分组交换技术。

（1）包交换机与存储转发

包交换机是用来实现包交换方式数据传输的专用计算机，它的低速端口与计算机相连，高速端口与其他交换机相连。交换机与交换机之间是远程数字通信线路，包括租用的专线、光纤、微波和卫星频道等。

包交换机的基本工作模式是存储转发，即当交换机收到一个包后，就检查其目的地址，决定应该转到哪个端口进行发送。考虑到经常会有许多包必须在同一端口进行发送，包交换机的每个端口都有一个缓冲区（队列），需要发送的包都存放在该端口的缓冲区队列中，端口每发送完一个包，就从缓冲区队列中提取下一个包进行发送，这就是“存储转发”技术。

（2）存储转发过程

分组交换网中计算机的地址采用分段编址方案，即把一个地址分成两部分：第一部分表示包交换机号，第二部分表示计算机连接到该交换机上的端口号。图 8-17 给出了包交换机上所连计算机的两段式地址，它们用一对整数来表示，例如连接到包交换机 1 的端口 2 上的计算机 A 的地址为[1, 2]。

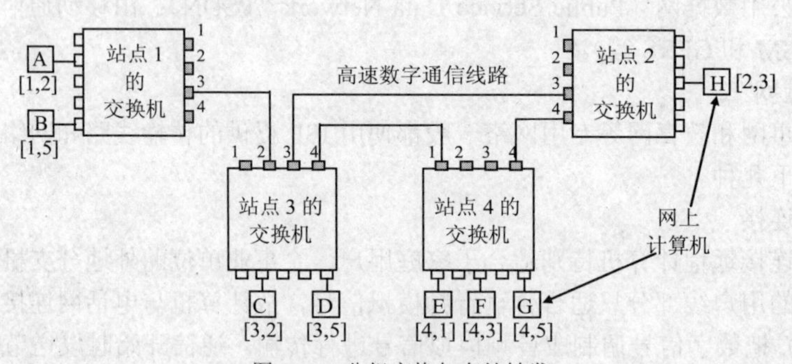

图 8-17 分组交换与存储转发

发送数据的节点将包发给包交换机后，交换机每收到一个包，就必须选择一个端口来转发这个包。如果数据包的目的地是直接与之相连的一个节点，包交换机就将包直接发给该节点；如果包的目的地不是本包交换机上的节点，就应通过连接该交换机的高速端口转发给别一台交换机。为此，每一台交换机都必须有一张表，用来指出发送给哪台目的节点的包以及应该从哪个端口转发出去，该表称为“路由表”（严格来说应叫“转发表”）。

为使包交换网能正确运行，网络中的所有交换机都必须有一张路由表。表中应有完整的路由，即必须包含到达所有可能目的地的下一站交换机位置，而且下一站交换机的位置必须是指向目的地的最短路径。

3．无线广域网

无线广域网（WWAN，Wireless Wide Area Network）是指覆盖全国乃至全球范围的无线网络，提供更大范围内的无线接入。典型的 WWAN 例子就是 GSM 移动通信系统和卫星通信系统。随着智能手机等智能终端设备的普及，WWAN 的应用前景极为广阔。

目前全球的无线广域网技术分别是 GSM 和 CDMA，就是通常所说的 G 网和 C 网。这两大技术已逐步向 3G 过渡，从我国发展情况看，3G 标准主要有中国联通的 WCDMA、中国电信的 CDMA2000 以及中国移动的 TD-SCDMA。但是 3G 技术仍然无法提供类似于 WLAN 的宽带接入，无法满足多媒体应用的需求，不过其移动通信的优势对于手机用户仍然具有一定的吸引力。而未来 4G 移动通信标准的成熟和应用更是为 WWAN 描绘了一幅美好愿景。

8.4.2 TCP/IP

TCP/IP（Transfer Control Protocol / Internet Protocol，传输控制协议/网际协议）使用范围极广，是目前异种网络通信使用的唯一协议体系，适用于连接多种机型的网络，既可用于局域网，又可用于广域网，许多厂商的计算机操作系统和网络操作系统产品都采用或含有 TCP/IP。TCP/IP 已成为目前事实上的国际标准和工业标准。

TCP/IP 是个协议系列，包含了 100 多个协议，TCP 和 IP 是其中最重要的、最基本的协议，因此，通常用 TCP/IP 来代表整个协议系列。TCP/IP 标准将计算机网络中的通信问题分为 4 个层次，自下而上依次是：网络接口和硬件层、网络互连层、传输层和应用层，每一层都有若干协议支持该层的功能，如图 8-18 所示。

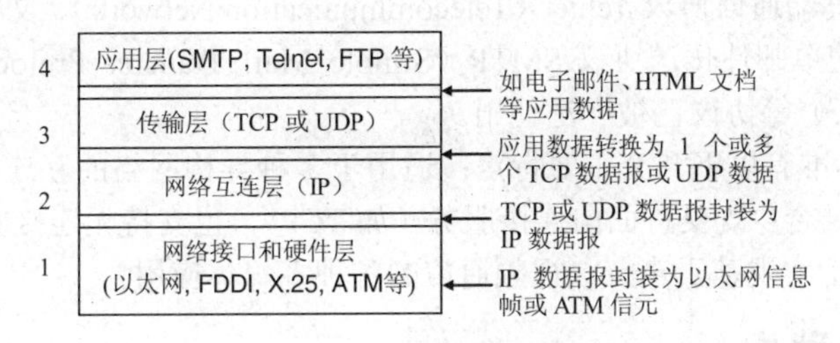

图 8-18 TCP/IP 分层结构

（1）网络接口和硬件层

该层面向物理网络，负责接收数据，并把数据发送到指定网络上。规定了怎样与各种不同的网络进行接口，并负责把 IP 包转换成适合在特定的网络中传输的帧格式。

（2）网络互连层

该层是整个 TCP/IP 体系结构的核心部分，它解决两个不同的计算机之间的通信问题。该层包含 4 个重要的协议：网际协议 IP（Internet Protocol）、互联网控制报文协议 ICMP（Internet Control Message Protocol）、地址解析协议 ARP（Address Resolution Protocol）和反向地址转换协议 RARP（Reverse Address Resolution Protocol）。

- 网际协议 IP：网际协议（IP）提供关于数据应如何传输以及传输到何处的信息。IP 是一种使 TCP/IP 可用于网络连接的协议，即 TCP/IP 可跨越多个局域网段或通过路由器跨越多种类型的网络。IP 协议是一种不可靠的、无连接的协议，即意味着它不保证数据的可靠传输。然而，TCP/IP

族中更高层协议可使用IP信息确保数据包按正确的地址进行传输。

- 互联网控制报文协议ICMP：IP协议控制的传输中有可能出现种种差错和故障，如线路不通、主机断链、超过生存时间、主机或路由器发生拥塞等。互联网控制报文协议ICMP专门用来处理差错报告和控制，它由出错设备向源设备发送出错信息或控制信息，源设备接到该信息后，由ICMP软件确定错误类型或决定重发数据的策略。
- 地址转换协议ARP：网络中的节点是通过MAC地址来确保自己的唯一性，但IP协议控制的传输是以IP地址表示节点的，ARP的任务就是查找与给定IP地址相对应的主机的网络物理地址。
- 反向地址转换协议RARP：RARP协议主要解决网络MAC地址到IP地址的转换。

（3）传输层

该层的功能是使两个网络节点之间可以进行会话，提供端到端的数据传送服务。传输层有两个协议：传输控制协议TCP（Transmission Control Protocol）和用户数据报协议UDP（User Datagram Protocol）。

- 传输控制协议TCP：TCP协议提供可靠的数据传输服务。TCP是一种面向连接的子协议。TCP协议位于IP子协议的上层，通过各种方法弥补IP协议可靠性的缺陷。如果一个应用程序只依靠IP协议发送数据，IP协议将杂乱地发送数据，如不检测目标节点是否断链，或数据是否在发送过程中已被破坏。另一方面，TCP包括了可保证数据可靠性的几个组件。
- 用户数据报协议UDP：不同于TCP协议，UDP是一种无连接的传输服务，该协议只负责向网络中发送数据包，而不保证数据包的接收。然而通过Internet进行实况录音或电视转播，要求迅速发送数据时，UDP的不精确性使得它比TCP协议更加有效、更有用。

（4）应用层

TCP/IP高层协议大致与OSI参考模型的会话层、表示层和应用层对应，它们之间没有严格的层次划分，其中远程终端通信协议Telnet（Telecommunication Network）、文件传送协议FTP（File Transfer Protocol）、简单邮件传送协议SMTP（Simple Mail Transfer Protocol）和域名服务DNS（Domain Name Service）等协议已被广泛使用。

因此，TCP/IP标准有以下几个主要特点：适用于多种异构网络的互连；确保可靠的端-端传输；与操作系统紧密结合；既支持面向连接服务（如TCP），也支持无连接服务（如UDP），两者并重，有利于在网络上实现基于声音、视频通信的各种多媒体应用。

8.4.3 IP地址与路由

1. IP地址

无论是局域网还是公用数据网，往往使用不同的帧（包）格式和编址方案，要将它们互相连成一个统一的网络并相互正确通信，必须解决计算机统一编址、数据包格式转换等一系列问题。承担这一任务的就是TCP/IP系列中的网络互连协议IP和路由器。

TCP/IP标准定义了主机（host）这一概念，它指的是任何连接到网络并运行应用程序的计算机设备。主机可以是PC、手机、平板电脑，也可以是大型机、服务器或其他设备；主机的CPU可快可慢，内存可大可小；主机所连接的网络运行速度可高可低。TCP/IP就如同网络中的世界语言，使得任何一对主机都可以相连并进行数据通信。当然，主机和路由器都需要运行TCP/IP软件。

在由许多网络互连而成的庞大的计算机网络中，为了屏蔽不同物理网络中计算机地址的差异，IP协议规定，所有连网的计算机都必须使用一种统一格式的地址（简称IP地址）。在网络上发送的每个IP数据报中，都必须包含发送方（源）主机的IP地址和接收方（目的）主机的IP地址。

在同一个网络中，一个IP地址唯一标识该网络中的一个节点，也是网络通信中识别传输对象的重要标识。注意，IP 地址和前面所说的 MAC 地址不同，IP 地址只是在物理网络上覆盖一层 IP 软件实现的，并不需要对物理地址做任何修改，它是在网络互连层（及其上两层）使用的计算机地址，下面的物理网络仍然使用它们原有的 MAC 地址。

IP 协议第 4 版（简称 IPv4）规定，每个 IP 地址使用 4 个字节（32 个二进位）表示，其中包含网络号（net-id）和主机号（host-id）两部分。前者用来指明主机所从属的物理网络的编号，后者是主机在物理网络中的编号。网络上的每台主机分配的 IP 地址都是唯一的，即一个 IP 地址不会同时分配给多台计算机使用。

那么网络号和主机号各占几位呢？由于网络中既包含了一些规模很大的物理网络（由百万或千万台主机构成），同时也有许多小型网络（仅几十台或一二百台主机），因此网络号与主机号的划分采取了一种能兼顾大网和小网的折衷方案。这个方案将 IP 地址空间划分为 3 个基本类，每类有不同长度的网络号和主机号，另有两类分别作为组播地址和备用地址。

IP 地址的分类及格式如图 8-19 所示，其中 A 类地址用于拥有大量主机（≤16 777 214）的超大型网络，只有少数一些网络（不超过 126 个）可获得 A 类地址。A 类 IP 地址的特征是其二进制表示的最高位为“0”（首字节小于 128）；B 类 IP 地址的特征是其二进制表示的最高两位为“10”（首字节大于等于 128 但小于 192），适用于规模适中的网络（≤65 534 台主机）；C 类地址用于主机数量不超过 254 台的小型网络，其 IP 地址的特征是二进制表示的最高 3 位为“110”（首字节大于等于 192 但小于 224）。

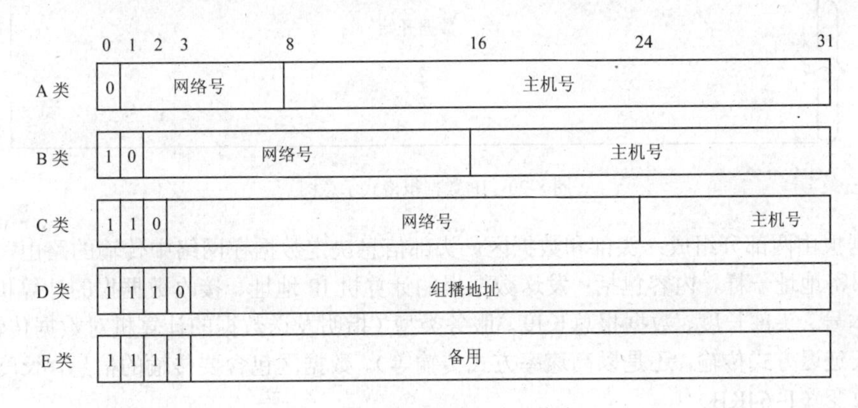

图 8-19 IP 地址的分类及格式

这样一来，每个 IP 地址就由如下部分构成：

IP 地址＝类型号+网络号+主机号

为了便于记忆，通常用 4 个十进制数来表示一个 IP 地址，每个十进制数对应 IP 地址中的一个字节，十进制数之间采用小数点“.”予以分隔，这种方法称为“点十分”法。例如：26.10.35.48 是一个 A 类地址，130.24.35.68 是一个 B 类地址，202.119.23.12 表示一个 C 类地址。

用户的计算机若要连入因特网，必须获得 IP 地址授权机构分配的 IP 地址。实际上授权机构只是分配一个类型号和网络号，组网者再对网内的每一台主机指定一个主机号，从而构成了网络中每一台计算机的 IP 地址。

有一些特殊的 IP 地址从不分配给任何主机使用，例如：主机地址每一位都为“0”的 IP 地址，称为网络地址，用来表示整个一个物理网络，它指的是物理网络本身而非连到该网络上的计算机；主机地址每一位都为“1”的 IP 地址，称为直接广播地址，当一个包被发送到某个物理网络的直接广播地址时，这个包将送达该网络上的每一台主机。

随着互联网用户的迅猛发展，连网的用户也越来越多，这就使得 IP 地址已经不够分配了。为了减少 IP 地址浪费，有必要划分子网，以提高网络的利用率。如何划分子网呢？这就需要使用“子网掩码”。子网掩码是一个 32 位的代码，其中与 IP 地址中网络号对应的位置处的二进位为“1”，与主机号对应位置处的二进位为“0”。这样，给出一个 IP 地址后，只要将子网掩码与 IP 地址进行逻辑乘运算就能得出网络号。

以上介绍的是 IP 协议第 4 版（IPv4）中对于主机地址的规定。新的第 6 版 IP 协议（IPv6）已经把 IP 地址的长度扩展到 128 位，几乎可以不受限制地提供 IP 地址。

2．IP 数据报

IP 地址解决了异构网络的统一编址问题，但是不同物理网络使用的数据包（或帧）格式还可能互不兼容，它们之间不能直接进行数据包的传输。为了克服这种异构性，IP 协议定义了一种独立于各种物理网络的数据包格式，称为 IP 数据报（IP datagram）。如图 8-20 所示。

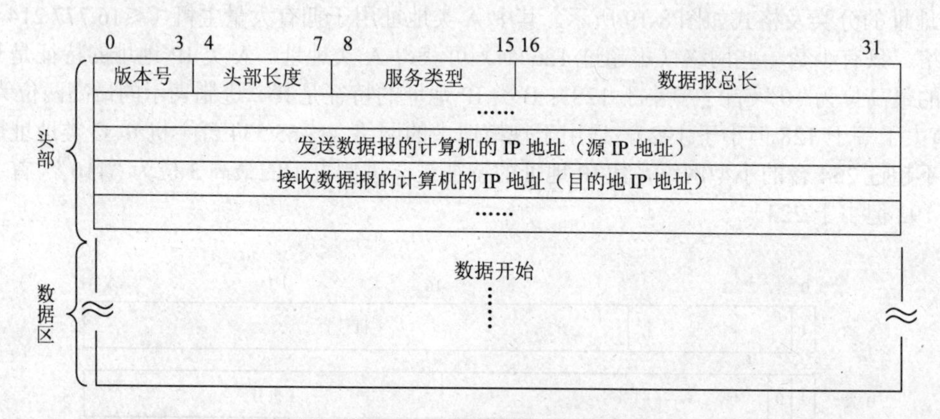

图 8-20 IP 数据报格式示意图

IP 数据报由两部分组成：头部和数据区。头部信息决定数据在网络中传输的路由，就如同邮寄包裹的邮寄地址一样，内容包括：发送数据报的计算机 IP 地址、接收数据报的计算机 IP 地址、IP 协议版本号、头部长度、数据报总长度、服务类型（指明发送数据的计算机对数据传输的要求，如希望以低延迟方式传输，还是以高速率方式传输等）。数据区包含要传输的信息，长度根据数据量大小而改变（1~64KB）。

所有需要在 TCP/IP 网络中传输的数据，在 IP 这一层面，都必须封装或分拆成 IP 数据报之后才能进行传输。在传输 IP 数据报时，网络中的路由器会“尽力而为”，即它会努力地尝试传递每一个 IP 数据报，不过对于其传送数据报的正确性、顺序、传输时间、重复传输或丢失等情况并不予以保证。这些问题依靠 IP 上层的 TCP 协议来解决。

3．路由

路由（Route）就是网络信息从信源到信宿的路径，是指路由器从一个接口收到数据包，根据数据包的目的地址进行定向转发到另一个接口的过程。由此看来，路由器（Router）是连接异构网络的关键设备，其工作主要有两个：一是确定最佳路径（路由选择），二是通过网络传输信息（数据交换）。信息在传输过程中要经过若干个路由器进行接力交换，最终才能到达目的地。

随着技术的进步，路由器的用途和性能也有了很大的变化。现在的路由器不仅用于异构网络的互连，而且还可用来将一个大型网络分割成多个子网络，避免产生广播风暴，平衡网络负载，提高网络传输效率；路由器能监视用户流量，过滤特定 IP 数据报，对保障网络安全也有重要作用；路由器还可以通过提供优先权、预约网络带宽等措施提供一些网络特殊服务。

8.5 Internet 基础

8.5.1 Internet 的定义

1．从网络通信的观点来看

Internet 是一个采用 TCP/IP 把各个国家、各个部门、各种机构的内部网络连接起来的数据通信网。Internet 将许许多多各种各样的网络通过主干网络互联在一起，而不论其网络规模的大小、主机数量的多少、地理位置的异同，这些网络使用相同的通信协议和标准，彼此之间可以通信和交换数据，并且有一套完整的编址和命令系统。这些网络的互联最终构成一个统一的、可以看成是一个整体的“大网络”。通过这种互联，Internet 实现了网络资源的组合，这也是 Internet 的优势所在，并且是其迅速发展的原因。

2．从信息资源的观点来看

Internet 是一个集各个部门、各个领域内各种信息资源为一体的信息资源网。它是一个庞大的、实用的、可共享的、全球性的信息源。Internet 上有着大量的不同种类、不同性质的信息资料库，如学术信息、科技成果、产品数据、图书馆书刊目录、文学作品、新闻、天气预报，以及各种各样不同专题的电子论坛等。

3．从经营管理的观点来看

Internet 是一个开放管理、形式自由的网络集合，网络上的所有用户可以共享信息资源，免费享用大量的软件资源；可以发送或接收电子邮件通信；可以与别人建立联系并互相索取信息；可以在网上发布公告，宣传信息；可以参加各种专题小组讨论。

8.5.2 Internet 的特点

Internet 的中文标准译名为“因特网”或“国际互联网”。注意，Internet 与 internet 是不同的两个概念：Internet 专指全球最大的、开放的、使用 TCP/IP 的、由众多网络互联而成的网络集合体；而 internet 是 interconnect network 的缩写，是泛指性的“互联网”。

多样的入网方式是 Internet 获得高速发展的重要原因，任何计算机只要采用 TCP/IP 与 Internet 中的任何一台主机通信就可以成为 Internet 的一部分。Internet 所采用的 TCP/IP 成功地解决了不同硬件平台、不同网络设备和不同操作系统之间的兼容性问题，标志着网络技术的一个重大进步。因此，无论是大型主机、小型机，还是微机或工作站都可以运行 TCP/IP 并与 Internet 进行通信。

Internet 把网络技术、多媒体技术和超文本技术融为一体，体现了当代多种信息技术互相融合的发展趋势。丰富的信息服务功能和友好的用户接口使 Internet 迅速普及。除了 TCP/IP 所提供的应用程序外，还有许多高级的信息服务和友好的用户界面，如 Gopher、Archie、WAIS 和 WWW 等。这种强大的网络信息服务手段是其他网络难以比拟的。

作为一个互联网络，归结起来，Internet 具有以下的特点：

- 对用户隐藏互联网络的底层结构，这意味着 Internet 用户和应用程序不必了解硬件连接的细节；
- 能通过中间网络收发数据，而不用关心中间网络是否和通信的双方直接相连；

- Internet 上的所有计算机共享一个全局的机器标识符（名字或地址）集合；
- 用户界面独立于网络，即建立通信和传送数据的一系列操作与低层网络技术和计算机无关。

以上的 4 点实际上就是一个通用服务的概念，因此 Internet 就是一个通用服务。

8.5.3 Internet 的历史和发展

20 世纪 70 年代末，Internet 起源于美国国防部高级计划研究局（ARPA）主持研制的实验性军用网络 ARPAnet。研制 ARPAnet 的目的是想把美国各种不同的网络连接起来，建立一个覆盖全国的网络以便于研究发展计划的进行，为各地用户提供计算资源，同时能为计算机系统的用户提供多途径的访问，使计算机系统在核战争以及其他灾害发生时仍能正常运转。当时连接的计算机数量较少，主要供科学家和工程师们进行计算机联网试验。这就是 Internet 的前身，在这个网络的基础上发展了互联网络通信协议的一些最基本的概念。

20 世纪 80 年代初期，TCP/IP 通信协议诞生。1983 年，当 TCP/IP 成为 ARPAnet 上的标准通信协议时，标志着真正的 Internet 出现。

20 世纪 80 年代后期，ARPAnet 解散，与此同时，美国国家科学基金会（NSF）在美国政府的资助下采用 TCP/IP 建立了 NFSnet 网络，它的主要目的就是使用这些计算机和别的科研机构分享研究成果，围绕这个骨干网络随后又发展了一系列新的网络，它们通过骨干网节点相互传递信息。NFSnet 后来成为了 Internet 的骨干网。

20 世纪 90 年代，商业机构的介入成为 Internet 发展的一个重要动力。随着商业机构的介入，Internet 所有权的私有化使得 Internet 开始应用于各种商业活动，成千上万的用户和网络以惊人的速度增长。Internet 的规模迅速扩大，并逐步过度为商业网络。

时至今日，Internet 席卷了全世界几乎所有的国家，并已成为全球规模最大、用户数最多的网络。Internet 已经发展到各个国家的各个行业，发达国家到 2001 年年底，Internet 用户普及率已经超过 90%。Internet 为个人生活与商业活动提供了更为广阔的空间和环境。网络广告、电子商务、电子政务、电子办公已经成为大家所熟悉的名字术语。

8.5.4 Internet 在中国的发展现状

Internet 在中国的发展可分为两个阶段。

第一阶段：1987~1993 年，主要为理论研究与电子邮件服务。

1990 年 4 月，我国启动中关村地区教育与科研示范网（NCFC），1992 年该网络建成，实现了中国科学院与北京大学、清华大学 3 个单位的互连。

第二阶段：1994 年至今，建立国内的计算机网络，并实现了与 Internet 的全功能连接。1994 年 4 月，NCFC 工程通过美国 SPRINT 公司连入 Internet 的 64 KB 国际专线开通，实现了与 Internet 的全功能连接。

1994 年 10 月，CERNET 网络工程启动。1995 年 12 月完成建设任务。CERNET 建成包括全国主干网、地区网和校园网在内的三级层次结构的网络，网络中心位于清华大学，分别在北京、上海、南京、广州、西安、成都、武汉和沈阳 8 个城市设立地区网络中心。目前 CERNET 已连接 800 多所大学和中学，上网人数达千万之多。

除 CERNET 网络外，邮电部（信息产业部）建立了中国公用计算机互联网 CHINANET。国家科委（教育部）等部门建立了中国科技网，电子部建立了中国金桥网。

到目前为止，中国的 Internet 已形成四大骨干网，如表 8-1 所示。

表 8-1 中国四大骨干网

四大骨干网络	所属部门
CSTNET（China Science Technology Network）	中国科学院
CHINANET（China Network）	信息产业部
CERNET（China Education & Research Network）	教育部
CHINAGBN（China Golden Bridge Network）	电子部

1．中国科技网（CSTNET）

中国科技网是在中关村地区教育与科研示范网（NCFC）和中国科学院网（CASnet）的基础上，建设和发展起来的覆盖全国范围的大型计算机网络，是我国最早建设并获得国家正式承认的具有国际出口的中国四大骨干互联网络之一。中国科技网的服务主要包括网络通信服务、信息资源服务、超级计算服务和域名注册服务。中国科技网拥有科学数据库、科技成果、科技管理、技术资料和文献情报等特有的科技信息资源，向国内外用户提供各种科技信息服务。中国科技网的网络中心还受国务院的委托，管理中国互联网信息中心（CNNIC），负责提供中国顶级域“CN”的注册服务。

2．中国教育和科研计算机网（CERNET）

CERNET 是中国第一个覆盖全国的、由国内科技人员自行设计和建设的国家级大型计算机网络。该网络由教育部主管，由清华大学、北京大学、上海交通大学、西安交通大学、东南大学、华中理工大学、华南理工大学、北京邮电大学、东北大学和电子科技大学十所高校承担建设，于 1995 年 11 月建成，全国网络中心设在清华大学，八个地区网点分别设立在北京、上海、南京、西安、广州、武汉、成都和沈阳。CERNET 是为教育、科研和国际学术交流服务的非盈利性网络。

3．中国公用计算机互联网（CHINANET）

中国公用计算机互联网（简称“中国互联网”），是 1995 年 11 月邮电部（信息产业部）委托美国信亚有限公司和中讯亚信公司承建的国家级网络，并于 1996 年 6 月在全国正式开通。邮电部（信息产业部）数据通信局是 CHINANET 直接的经营管理者。CHINANET 是基于 Internet 网络技术的中国公用 Internet 网，是中国具有经营权的 Internet 国际信息出口的互联单位，也是 CNNIC 最重要的成员之一。CHINANET 不同于 CSTNET 和 CERNET，它是面向社会公开开放的、服务于社会公众的大规模的网络基础设施和信息资源的集合，它的基本建设就是要保证可靠的内联外通，即保证大范围的国内用户之间的高质量的互通，进而保证国内用户与国际 Internet 的高质量互通。

4．国家公用经济信息通信网 / 中国金桥网（CHINAGBN）

金桥网以光纤、卫星、微波、无线移动等多种传播方式，形成天、地一体的网络结构，它和传统的数据网、话音网和图像网相结合并与 Internet 相连。根据计划，金桥网将建立一个覆盖全国，与国内其他专用网络相联连接，并与 30 几个省市自治区，500 个中心城市，12000 个大型企业，100 个重要企业集团相联接的国家公用经济信息通信网。

8.5.5 主机地址与域名系统

如前所述，能唯一标识一台 Internet 中的主机地址的是 IP 地址，主机的 IP 地址是用 4 个十进制数字来表示的，它不便于人们记忆、理解和使用，因此更适合的方法是使用具有特定含义的符号来表示 Internet 中的每一台主机，当然，符号名应该与各自的 IP 地址对应。这样，当用户访问网络中的某个主机时，只需按名字访问而无需关心它的十进制数字表示的 IP 地址。

为了避免主机的名字重复，Internet 将所有连网主机的名字空间按层次划分为许多不同的域（Domain），这些域只是一个逻辑结构，而与地理位置无关。Internet 域名由“.”分隔的几组字符串组成，如 jkx.sqc.edu.cn 表示中国（cn）教育科研网（edu）中的宿迁学院校园网（sqc）内的一台计算机（jkx）。每个字符串被称为一个子域。域名从右向左分层，最右部分是顶级域。

一个通用的域名格式为：

主机名．第 n 级子域名……第二级子域名．第一级子域名（顶级域）

这里一般：$2\leqslant n\leqslant 5$

为保证域名系统的通用性，Internet 国际特别委员会（IAHC）规定顶级域为一组标准化符号。如表 8-2 所示。

表 8-2　部分顶级域名

域　名	说　明	域　名	说　明
com	商业组织、公司	net	主要网络支持中心
edu	教育机构	org	组织或机构
gov	政府部门	cn	国家和地区代码，cn 表示中国

由于 Internet 起源于美国，所以美国通常不使用国家代码作为顶级域名，其他国家一般都采用国家代码作为顶级域名。

一台主机通常只有一个 IP 地址，但可以有多个域名（用于不同的目的）。主机从一个物理网络移到另一个网络时，其 IP 地址必须更换，但原来的域名可以保持不变。

把域名翻译成 IP 地址的软件称为域名系统（DNS），安装了域名系统的主机称为域名服务器。从功能上说，域名系统相当于一本电话簿，通过一个已知的姓名就可以查到相应的电话号码，域名解析的过程是一个自动完成查找的过程。一个完整的域名系统应该具有双向查找功能，即既能把域名翻译成 IP 地址，又能根据 IP 地址查找到相应的域名，但是，域名和 IP 地址之间并不是一一对应的关系，而是多对多的关系。

一般来说，每个网络均要设置一个域名服务器，并预先在服务器的数据库中存入所辖网络中所有主机的域名与 IP 地址的对照表，用来实现入网主机名字与 IP 地址的转换。

对应于域名的层次结构，Internet 上的域名服务器也构成一定的层次结构。域名的解析从根节点开始，自顶向下进行。给定一个域名，上一层的域名服务器可以从下一层的域名服务器中找出合适的一个域名服务器来解析该域名。

为了实现域名的查找，还需要域名服务器之间建立许多指针。下面是一个实现将域名翻译成 IP 地址的过程的例子。比如，宿迁学院校园网中一个域名为 jkx.sqc.edu.cn 的主机若要访问英国某个名字叫 para.ulcc.uk 的主机，必须经过下列步骤取得对方主机的 IP 地址（见图 8-21），然后才能通信。

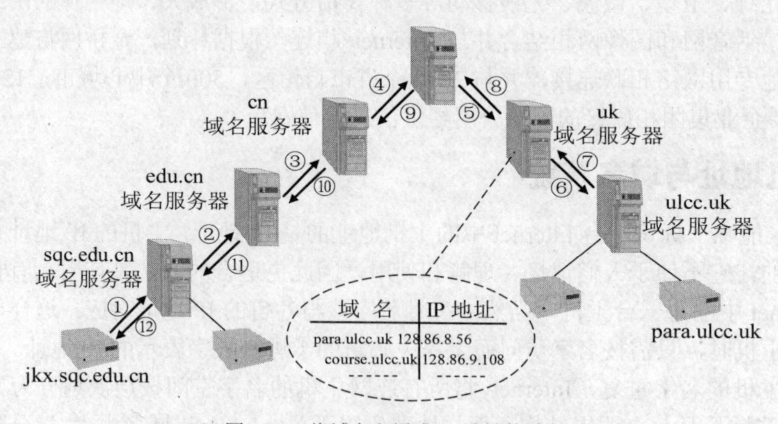

图 8-21　将域名翻译成 IP 地址的过程

（1）首先通过 sqc 子域的域名服务器（在宿迁学院网络中心）进行查找，知道 para.ulcc.uk 主机不在宿迁学院校园网范围内，于是通过指针找到管理 edu 子域的域名服务器（在清华大学的 CERNET 网络中心）。

（2）edu 子域的域名服务器中存放了中国所有高校的子域名，通过查找得知，目的主机不在 CERNET 范围内，于是再利用同样的方法找到管理 edu 子域的中国顶级域名 cn 的域名服务器（在中国互联网信息中心 CNNIC）。

（3）cn 域名服务器中存放了中国所有二级域名的名字，通过查找得知，需要访问的目的主机不在中国，于是再向国际互联网信息中心的域名服务器进行查找。

（4）国际互联网信息中心的域名服务器存有国际通用顶级域名和所有国家及地区的顶级域名的地址，这样就可以找到 uk 域名服务器的地址。

（5）从 uk 域名服务器找到 ulcc 子域的域名服务器地址，然后再从 ulcc 子域的域名服务器查找，知道 para.ulcc.uk 主机的 IP 地址是 128.86.8.56。

查找过程完成后，找到的 IP 地址就回送到发出查询请求的主机，接着就可以进行两个主机的通信了。

8.6 Internet 接入技术

Internet 是由无数的 LAN、WAN、路由器以及将它们连接在一起的通信线路和设施构成的广域网。目前我国一般是由城域网运营商作为 ISP 来承担 Internet 的接入任务的。城域网的主干线采用光纤传输的高速宽带网，它一方面与国家主干网连接，提供城市的宽带 IP 出口，另一方面又汇聚若干接入网，解决“最后一公里问题”。单位用户和家庭用户可以通过电话线、有线电视电缆、光纤、无线信道等不同传输介质以及不同的技术组成的接入网接入城域网，然后再由城域网连入主干网。

8.6.1 电话拨号接入

家庭计算机用户连接 Internet 最简便的方法是利用本地电话网。由于计算机输入/输出的数据都是数字信号，而现有的电话网用户线仅适合传输模拟信号，为此必须使用调制解调器（MODEM）。图 8-22 所示是利用电话拨号接入计算机网络的示意图。

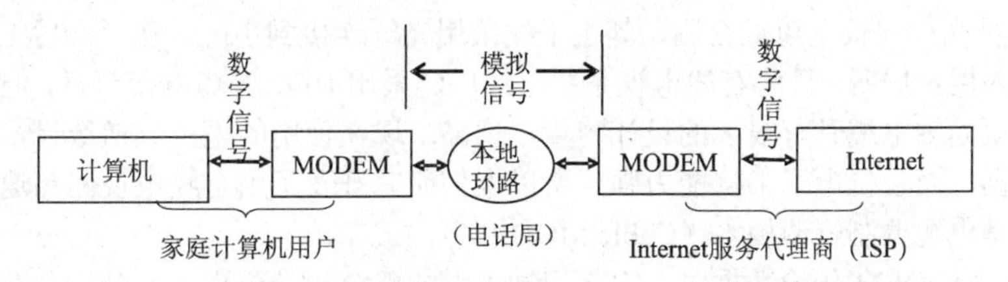

图 8-22 利用电话拨号接入计算机网络

MODEM 的作用是在数据的收发双方实现信号的数/模（D/A）、模/数（A/D）转换。目前 MODEM 的主流产品速率是 56kbit/s，在实际使用过程中，由于电话线路的质量不佳，或 ISP 不能提供足够的带宽，或所连接的网络发生拥塞等原因，都会使得传输速率降低，因此许多应用无法开展。目前该接入技术已被淘汰。

8.6.2 ADSL 接入

通过电话线的用户线提供数字服务的新技术中，最有效的一类是数字用户线（DSL）技术，因它有多种变化，它们的名字只在前一个字母不同，因此通称为 xDSL。

ADSL（Asymmetric Digital Subscribe Line，不对称数字用户线）是 xDSL 技术中的一种,它为下行数据流提供比上行流更高的传输速率，因为大多数 Internet 用户的绝大部分流量是用来浏览网页或下载文件所产生的，用户发送的数据一般都是简短的请求。

ADSL 仍利用一对普通电话线作为传输介质，只要在线路两端装上专用的 ADSL MODEM 即可实现数据的高速传输。标准的 ADSL 的数据上传速度一般只有 64~256 Kbit/s，最高达 1Mbit/s，而下行速度在理想状态下可达到 8Mbit/s（通常情况下为 1Mbit/s 左右）。有效传输距离一般在 3~5km。ADSL MODEM 与用户 PC 的连接如图 8-23 所示。

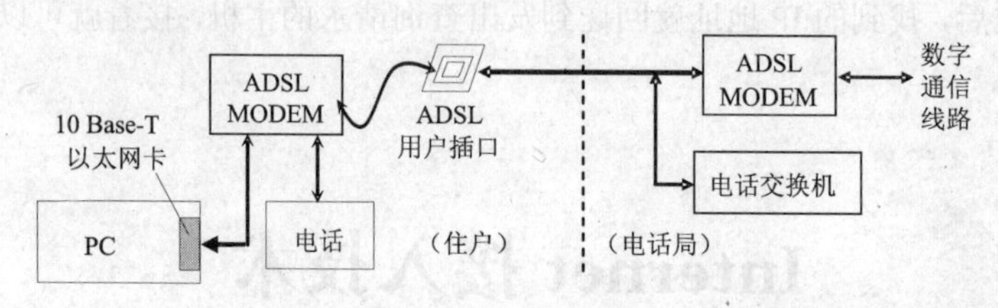

图 8-23 ADSL MODEM 与用户 PC 的连接

ADSL 的特点：

- 一条电话线可同时接听、拨打电话并进行数据传输，两者互不影响；
- 虽然使用的还是原来的电话线，但 ADSL 传输的数据并不通过电话交换机，所以 ADSL 上网不需要缴付额外的电话费；
- ADSL 的数据传输速率是根据线路的情况自动调整的，它以“尽力而为”的方式进行数据传输。

ADSL 利用普通电话线作为传输介质，它通过一种自适应的数字信号调制解调技术，能在电话线上得到 3 个信息通道：第一个是为电话服务的通道；第二是速率为 64～256 Kbit/s 的上行通道；第三个是速率为 1～8Mbit/s 的高速下行通道。它们可以同时工作。由于 ADSL 有较高的带宽，现在 ADSL 接入技术已经成为接入 Internet 的主要方式之一。

8.6.3 HFC 有线电视网接入

HFC 指的是光纤同轴电缆混合网，其主干线采用光纤连接到小区，在“最后 1 公里”时再使用同轴电缆接入用户居所。目前有线电视系统已经广泛采用 HFC 传输电视节目，但因为有线电视系统的传输介质同轴电缆具有很大的设计容量，远高于现在使用的电视频道数目，未使用的带宽可用来传输数据，而且抗电子干扰能力强。所以人们研究开发了用有线电视网高速传送数字信息的技术，这就是电缆调制解调技术（Cable MODEM）。

使用 Cable MODEM 传输数据时，它将同轴电缆的整个频带分为 3 部分，分别用于数字信号上传、数字信号下传及电视节目下传。数据下行传输时的速率可达 36Mbit/s，而下传信道采用低速调制方式，一般为 320Kbit/s~10Mbit/s。

然而，与采用电话网不同的是有线电视公司为一组用户分配一个唯一的频段，每个用户分配一个地址，因此有线电视系统的数据端口更像是一个共享的局域网，而不是点对点的连接。

Cable MODEM 集调制/解调功能、加密/解密功能、网卡及集线器等功能于一体，比 ADSL MODEM 传输距离远，不足之处是与其他用户共享带宽使数据传输速率不够稳定。采用该接入方式的用户很少。

8.6.4 光纤接入

光纤接入网指的是使用光纤作为主要传输介质的 Internet 接入系统。在 ISP 的交换局一侧，应把电信号转换为光信号，以便在光纤中传输，到达用户端后，要使用光网络单元把光信号转换成电信号，然后再经过交换机传送到计算机。

光纤接入网按照主干系统和配线系统的交界点——光网络单元的位置可划分为：光纤到路边（FTTC）、光纤到小区（FTTZ）、光纤到大楼（FTTB）、光纤到家庭（FTTH）等几类。FTTC 、FTTZ 主要为单位和小区提供服务，将光网络单元放置在路边，每个光网络单元一般可为几栋楼或十几栋楼的用户提供宽带服务，从光网络单元出来用同轴电缆提供电视服务，用双绞线提供联网服务；FTTB 光纤接入网主要为企事业单位服务，将光网络放置在大楼内，以每栋楼为单位，提供高速数据通信、远程教育等宽带业务；FTTH 光纤接入网直接为家庭用户提供服务，将光网络单元放置在楼层或用户家中，由几户或一户家庭专用，为家庭提供多种宽带业务。

我国目前采用“光纤到楼，以太网入户”（FTTx+ETTH）的做法，为宽带接入提供了新思路。它采用 1000 Mbit/s 光纤以太网作为城域网的干线，实现 1000M/100M 以太网到大楼和小区，再通过 100M 以太网到楼层或小型楼宇，然后以 10M 以太网入户或到办公室和桌面，满足了多数情况下用户对接速度的要求，其结构如图 8-24 所示。

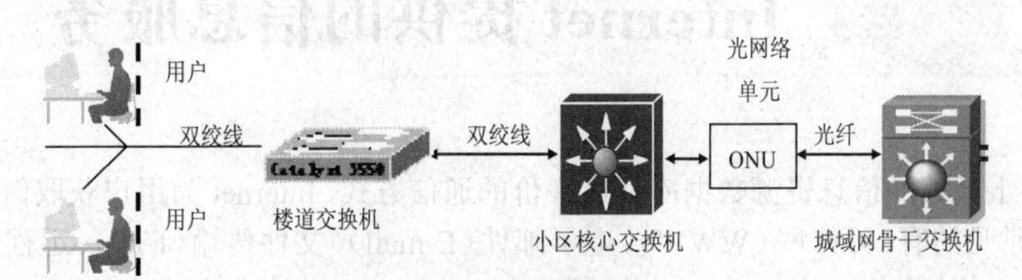

图 8-24 FTTx+ETTH 结构图

8.6.5 无线接入

随着无线通信技术的发展，尤其是智能手机的流行，用户希望不受时间地点约束，随时随地访问因特网，无线上网用户日益增长。目前采用无线方式接入 Internet 的技术主要有 3 类（见表 8-3），用户可根据自身需要进行选择。

表 8–3 Internet 无线接入技术比较

接入技术	使用的接入设备	数据传输速率	说明
无线局域网（WLAN）接入	Wi-Fi 无线网卡，无线接入点（AP）	11 ~100Mbit/s	必须在安装有接入点（AP）的热点区域才能使用
GPRS 移动电话网接入	GPRS 无线网卡	56 ~114Kbit/s	有手机信号的地方就能使用，但速率不高、费用较高
3G 移动电话网接入	3G 无线网卡	几百 Kbit/s~几 Mbit/s	有 3G 手机信号的地方就能使用，但目前费用较高

WLAN 接入实际上是有线局域网接入的延伸，随着 WLAN 技术的日益成熟，性能的不断提高，产品价格的逐步下降，WLAN 热点已经广泛应用在校园、宾馆、酒店、会场等公式场所，家

庭或宿舍中也可通过无线路由器共享 ADSL 连接因特网。

GPRS 是通用分组无线业务（General Packet Radio Service）的英文简称，它是在现有第 2 代移动通信系统 GSM 上发展出来的一种基于分组交换的数据通信业务，也称 2.5G。2.5G 上网速度较慢，而且不稳定。

第 3 代移动通信技术（3G）是指支持高速数据传输的蜂窝移动通信技术，数据传输速率理论上可达几 Mbit/s，比 GPRS 快得多，属于无线宽带接入。目前我国三大移动通信运营商各自使用互不兼容的 3G 标准，表 8-4 所示为其理论速度对比。

表 8-4 国内三种标准的 3G 网络理论速度比较

	中国联通	中国电信	中国移动
3G 标准	WCDMA	CDMA2000	TD-SCDMA
理论上行速度	5.76Mbit/s	1.8Mbit/s	384Kbit/s
理论下行速度	7.2Mbit/s	3.1Mbit/s	2.8Mbit/s

从用户当前使用情况来看，各大运营商的实际使用速度都与理论速率有很大差距，相较而言，中国联通的 WCDMA 有些优势。不过 3G 技术仍然只是个过渡，未来 4G 技术将会给人们提供真正的高速上网体验。

8.7 Internet 提供的信息服务

作为世界上最大的信息资源数据库和最廉价的通信方式，Internet 为用户获取信息提供了许多服务，其中最常见的有：万维网（WWW）、电子邮件（E-mail）、文件传输（FTP）、远程登录（Telnet）、即时通信（IM）、流媒体（Stream Media）等。

8.7.1 WWW 服务

万维网（WWW，World Wide Web），又称为环球信息网，或称 Web 网、3W 网，是一个基于 Internet 的、全球连接的、分布的、动态的、多平台的、交互式的、基于图形的、综合了信息发布技术和超文本技术的信息系统。WWW 为用户提供了一个基于浏览器 / 服务器（Brower/Server）模型和多媒体技术的友好的图形化信息访问和查询界面。WWW 有时也称作 Web 服务。

WWW 上的信息可以有多种格式，它不仅能够传输文本信息，也能传输图像、声音和动画等多种其他信息。WWW 把信息组织成分布式的超文本，使得对信息的浏览和查询变得简单和方便。一个超文本文件中包含了许多分别指向另一些信息节点（可以是文本、图像、声音和动画等）的指针，这些包含指针的地方通常称为“链接”。一个超文本链接由两部分组成：一是被指向的目标，它可以是同一文件的另一部分，也可以是网络上的另一个文件；另一部分是指向目标的链接。超文本链接表现在屏幕上就是一些有别于基色的文字、整个图像（或部分图像）或者动画，将鼠标放在“链接”上时，鼠标指针将变为手形，用户很容易就能识别出来。只要用鼠标单击这些“链接”，就能立即根据包含的指针链接到其他网络资源上。大多数网页是采用 HTML（超文本标记语言）描述的文档，其文件后缀是 html 或 htm。

用户浏览 WWW 提供的信息需要使用 Web 浏览器（Browser）。Web 浏览器就是访问 WWW

服务器并对其上的资源进行浏览的 WWW 客户端程序。用户在浏览器的 URL（Uniform Resource Locator，统一资源定位器）中输入所要浏览 Web 页的地址，称为 URL 地址，它由 3 部分组成，表示形式如下：

http://主机域名或 IP 地址[:端口号]/文件路径/文件名

其中，http 表示客户端和服务器端执行 HTTP 传输协议，将远程 Web 服务器上的文件传输给用户的浏览器；主机域名指的是提供此服务的计算机的域名；端口号通常是默认的，如 Web 服务器是 80，一般不需要给出；/文件路径/文件名指的是网页在 Web 服务器硬盘上的位置和文件名，可以缺省。

WWW 服务是按客户/服务器模式工作的。Web 服务器是信息资源的提供者，其上运行着 Web 服务器程序，它重复执行着一个简单的任务：等待浏览器建立连接并接受所提出的网页请求，随后服务器便找出并发送所请求的网页，发送完毕即关闭连接然后等待下一次连接。用户计算机上运行的是 Web 客户端程序（Web 浏览器，如微软的 Internet Explorer），用来帮助用户完成信息的查询和浏览，它除了建立连接、发出请求、接收服务器传送来的网页外，还要对 HTML 文档进行解释并显示网页的内容。

从概念上讲，浏览器由一组客户程序、一组解释器和一个管理它们的控制器所组成。控制程序是浏览器的中心，它解释鼠标与键盘输入的信息，调用其他程序来执行用户指定的操作。

WWW 的出现，促使了 Internet 在世界范围内迅速发展，大大加速了全球网络化和信息化的进程。至今，WWW 已经形成了世界上规模最大的超文本信息资源库，并且成为最受欢迎的信息检索服务系统。

8.7.2 电子邮件

电子邮件（E-mail）类似于日常邮政邮件的服务，只是它的传输是在 Internet 上，而不是邮政局之间。电子邮件除了可以传送用户的文本，还可以通过 Internet 把声音、图像甚至动画等以附件的形式发送到指定的收件人。除此以外，电子邮件还可把一封邮件同时发送给多个用户，或者把一封收到的邮件转发给其他用户。

使用 Internet 提供的电子邮件服务的前提，是首先要拥有自己的电子邮箱和相应的 E-mail 地址。电子邮箱是 Internet 服务提供商（ISP）为邮件用户建立的，它实际上位于 ISP 与 Internet 联网的、高性能、大容量计算机（称为邮件服务器或电子邮局）上，为邮件用户分配一个专门用于存放往来邮件的磁盘存储区域，而这个区域是由专门的电子邮件系统软件操作管理的。

在 Internet 上，每个电子邮箱都有一个唯一的地址。一个完整的 E-mail 地址由两部分组成，中间用“@”符号分隔，读作“at”。格式为：用户名@电子邮箱所在邮件服务器的域名。因此，一个 E-mail 地址，如：jkx@sqc.edu.cn，其中，jkx 为该用户电子邮箱的用户名，sqc.edu.cn 为邮件服务器的域名。

发送和接收邮件有两种方式，一种是用户在自己的计算机的电子邮件客户端代理软件（如微软的 Outlook Express）上进行；另一种是直接在 Web 页上进行，这两种方式在本质上并无区别。

邮件写好以后，直接单击“发送”按钮，用户计算机先与发信人所在邮件服务器建立连接，按照 SMTP（简单邮件传输协议）协议将邮件传送到服务器的发送队列。然后，发信人邮件服务器与收信人邮箱所有的邮件服务器进行通信，将邮件传送给收信人邮件服务器并由后者放入收信人邮箱。收信人任何时间在连入 Internet 的计算机上都可以接收邮件。

邮件服务器昼夜不停地运行邮件服务器程序。它一方面执行 SMTP 协议，检查有没有邮件需要发送和接收，负责把要发送的邮件传送出去，把收到的邮件放入收信人邮箱；另一方面它还执行 POP3 协议，判断是否有用户需要取信，鉴别取信人的身份，并在允许时把收信人邮箱内的邮件传送给收信人。图 8-25 所示是电子邮件系统的工作原理。

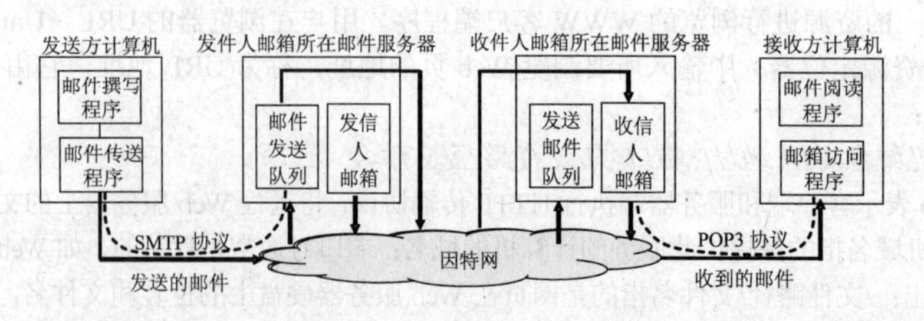

图 8-25 电子邮件系统的工作原理

8.7.3 文件传输

在 Internet 上进行文件的传输，是 Internet 上的一个非常重要的，也是使用非常广泛的功能。通过 FTP（FTP，File Transfer Protocol），Internet 上的用户不仅可以从服务器上下载有用的资料，而且可以把自己的文件上传到服务器上。

文件传输服务是以它所使用的文件传输协议 FTP 命名的，FTP 服务允许 Internet 上的用户将一台计算机上的文件拷贝到另一台计算机上。

使用 FTP 几乎可以传送任何类型的文件，文本文件、二进制文件、图像文件、声音文件和数据压缩文件等。目前，分布在 Internet 的许多计算机上，存放着丰富的文档资源，包括了最新的技术标准、科技资料、学术论文、研究报告等，还有大量的计算机软件，如果这些计算机提供了 FTP 服务，则 Internet 上的其他用户在被允许的前提下，可以通过 FTP 获取到这些资源。

与大多数 Internet 服务一样，FTP 也是一个客户机/服务器（Client/Server）系统。当本地主机与远程主机之间进行文件传输时，用户首先将通过本地主机上运行的一个 FTP 客户程序（比如 CuteFTP），连接到远程主机上运行的 FTP 服务器程序。在 Internet 中，用户的客户程序与服务器之间的一个连接通常也称为一次会话（Session）。连接建立后，用户可以继续通过客户程序向服务器程序发出命令，服务器程序执行用户所发出的命令，并将执行的结果返回到客户机。例如，当用户发出一条命令，请求 FTP 服务器向用户传送某一个文件的一份复制时，FTP 服务器会响应这条命令，将指定的文件送至用户的机器上，FTP 客户程序将代表用户接收这个文件，并将其存放在用户目录中。

所谓远程主机，并不是指实际距离的远近，而是为了区分用户使用的计算机（本地计算机），把用户要登录的非本地计算机称为远程主机。实际上，一台远程主机可能就和本地系统近在咫尺。

在 FTP 的使用当中，用户经常遇到两个概念：“下载”（Download）和“上传”（Upload）。“下载”文件就是从远程主机复制文件至本地计算机上，“上传”文件就是将文件从本地计算机中复制至远程主机上。

在进行文件传输时，远程 FTP 服务器一般要求验证用户的身份，即，用户想与 Internet 上的某个 FTP 服务器进行文件传输，必须提交在这个服务器上注册的用户名和密码。但是，在 Internet 上还有许多数据服务中心提供一种称为“匿名文件传输”（Anonymous FTP）的服务，允许在服务器上没有用户账号的用户使用 FTP 服务。这种匿名文件传输服务实际上是一种公共文件发布的服务。

8.7.4 远程登录

远程登录（Telnet）的主要用途是使用远程计算机上所拥有的信息资源，它是 Internet 最基本的服务之一。

远程登录是指在网络通信协议 Telnet 的支持下，用户的本地计算机通过 Internet 连接到某台远程计算机上，作为这台远程主机的一个终端，享用远程主机的资源的过程。通过远程登录，用户就可以通过 Internet 访问任何一个远程计算机上的资源，并且可以在本地计算机上对远程计算机进行允许的操作，即用户可以像使用本地计算机的资源一样使用远程计算机上的某些资源。

远程登录服务使用的也是客户机/服务器模式。当用户登录远程计算机时，实际启动了两个程序，一个叫“Telnet 客户端程序”，它运行在用户的本地计算机上，另一个叫“Telnet 服务端程序”，它运行在要登录的远程计算机上。因此，在远程登录过程中，用户的本地计算机是一个客户，而提供服务的远程计算机则是一个服务器。

目前 Telnet 最广泛的应用就是 BBS（Bulletin Board Service，电子公告板服务）。BBS 是 Internet 上的一种电子信息服务系统，它提供一块“公共电子白板”，每个用户都可以在上面“书写”，可以进行各种信息交流、讨论。目前大部分的 BBS 站点由教育机构、研究机构或商业机构提供并进行管理。

8.7.5 即时通信

即时通信（IM，Instant Messenger）是 Internet 上的一项全新应用。它实际上是把日常生活中传呼机（BP 机）的功能搬到了 Internet 上，使得上网的用户把信息告诉网络上的其他网友，同时也能方便地获取其他网友的上网通知，并且能相互之间发送信息、传送文件、网上语音交谈甚至是通过视频和语音进行交流，更重要的是，这种信息交流是即时的。

现有的即时通信服务采用客户机/服务器（C/S）和点到点（P2P，Peer To Peer）两种模式。C/S 模式下，所有的即时通信客户端用户都连接到服务器端，用户之间通过服务器进行信息交换、文件传输等行为；P2P 模式下，进行通信的用户首先通过服务器进行相互之间的直接连接，当连接建立后，双方之间的交互就不通过服务器，而是通过两者之间的连接直接进行了。这种模式为实现语音通信、视频通信、文件快速传送提供了一个平台。

常见的即时通信软件有 ICQ、MSN Messenger、Yahoo Messenger、腾讯 QQ 等。这些软件都综合采用客户机/服务器和点到点两种模式实现各种功能。并且在软件中集成了其他 Internet 相关服务，例如 WWW、E-mail、网上购物等，成为一个多功能的综合的应用软件，但是从这些软件设计最初的目的和主要功能来看，它们还是属于即时通信软件。

8.7.6 流媒体

流媒体（Stream Media）简单来说就是应用流技术在网络上传输的多媒体文件，而流技术就是把连续的影像和声音信息经过压缩处理后放上网站服务器，让用户一边下载一边观看或收听，而不需要等整个文件下载到自己机器后才可以观看的网络传输技术。该技术先在使用者的计算机上创造一个缓冲区，在播放前预先下载一段数据作为缓冲，当网络实际传输速度小于播放的速度时，播放程序就会取用这一小段缓冲区内的数据，避免播放的中断，使得播放品质得以维持。

目前提供流媒体服务技术的公司主要有 3 个：Microsoft、Real Networks、Apple，相应的媒体播放软件产品是：Windows Media Player、RealPlayer、QuickTime。

8.8 计算机网络信息安全

8.8.1 信息安全概述

网络信息安全通俗地说，就是通过采用各种技术和管理措施，使网络系统正常运行，从而确保网络数据的可用性、完整性和保密性。

随着计算机网络应用的扩展和延伸，人们越来越多地依赖网络传递和保存一些重要和敏感的信息，而信息在传输、存储和处理过程中，其安全有可能受到多种威胁。如传输中断（通信线路切断、文件系统瘫痪）会影响数据的可用性；信息被窃听（包括文件或程序的非法复制）将危及数据的机密性；信息被篡改将破坏数据的完整性；而伪造信息则失去了数据的真实性。

理想的信息安全技术是能够彻底地根除这些安全隐患，确保信息内容绝对安全的技术。然而没有绝对安全的网络，在设计网络时，要正确评估系统信息的价值，确定相应的安全要求与措施，使安全性和成本之间达到合理的平衡。

现今流行的信息安全技术有很多，例如数据加密技术、计算机病毒防治技术、防火墙技术等，而且新的信息安全技术也在不断出现，本节只介绍其中几种具有代表性的技术。

8.8.2 常用信息安全技术

1．数据加密

所谓数据加密（Data Encryption）技术是指将一个信息（或称明文，plain text）经过加密钥匙（Encryption key）及加密函数转换，变成无意义的密文（cipher text）；而接收方将此密文经过解密函数、解密钥匙（Decryption key）还原成明文。

数据加密是保障信息安全的最基本、最核心的技术措施和理论基础，加密过程由形形色色的加密算法来具体实施，它以很小的代价提供很大的安全保护。根据加密算法的不同，数据加密可分为对称密钥加密（见图 8-26）和公共密钥加密（见图 8-27）两种。

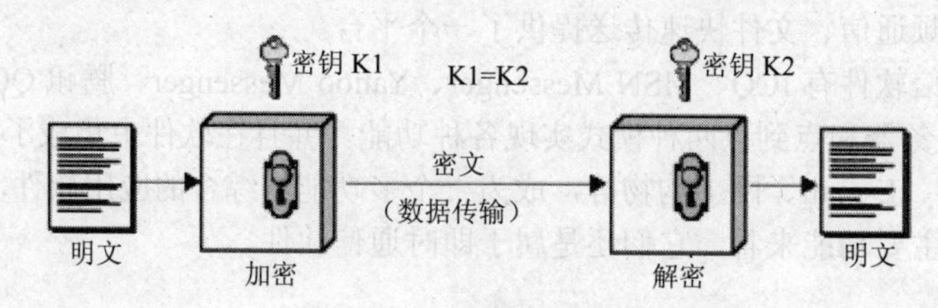

图 8-26　对称密钥加密

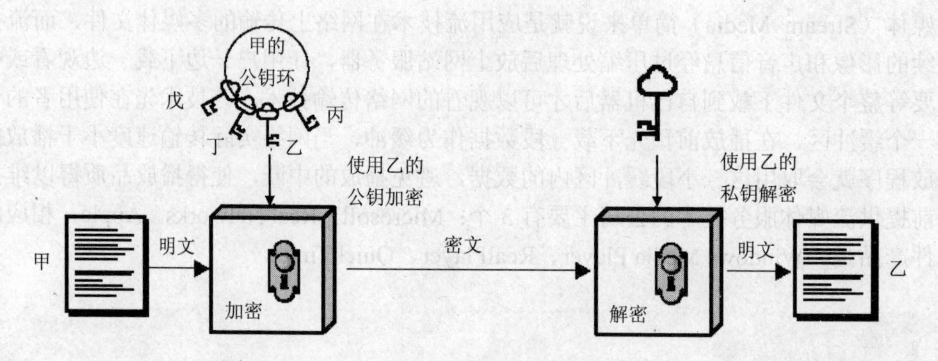

图 8-27　公共密钥加密

2．数字签名

数字签名是借助加密技术附加在要传输的消息（如邮件、公文、网上交易数据等）上并随着消息一起传送的一串代码。它类似于现实生活中的手写签名，目的是让对方相信消息的真实性和完整性，同时也可防止欺骗和抵赖的发生。

数字签名在电子商务中特别重要，它是鉴别消息真伪、进行身份认证的关键，因此它必须做到无法伪造，并确保已签名数据的任何变化都能被发觉。

3. 计算机病毒

计算机病毒是一些人蓄意编制的一种具有自我复制能力的、寄生性的、破坏性的计算机程序。与生物病毒不同的是，所有计算机病毒都不是天然存在的，是为达到某种目的人为制造出来的，一旦扩散开来，制造者自己也很难控制，因此，计算机病毒的防范不仅是技术问题，而且也是一个严重的社会问题。

计算机病毒具有以下几个特点。

（1）破坏性。凡是软件能作用到的计算机资源（包括程序、数据），均可能受到病毒的破坏。

（2）传染性。计算机病毒不但本身具有破坏性，更有害的是其具有传染性，它有自我复制能力并迅速传染其他文件。特别是在网络环境下，计算机病毒通过电子邮件、Web文档等进行传播，其速度之快令人难以预防。

（3）隐蔽性。大多数计算机病毒都有很强的隐藏性，它一般隐藏在正常的可执行程序文件里，有的可通过杀毒软件检查出来，有的根本查不出来。隐蔽性还表现在，计算机病毒的传染也是隐蔽的，也是不为用户所知的。

（4）潜伏性。有些病毒可能会长时间潜伏在合法程序中，如同定时炸弹一般，让它什么时间发作或什么情况下发作可以预先设计好，当遇到合适的条件才被激活而感染。

（5）寄生性。计算机病毒都寄生（依附）于其他正常程序之中，当执行这个程序时，病毒就会起破坏作用，而在未启动这个程序之前是不易被发觉的。

计算机病毒危害极大，它不仅能破坏文件内容，造成数据丢失；还能删除系统中一些重要程序而导致系统瘫痪；更为严重的是有些恶意病毒（如“木马”病毒）可通过网络植入用户计算机，盗窃用户账号、密码等敏感信息，给用户造成不可估量的损失。至于病毒对硬件的破坏问题，目前说法不太规范。严格地说，除非硬件本身设计有缺陷，否则病毒一般不能直接造成硬件的物理损坏；但计算机软硬件是不可分割的有机系统，病毒还是有可能通过破坏软件系统而间接影响硬件的正常使用。

计算机病毒的防范是信息安全领域的一个极具挑战性的重要课题，作为普通的计算机用户，平常关键要有安全防范意识并养成良好的“卫生”习惯。除了及时修补操作系统及其捆绑软件的漏洞、安装最新杀毒软件并定期查杀之外，还要不使用来历不明的软件和数据、不轻易打开来历不明的电子邮件（特别是附件）、上网时尽量不登录非法网站等。

4. 防火墙

防火墙技术是控制两个网络（通常是内部网和外部网）之间数据相互访问的网络安全技术。它通过硬件或软件控制访问方案，可对网络之间数据进出进行有选择的放行。它实际扮演的是网络中的“交通警察”角色，指挥网上信息合理有序地安全流动，同时也处理网上的各类“交通事故”。

防火墙主要是为了增强内部网络的安全性。配置防火墙，可决定哪些内部服务可以被外界访问；外界的哪些人可以访问内部的服务以及哪些外部服务可以被内部人员访问。其主要功能如下。

（1）过滤不安全服务和非法用户，禁止未授权用户访问受保护的网络；

（2）控制对特殊站点的访问；

（3）提供网络使用的记录和统计数据，对Internet的安全使用进行监控和预警。

防火墙并非万能，它有如下的缺陷。

（1）防火墙不能防范不经由防火墙的攻击，例如，如果允许从受保护的内部网不受限制地向外拨号，一些用户可以形成与Internet的直接连接，从而绕过防火墙，造成一个潜在的攻击渠道；

（2）防火墙不能防止感染了病毒的软件或文件的传输，反病毒的任务只能由反病毒软件完成；

（3）防火墙不能防止数据驱动式攻击，当有些表面看来无害的数据被邮寄或复制到Internet

主机上并被执行而发起攻击时，就会发生数据驱动攻击。

因此，防火墙只是一种整体安全防范策略的一部分。这种安全策略必须包括公开的安全准则、职员培训计划以及规范网络行为的相关政策。

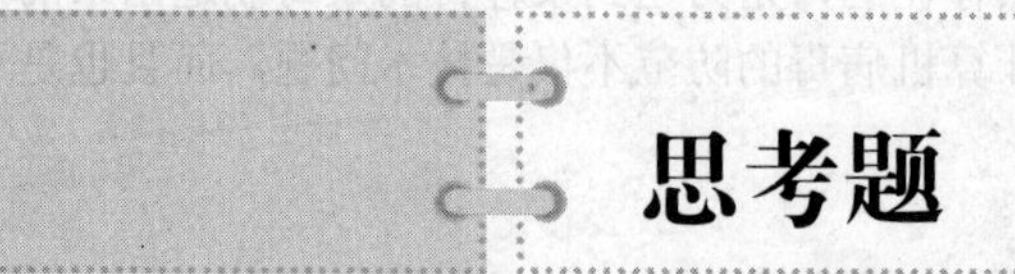

思考题

1．什么是计算机网络？计算机网络有哪些功能？

2．计算机网络由哪几部分组成？

3．什么是模拟信号、数字信号？

4．什么是多路复用技术？多路复用技术有哪几种？

5．何谓数据交换？有哪几种形式？

6．什么是局域网？简述局域网的组成和特点。

7．什么是 Internet？Internet 的接入方式有哪几种？

8．简述 IP 地址的定义和分类。

9．什么是域名系统？写出几个你熟悉的网站域名。

10．什么是计算机病毒？简述计算机病毒的分类和特点。

第9章 数据库技术基础

数据库技术是数据管理的技术，是计算机科学与技术的重要分支。数据库技术自20世纪60年代中期诞生以来，已有40多年的历史，因其发展速度快、应用范围广而成为现代信息技术的重要组成部分。目前，各种各样的计算机应用系统和信息系统绝大多数是以数据库为基础和核心的，因此，掌握数据库技术与应用是当今大学生信息素养的重要组成部分。

9.1 数据库系统概述

在系统地介绍数据库技术基础之前，这里首先介绍一些数据库最常用的术语和基本概念。

9.1.1 数据、数据库、数据库管理系统、数据库系统

数据、数据库、数据库管理系统和数据库系统是与数据库技术密切相关的4个基本概念。

1．数据（Data）

数据是数据库中存储的基本对象。数据在大多数人的头脑中的第一个反映就是数字，例如93、1 000、99.5、-330.86、$726等。其实数字只是最简单的一种数据，是数据的一种传统和狭义的理解。广义的理解，数据的种类很多，文本（text）、图形（graph）、图像（image）、音频（audio）、视频（video）、学生的档案记录、货物的运输情况等，这些都是数据。

可以对数据做如下定义：描述事物的符号记录称为数据。描述事物的符号可以是数字，也可以是文字、图形、图像、声音、语言等，数据有多种表现形式，它们都可以经过数字化后存入计算机。

在现代计算机系统中数据的概念是广义的。早期的计算机系统主要用于科学计算，处理的数据是数值型数据，如整数、实数、浮点数等。现在计算机存储和处理的对象十分广泛，表示这些对象的数据也就越来越复杂了。

数据的表现形式还不能完全表达其内容，需要经过解释，数据和关于数据的解释是不可分的。例如，95是一个数据，可以是一个同学某门课的成绩，也可以是某个人的体重，还可以是计算机系2012级的学生人数。数据的解释是指对数据含义的说明，数据的含义称为数据的语义，数据与其语义是不可分的。

在日常生活中，人们可以直接用自然语言（如汉语）来描述事物。例如，可以这样来描述某校计算机系一位同学的基本情况：李明同学，男，1992年5月生，江苏省南京市人，2010年入学。在计算机中常常这样来描述：

(李明，男，199205，江苏省南京市，计算机系，2010)

即把学生的姓名、性别、出生年月、出生地、所在院系、入学时间等组织在一起，组成一个记录。这里的学生记录就是描述学生的数据。这样的数据是有结构的。记录是计算机中表示和存储数据的一种格式或一种方法。

2．数据库（DataBase，简称 DB）

数据库，顾名思义，是存放数据的仓库。只不过这个仓库是在计算机存储设备上，而且数据是按一定的格式存放的。

人们收集并抽取出一个应用所需要的大量数据之后，应将其保存起来，以供进一步加工处理，进一步抽取有用信息。在科学技术飞速发展的今天，人们的视野越来越广，数据量急剧增加。过去人们把数据存放在文件柜里，现在人们借助计算机和数据库技术科学地保存和管理大量的复杂的数据，以便能方便而充分地利用这些宝贵的信息资源。

严格地讲，数据库是长期储存在计算机内、有组织的、可共享的大量数据的集合。数据库中的数据按一定的数据模型组织、描述和储存，具有较小的冗余度（redundancy）、较高的数据独立性（data independency）和易扩展性，并可为各种用户共享。

概括地讲，数据库数据具有永久存储、有组织和可共享 3 个基本特点。

3．数据库管理系统（DataBase Management System，DBMS）

了解了数据和数据库的概念，下一个问题就是如何科学地组织和存储数据，如何高效地获取和维护数据。完成这个任务的是一个系统软件——数据库管理系统。

数据库管理系统是位于用户与操作系统之间的一层数据管理软件。数据库管理系统和操作系统一样是计算机的基础软件，也是一个大型复杂的软件系统。它的主要功能包括以下几个方面。

（1）数据定义功能

DBMS 提供数据定义语言（Data Definition Language，DDL），用户通过它可以方便地对数据库中的数据对象进行定义。

（2）数据组织、存储和管理

DBMS 要分类组织、存储和管理各种数据，包括数据字典、用户数据、数据的存取路径等。要确定以何种文件结构和存取方式在存储器上组织这些数据，如何实现数据之间的联系。数据组织和存储的基本目标是提高存储空间利用率和方便存取，提供多种存取方法（如索引查找、Hash 查找、顺序查找等）来提高存取效率。

（3）数据操纵功能

DBMS 还提供数据操纵语言（Data Manipulation Language，DML），用户可以使用 DML 操纵数据，实现对数据库的基本操作，如查询、插入、删除和修改等。

（4）数据库的事务管理和运行管理

数据库在建立、运用和维护时由数据库管理系统统一管理、统一控制，以保证数据的安全性、完整性、多用户对数据的并发使用及发生故障后的系统恢复。

（5）数据库的建立和维护功能

它包括：数据库初始数据的输入、转换功能，数据库的转储、恢复功能，数据库的重组织功能和性能监视、分析功能等。这些功能通常是由一些实用程序或管理工具完成的。

（6）其他功能

包括：DBMS 与网络中其他软件系统的通信功能；一个 DBMS 与另一个 DBMS 或文件系统的数据转换功能；异构数据库之间的互访和互操作功能等。

数据库管理系统是数据库系统的一个重要组成部分。

4．数据库系统（DataBase System．DBS）

数据库系统是指在计算机系统中引入数据库后的系统，一般由数据库、数据库管理系统（及其开发工具）、应用系统、数据库管理员构成。应当指出的是，数据库的建立、使用和维护等工作只靠一个 DBMS 远远不够，还要有专门的人员来完成，这些人被称为数据库管理员（DataBase

Administrator，DBA）。

在一般不引起混淆的情况下常常把数据库系统简称为数据库。

数据库系统可以用图 9-1 表示。

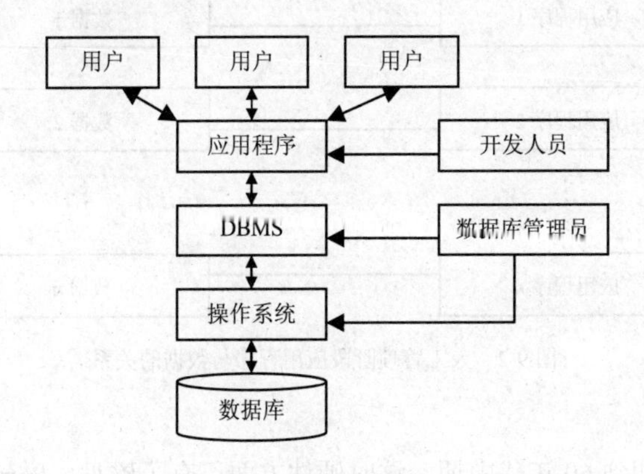

图 9-1 数据库系统

9.1.2 数据管理技术的产生和发展

早期的计算机主要用于科学计算。当计算机用于档案管理、财务管理、图书资料管理、仓库管理等领域时，它所面对的是数量惊人的各种类型的数据。为了有效地管理和利用这些数据，就产生了数据管理技术。

数据库技术是应数据管理任务的需要而产生的。

数据管理是指对数据进行分类、组织、编码、存储、检索和维护。它是数据处理的中心问题。数据的处理是指对各种数据进行收集、存储、加工和传播的一系列活动的总和。

在应用需求的推动下，在计算机硬件、软件发展的基础上，数据管理技术经历了人工管理、文件系统、数据库系统 3 个阶段。

1．人工管理阶段

20 世纪 50 年代中期以前，计算机主要用于科学计算。当时的硬件状况是，外存只有纸带、卡片、磁带，没有磁盘等直接存取的存储设备；软件状况是，没有操作系统，没有管理数据的专门软件；数据处理方式是批处理。人工管理数据具有如下特点。

（1）数据不保存

当时计算机主要用于科学计算，一般不需要将数据长期保存，只是在计算某一课题时将数据输入，用完就撤走。不仅对用户数据如此处置，对系统软件有时也是这样。

（2）应用程序管理数据

数据需要由应用程序自己设计、说明（定义）和管理，没有相应的软件系统负责数据的管理工作。应用程序中不仅要规定数据的逻辑结构，而且要设计物理结构，包括存储结构、存取方法、输入方式等。

（3）数据不共享

数据是面向应用程序的，一组数据只能对应一个程序。当多个应用程序涉及某些相同的数据时，必须各自定义，无法互相利用、互相参照，因此程序与程序之间有大量的冗余数据。

（4）数据不具有独立性

数据的逻辑结构或物理结构发生变化后，必须对应用程序做相应的修改，这就加重了程序员的负担。

人工管理阶段应用程序与数据的关系如图9-2所示。

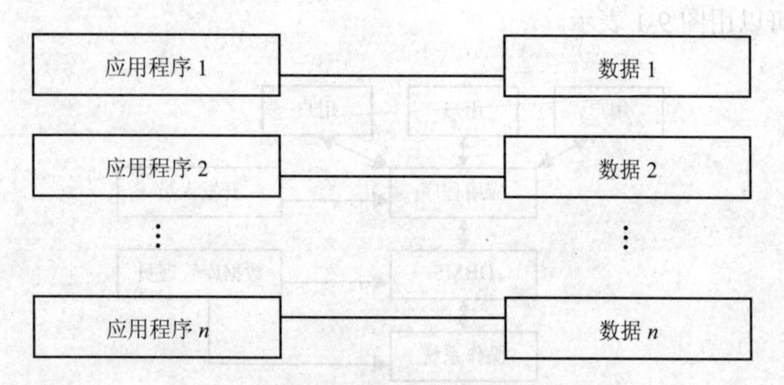

图9-2 人工管理阶段应用程序与数据的关系

2. 文件系统阶段

20世纪50年代后期到60年代中期，这时硬件方面已有了磁盘、磁鼓等直接存取存储设备；软件方面，操作系统中已经有了专门的数据管理软件，一般称为文件系统；处理方式上不仅有了批处理，而且能够联机实时处理。

用文件系统管理数据具有如下特点。

（1）数据可以长期保存

由于计算机大量用于数据处理，所以数据需要长期保留在外存上反复进行查询、修改、插入和删除等操作。

（2）由文件系统管理数据

由专门的软件即文件系统进行数据管理。文件系统把数据组织成相互独立的数据文件，利用"按文件名访问，按记录进行存取"的管理技术，可以对文件进行修改、插入和删除的操作。文件系统实现了记录内的结构性，但整体无结构。程序和数据之间由文件系统提供存取方法进行转换，使应用程序与数据之间有了一定的独立性，程序员可以不必过多地考虑物理细节，将精力集中于算法。而且数据在存储上的改变不一定反映在程序上，大大节省了维护程序的工作量。

但是，文件系统仍存在以下缺点。

（1）数据共享性差，冗余度大

在文件系统中，一个（或一组）文件基本上对应于一个应用程序，即文件仍然是面向应用的。当不同的应用程序具有部分相同的数据时，也必须建立各自的文件。而不能共享相同的数据，因此数据的冗余度大，浪费存储空间。同时由于相同数据的重复存储、各自管理，容易造成数据的不一致性，给数据的修改和维护带来了困难。

（2）数据独立性差

文件系统中的文件是为某一特定应用服务的，文件的逻辑结构对该应用程序来说是优化的，因此要想对现有的数据再增加一些新的应用会很困难，系统不容易扩充。

一旦数据的逻辑结构改变，必须修改应用程序，修改文件结构的定义。应用程序的改变，例如应用程序改用不同的高级语言编写，也将引起文件数据结构的改变。因此数据与程序之间仍缺乏独立性。可见，文件系统仍然是一个不具有弹性的无结构的数据集合，即文件之间是孤立的，不能反映现实世界事物之间的内在联系。

文件管理阶段应用程序与数据的关系如图9-3所示。

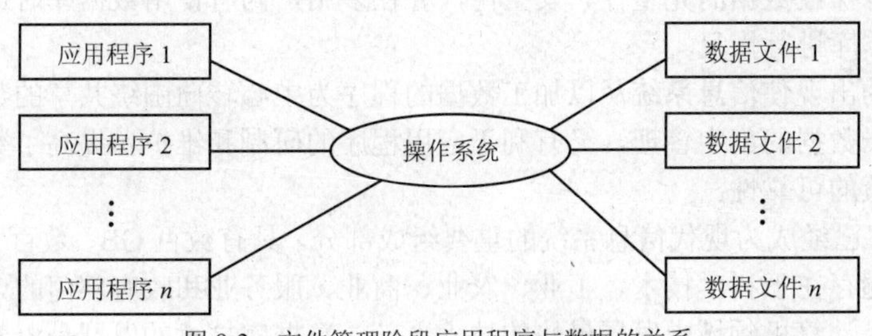

图 9-3 文件管理阶段应用程序与数据的关系

3. 数据库系统阶段

20 世纪 60 年代后期以来，计算机管理的对象规模越来越大，应用范围越来越广泛，数据量急剧增长，同时多种应用、多种语言互相覆盖地共享数据集合的要求越来越强烈。

这时硬件已有大容量磁盘，硬件价格下降；软件则价格上升，编制和维护系统软件及应用程序所需的成本相对增加；在处理方式上，联机实时处理要求更多，并开始提出和考虑分布处理。在这种背景下，以文件系统作为数据管理手段已经不能满足应用的需求。于是为解决多用户、多应用共享数据的需求，使数据为尽可能多的应用服务使用，数据库技术便应运而生，出现了统一管理数据的专门软件系统——数据库管理系统。

数据库系统管理阶段应用程序与数据的关系如图 9-4 所示。

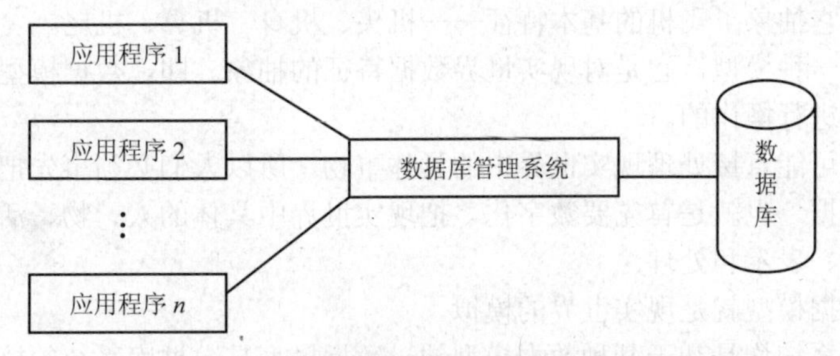

图 9-4 数据库系统管理阶段应用程序与数据的关系

用数据库系统来管理数据比文件系统具有明显的优点，从文件系统到数据库系统，标志着数据管理技术的飞跃。下面来详细地讨论数据库系统的特点及其带来的优点。

数据库系统的特点。

（1）数据结构化。数据面向全局应用，用数据模型来描述数据与数据之间的联系。

（2）数据可共享性高，冗余度低。从全局分析和描述数据，使数据可以适应多个用户、多种应用共享数据的需求。减少了数据冗余，节省了存储空间，保证了数据的一致性。

（3）数据独立于程序。包括数据的逻辑独立性和物理独立性。

① 逻辑独立性：指用户的应用程序与数据库的逻辑结构相互独立。系统中数据逻辑结构改变不影响用户的应用程序。

② 物理独立性：指用户的应用程序与存储在数据库中的数据相互独立。当数据的物理存储改变时应用程序不用改变。

（4）统一管理和控制数据。数据库管理系统一般均提供数据安全性、完整性、并发控制以及故障恢复等功能。

综上所述，数据库是长期存储在计算机内的有组织的大量的共享的数据集合。它可以供各种用户共享，具有最小冗余度和较高的数据独立性。DBMS 在数据库建立、运用和维护时对数据库进行统一控制，以保证数据的完整性、安全性，并在多用户同时使用数据库时进行并发控制，在发生故障后对数据库进行恢复。

数据库系统的出现使信息系统从以加工数据的程序为中心转向围绕共享的数据库为中心的新阶段。这样既便于数据的集中管理，又有利于应用程序的研制和维护，提高了数据的利用率和相容性，提高了决策的可靠性。

目前，数据库已经成为现代信息系统的重要组成部分。具有数百 GB、数百 TB、甚至数百 PB 的数据库已经普遍存在于科学技术、工业、农业、商业、服务业和政府部门的信息系统中。

数据库技术是计算机领域中发展最快的技术之一。数据库技术的发展是沿着数据模型的主线展开的。下面讨论数据模型。

9.2 数据模型

模型，特别是具体模型，人们并不陌生。一张地图、一组建筑设计沙盘、一架精致的航模飞机都是具体的模型。一眼望去，就会使人联想到真实生括中的事物。模型是对现实世界中某个对象特征的模拟和抽象。例如，航模飞机是对生活中飞机的一种模拟和抽象，它可以模拟飞机的起飞、飞行和降落，它抽象了飞机的基本特征——机头、机身、机翼、机尾。

数据模型也是一种模型，它是对现实世界数据特征的抽象。即，数据模型是用来描述数据、组织数据和对数据进行操作的。

由于计算机不可能直接处理现实世界中的具体事物，所以人们必须事先把具体事物转换成计算机能够处理的数据。也就是首先要数字化，把现实世界中具体的人、物、活动、概念用数据模型这个工具来抽象、表示和处理。

通俗地讲，数据模型就是现实世界的模拟。

现有的数据库系统均是基于某种数据模型的。数据模型是数据库系统的核心和基础。因此，了解数据模型的基本概念是学习数据库的基础。

1. 两类数据模型

数据模型应满足三方面要求：一是能比较真实地模拟现实世界，二是容易为人所理解，三是便于在计算机上实现。一种数据模型要很好地全面地满足这三方面的要求在目前尚很困难。因此，在数据库系统中针对不同的使用对象和应用目的，采用不同的数据模型。

如同在建筑设计和施工的不同阶段需要不同的图纸一样，在开发实施数据库应用系统中也需要使用不同的数据模型：概念模型、逻辑模型和物理模型。

根据模型应用的不同目的，可以将这些模型划分为两类，它们分别属于两个不同的层次。第一类是概念模型，第二类是逻辑模型和物理模型。

第一类概念模型（Conceptual Model），也称信息模型，它按用户的观点来对数据和信息建模，主要用于数据库设计。

第二类中的逻辑模型主要包括层次模型（Hierarchical Model）、网状模型（Network Model）、关系模型（Relational Model）、面向对象模型（Object Oriented Model）和对象关系模型（Object Relational Model）等。它按计算机系统的观点对数据建模，主要用于 DBMS 的实现。第二类中的物理模型是对数据最低层的抽象，它描述数据在系统内部的表示方式和存取方法，在磁盘或磁带上的存储方式和存取方法，是面向计算机系统的。物理模型的具体实现是 DBMS 的任务，数据库设计人员要了解和选择物理模型，一般用户则不必考虑物理级的细节。

数据模型是数据库系统的核心和基础。各种机器上实现的DBMS软件都是基于某种数据模型或者说是支持某种数据模型的。

为了把现实世界中的具体事物抽象、组织为某一DBMS支持的数据模型，人们常常首先将现实世界抽象为信息世界，然后将信息世界转换为机器世界。也就是说，首先把现实世界中的客观对象抽象为某一种信息结构，这种信息结构并不依赖于具体的计算机系统也不是某一个DBMS支持的数据模型，而是概念级的模型；然后再把概念模型转换为计算机上某一DBMS支持的数据模型，这一过程如图9-5所示。

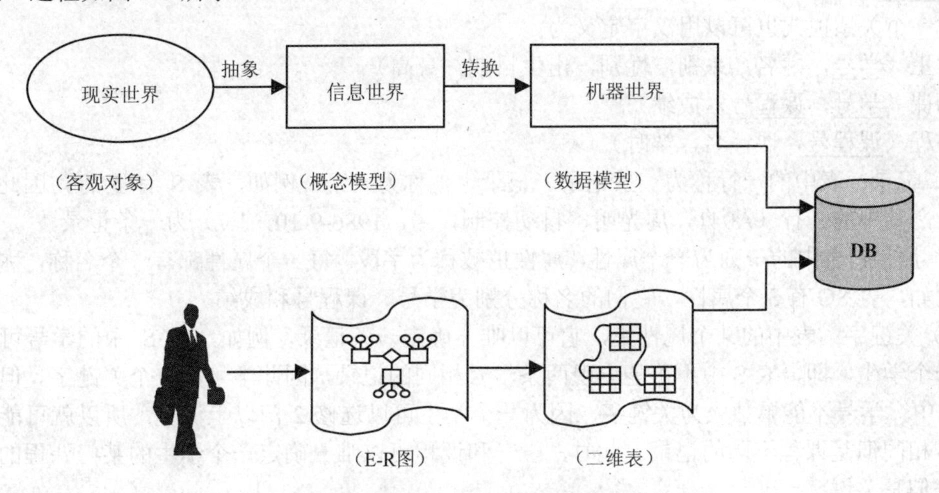

图9-5 现实世界的客观对象抽象到数据模型的过程

从现实世界到概念模型的转换是由数据库设计人员完成的；从概念模型到逻辑模型的转换可以由数据库设计人员完成，也可以用数据库设计工具协助设计人员完成；从逻辑模型到物理模型的转换一般是由DBMS完成的。

2．数据模型的组成要素

一般地讲，数据模型是严格定义的一组概念的集合。这些概念精确地描述了系统的静态特性、动态特性和完整性约束条件（integrty constraints）。因此数据模型通常由数据结构、数据操作和完整性约束3部分组成。

数据结构描述数据库的组成对象以及对象之间的联系。即数据结构描述的内容有两类：一类是与对象的类型、内容、性质有关的，例如，网状模型中的数据项、记录，关系模型中的域、属性、关系等；另一类是与数据之间联系有关的对象，例如网状模型中的系型（Set Type）。

数据结构是刻画一个数据模型性质最重要的方面。因此在数据库系统中，人们通常按照其数据结构的类型来命名数据模型。例如层次结构、网状结构和关系结构的数据模型分别命名为层次模型、网状模型和关系模型。

总之，数据结构是所描述的对象类型的集合，是对系统静态特性的描述。

（1）关系数据模型的数据结构

关系数据模型（以下简称关系模型）是以集合论中的关系概念为基础发展起来的数据模型。这种模型建立在严格的数学理论基础上，其概念清晰、简洁，能够用统一的结构表示实体集和它们之间的联系。关系数据模型的数据结构非常简单，只包含单一的数据结构——关系。因此，当今大多数DBMS都采用关系数据模型。

下面介绍有关关系模型的基本术语。

① 关系：一个关系对应一个二维表。例如，图 9-6 所示的 3 个表对应 3 个关系。

② 关系模式：关系模式是对关系的描述，一般形式为：

关系名（属性 1，属性 2，……，属性 n）

例如：学生表（S）、选课表（SC）和课程表（C）用关系模式表示为：

S(SNO,SNAME,DEPART,SEX,BDATE,HEIGHT)

SC(SNO,CNO,GRADE)

C(CNO,CNAME,LHOUR)

这 3 个关系模式也可以用汉字定义为：

学生（学号，姓名，系别，性别，出生日期，身高）

选课（学号，课程号，成绩）

课程（课程号，课程名，学时）

③ 记录：表中的一行称为一条记录，记录也被称为元组。例如，表 S 有 5 行，因此它有 5 条记录，其中的一行（A041，周光明，自动控制，男，1986-9-10，1.7）为一条记录。

④ 属性：表中的一列为一个属性，属性也被称为字段。每一个属性都有一个名称，称为属性名。例如，表 SC 有 3 个属性，它们的名称分别为学号、课程号和成绩。

⑤ 关键字：表中的某个属性集，它可以唯一确定一条记录，例如，表 S 中的学号可以唯一确定一个学生，即，表 S 中不可能出现两条学号相同的记录，因此学号是一个关键字。但是，在表 SC 中，学号不能单独成为关键字，因为一个学生可以选修 2 门以上课程，所以就可能出现两条学号相同但是课程不同的记录。此时，学号和课程可以唯一确定一个学生的某门课程的成绩，所以它们是关键字。

⑥ 主键：一个表中可能有多个关键字，但在实际应用中只能选择一个，被选用的关键字称为主键。表 S 中若增加一个字段：身份证号码，则就有了身份证号码和学号两个关键字。但是实际应用时，只能选择一个关键字起作用，选中的关键字称为主键。

⑦ 值域：属性的取值范围。例如，性别的值域是{男，女}，成绩的值域为 0～100，专业的值域为学校所有专业的集合。

关系模型要求关系必须是规范化的，即要求关系必须满足一定的规范条件，这些条件中最基本的一条就是，关系的每个分量必须是一个不可再分的数据项，即不允许表中还有表。例如，表 9-1 中工资是可以再分的数据项，可以分为应发工资和实发工资两项。因此，表 9-1 不符合关系模型的要求。

表 9–1　工资表（不满足关系模型要求）

工　号	姓　名	工　资	
		应发工资	实发工资
91026	张红	3656	3488
97045	王丽丽	3834	3764

（2）关系的种类

关系有三种类型。

① 基本表：基本表就是关系模型中实际存在的表，如表 S 和表 SC。

② 查询表：查询表是查询结果表，或查询中生成的临时表。例如，表 SC1 和表 SC2 是两个查询表，它的数据是从基本表中抽取的。查询表中具有一定的冗余性，表中的阴影部分就是冗余

的数据。

③ 视图：视图是由基本表或其他视图导出的表。视图是为了满足数据查询方便、数据处理简便及数据安全要求而设计的数据虚表，不对应实际存储的数据。利用视图可以进行数据查询，也可以对基本表进行数据维护。

关系模型最大的优点是简单。一个关系就是一个数据表格，用户容易掌握，只需要用简单的查询语句就能对数据库进行操作。用关系模型设计的数据库系统是用查表方法查找数据的，而用层次模型和网状模型设计的数据库系统是通过指针链查找数据的。这是关系模型和其他两类数据模型的一个很大的区别。

（3）关系模型的逻辑结构

从用户的观点看，关系模型中数据的逻辑结构就是一张二维表（Table），它由表名、行和列组成，表的每一行称为一个元组，每一列称为一个属性（如图 9-6 所示）。

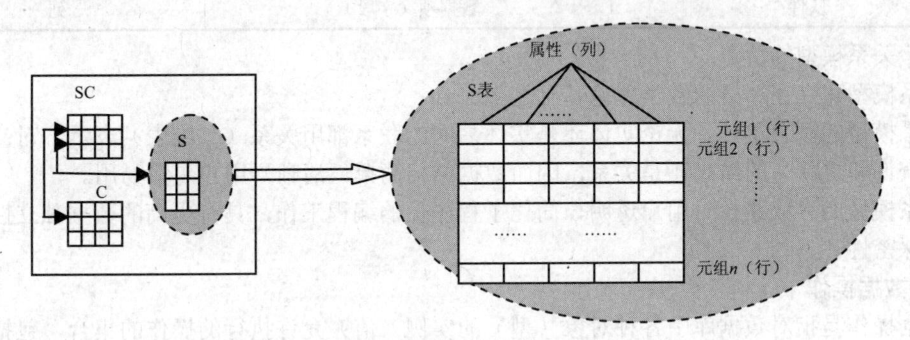

图 9-6 数据库系统的逻辑结构

例如某校教务管理系统中有学生-课程数据库，包含以下 3 个表：学生表（S）、选课表（SC）、课程表（C），它们的结构、内容以及表之间的关联如图 9-7 所示。

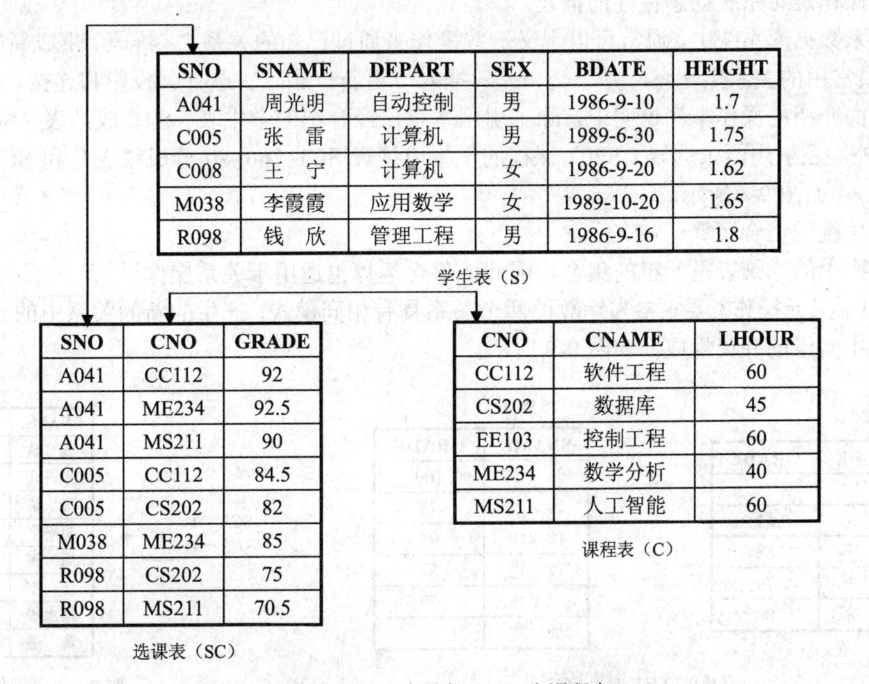

SNO	SNAME	DEPART	SEX	BDATE	HEIGHT
A041	周光明	自动控制	男	1986-9-10	1.7
C005	张 雷	计算机	男	1989-6-30	1.75
C008	王 宁	计算机	女	1986-9-20	1.62
M038	李霞霞	应用数学	女	1989-10-20	1.65
R098	钱 欣	管理工程	男	1986-9-16	1.8

学生表（S）

SNO	CNO	GRADE
A041	CC112	92
A041	ME234	92.5
A041	MS211	90
C005	CC112	84.5
C005	CS202	82
M038	ME234	85
R098	CS202	75
R098	MS211	70.5

选课表（SC）

CNO	CNAME	LHOUR
CC112	软件工程	60
CS202	数据库	45
EE103	控制工程	60
ME234	数学分析	40
MS211	人工智能	60

课程表（C）

图 9-7 学生表（S）、选课表（SC）和课程表（C）

以上 3 张二维表非常清楚地表达了学生、成绩、课程实体的结构及联系，所以说关系模型的基本结构是关系，也就是二维表结构。

在支持关系模型的数据库（即关系数据库）物理组织中，二维表是以文件形式存储的。以上所述的模式、关系、元组、属性等术语均来自关系数学，即关系代数的理论体系。程序员和一般用户均有各自不同的习惯叫法。表 9-2 所示为基本术语对照表。

表 9–2　基本术语对照表

关系模型	程序员	用户
关系模式	文件结构	二维表结构
关系（二维表）	文件	表
元组	记录	行
属性	数据项（字段）	列

（4）关系模型的特点

关系模型建立在严格的数学理论基础之上。

关系模型的概念单一。无论实体还是实体之间的联系都用关系（二维表）表示，对二维表操作（如查询和更新）的结果还是关系，因而数据结构简单、清晰，用户易懂易用。

关系模型的存取路径对用户透明，简化了程序员的编程工作，具有更高的数据独立性、更好的安全保密性。

3．数据操作

数据操作是指对数据库中各种对象（型）的实例（值）允许执行的操作的集合，包括操作及有关的操作规则。

数据库主要有查询和更新（包括插入、删除、修改）两大类操作。数据模型必须定义这些操作的确切含义、操作符号、操作规则（如优先级）以及实现操作的语言。

数据操作是对系统动态特性的描述。

在关系数据库系统中，通常可以定义一些操作来通过已知的关系（二维表）生成新的关系（二维表）。最常用的关系操作有：并、交、差、插入、更新、删除、选择、投影和连接。

在下面介绍的操作举例说明中，除了引用本章已经介绍的学生表（S）、成绩表（SC）和课程表（C）外，还引用两张选修 CS202 课程的学生成绩表 SC1（60~80 分成绩表）和 SC2（70~100 分成绩表），如图 9-8 所示。

（1）传统的集合运算

数据库中的二维表是元组的集合，因此，集合运算也适用于关系操作。

① 并。二元操作，要求参与运算的两个关系具有相同模式，产生的新的关系中的元组由原来两个关系中元组的并集组成，如图 9-9 所示。

SC1

SNAME	GRADE
钱　欣	75
张进元	62
张　华	68
胡平平	79
周　亮	80

SC2

SNAME	GRADE
汪　宁	100
钱　欣	75
顾永华	90
黄　进	82
胡平平	79
周　亮	80

图 9-8　SC1 表和 SC2 表

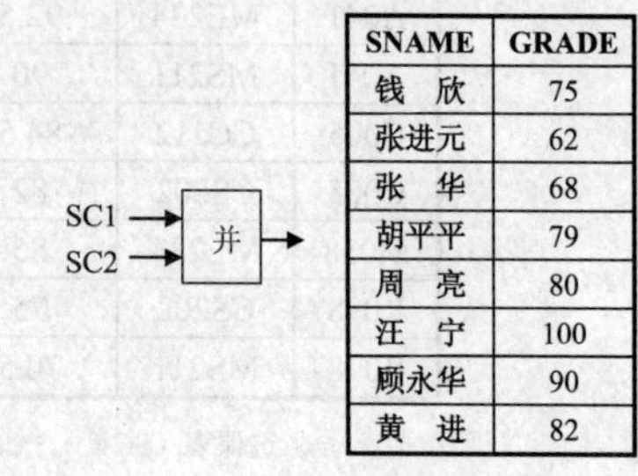

SNAME	GRADE
钱　欣	75
张进元	62
张　华	68
胡平平	79
周　亮	80
汪　宁	100
顾永华	90
黄　进	82

图 9-9　并操作

② 交。二元操作。要求参与运算的两个关系具有相同模式，产生的新的关系中的元组由原来两个关系中元组的交集组成，如图 9-10 所示。

差。二元操作。要求参与运算的两个关系具有相同模式，产生的新的关系中的元组由原来两个关系中元组的差集组成，如图 9-11 所示。

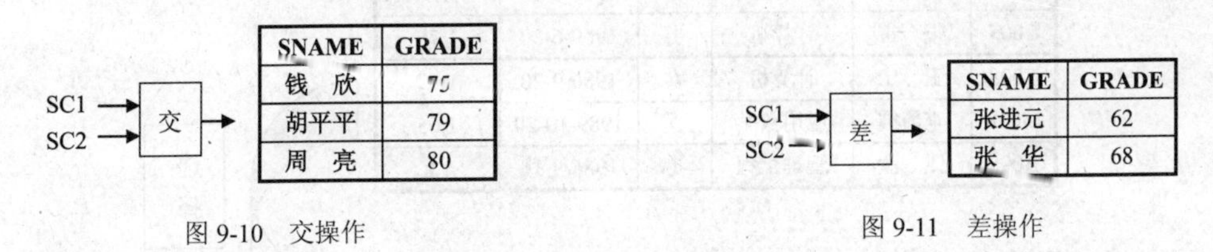

图 9-10 交操作

图 9-11 差操作

（2）专门的关系运算

① 插入。一元操作，在关系中插入一新的元组（或另一个具有相同模式的关系）。图 9-12 所示在课程表（C）中插入一个新的课程信息（'CW101' , '论文写作', 30）。

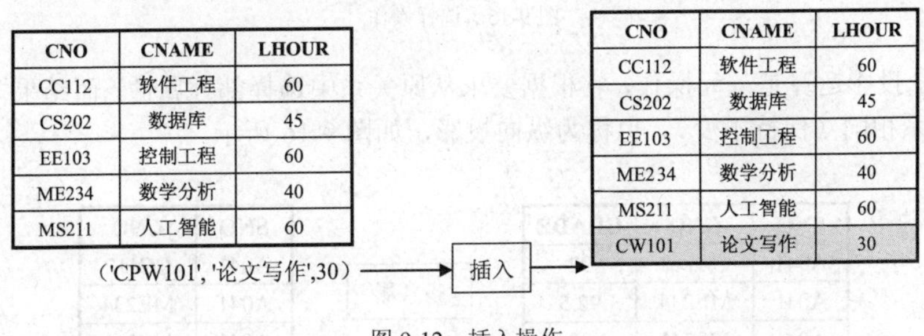

图 9-12 插入操作

② 删除。一元操作，根据要求删除表中相应元组。图 9-13 所示从课程表（C）中删除课程 CC112。

CNO	CNAME	LHOUR
CC112	软件工程	60
CS202	数据库	45
EE103	控制工程	60
ME234	数学分析	40
MS211	人工智能	60

删除

CNO	CNAME	LHOUR
CS202	数据库	45
EE103	控制工程	60
ME234	数学分析	40
MS211	人工智能	60

图 9-13 删除操作

③ 更新。一元操作。用来改变关系中指定元组中的部分属性值。图 9-14 所示将课程表中的课程 ME234 元组的 LHOUR 值由“40”改为“30”。

CNO	CNAME	LHOUR
CC112	软件工程	60
CS202	数据库	45
EE103	控制工程	60
ME234	数学分析	40
MS211	人工智能	60

修改

CNO	CNAME	LHOUR
CC112	软件工程	60
CS202	数据库	45
EE103	控制工程	60
ME234	数学分析	30
MS211	人工智能	60

图 9-14 更新操作

④ 选择。选择运算是一元操作，它根据要求从原关系中选择部分元组，而结果关系中的属性（列）与原关系相同（保持不变）。也称为横向投影。如图 9-15 所示。

SNO	SNAME	DEPART	SEX	BDATE	HEIGHT
A041	周光明	自动控制	男	1986-9-10	1.7
C005	张 雷	计算机	男	1989-6-30	1.75
C008	王 宁	计算机	女	1986-9-20	1.62
M038	李霞霞	应用数学	女	1989-10-20	1.65
R098	钱 欣	管理工程	男	1986-9-16	1.8

选择

SNO	SNAME	DEPART	SEX	BDATE	HEIGHT
A041	周光明	自动控制	男	1986-9-10	1.7
C005	张 雷	计算机	男	1989-6-30	1.75
R098	钱 欣	管理工程	男	1986-9-16	1.8

图 9-15 选择操作

⑤ 投影。投影运算是一元操作，它根据要求从原关系中选择部分属性，而结果关系中的元组（行）与原关系相同（保持不变）。也称为纵向投影，如图 9-16 所示。

SNO	CNO	GRADE
A041	CC112	92
A041	ME234	92.5
A041	MS211	90
C005	CC112	84.5
C005	CS202	82
M038	ME234	85
R098	CS202	75
R098	MS211	70.5

投 影

SNO	CNO
A041	CC112
A041	ME234
A041	MS211
C005	CC112
C005	CS202
M038	ME234
R098	CS202
R098	MS211

图 9-16 投影操作

⑥ 连接。连接操作是一个二元操作，它基于共有属性把两个关系组合起来。连接操作比较复杂并有较多的变化。如图 9-17 所示。

对于以上所介绍的关系操作，在理论上均可用一种称为“关系代数”的逻辑运算来表示。这方面的详细知识可参考有关“关系代数”资料。

4．数据的完整性约束条件

数据的完整性约束条件是一组完整性规则。完整性规则是给定的数据模型中数据及其联系所具有的制约和依存规则，用以限定符合数据模型的数据库状态以及状态的变化，以保证数据的正确、有效、相容。

数据模型应该反映和规定本数据模型必须遵守的基本的通用的完整性约束条件。例如，在关系模型中，任何关系必须满足实体完整性和参照完整性两个条件。

此外，数据模型还应该提供定义完整性约束条件的机制，以反映具体应用所涉及的数据必须遵守的特定的语义约束条件。例如，在某大学的数据库中规定学生成绩如果有 6 门以上不及格将不能授予学士学位；教授的退休年龄是 65 周岁；男职工的退休年龄是 60 周岁，女职工的退休年龄是 55 周岁等。

SNO	SNAME	DEPART	SEX	BDATE	HEIGHT
A041	周光明	自动控制	男	1986-9-10	1.7
C005	张　雷	计算机	男	1989-6-30	1.75
C008	王　宁	计算机	女	1986-9-20	1.62
M038	李霞霞	应用数学	女	1989-10-20	1.65
R098	钱　欣	管理工程	男	1986-9-16	1.8

SNO	CNO	GRADE
A041	CC112	92
A041	ME234	92.5
A041	MS211	90
C005	CC112	84.5
C005	CS202	82
M038	ME234	85
R098	CS202	75
R098	MS211	70.5

连　接

SNO	SNAME	DEPART	SEX	BDATE	HEIGHT	CNO	GRADE
A041	周光明	自动控制	男	1986-9-10	1.7	CC112	92
A041	周光明	自动控制	男	1986-9-10	1.7	ME234	92.5
A041	周光明	自动控制	男	1986-9-10	1.7	MS211	90
C005	张　雷	计算机	男	1989-6-30	1.75	CC112	84.5
C005	张　雷	计算机	男	1989-6-30	1.75	CS202	82
M038	李霞霞	应用数学	女	1989-10-20	1.65	ME234	85
R098	钱　欣	管理工程	男	1986-9-16	1.8	CS202	75
R098	钱　欣	管理工程	男	1986-9-16	1.8	MS211	70.5

图 9-17　连接操作

9.3 关系数据库语言 SQL 简介

以上讨论的关系操作，比较直观地说明了对二维表操作的含义。在此基础上，关系数据库管理系统必须配置与此相应的语言，使用户可以对数据库进行上述各种操作，这就构成了用户和数据库的接口。由于 DBMS 所提供的语言一般局限于对数据库的操作，不同于计算机的程序设计语言，因而称它为数据库语言。

关系数据库语言 SQL 是结构化查询语言（Structured Query Language）的英文缩写，它是数据库中应用最广的一种语言，具有以下特点。

（1）是一种“非过程语言”。用户只要指出“做什么”，而如何做的过程由 DBMS 完成。

（2）是一体化语言。功能上的核心是数据查询，但还包括了数据定义、数据操纵和数据控制等功能。

（3）功能齐全、简单易学、使用方便。SQL 语法简单，只有为数不多的几条命令，但功能强大而全面。

（4）有命令和嵌入程序两种使用方式。可以命令方式直接在命令窗口中使用，也可在程序中以程序方式使用或在事件代码中使用。

（5）为主流DBMS产品所支持。ORACLE、Sybase、DB2、SQL Server均支持SQL，而Access、VFP等也提供了用户使用SQL的接口。

1．关系数据库语言SQL的体系结构

SQL具有如图9-18所示的三级体系结构：用户模式对应于视图、逻辑模式对应于基本表、存储模式对应于存储文件。

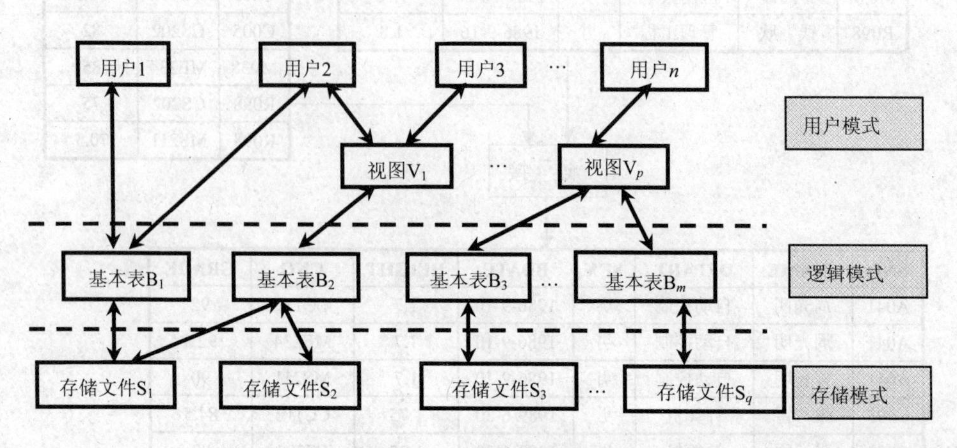

图9-18 SQL的体系结构

可以看出，在这种体系结构中，用户可以用SQL语言对基本表和视图进行查询或其他操作。基本表和视图一样都是关系，视图是从基本表或其他视图中导出的表。视图并不产生磁盘文件，它是存储在数据库中的虚表，用户可以基于视图再定义视图。

2．SQL数据定义

SQL 提供数据定义语言（DDL）。作为建立数据库最重要的一步，可根据关系模式定义所需的基本表，SQL语句表示为：

```
CREATE TABLE <表名>
(<列名><数据类型>[完整性约束条件],......)
```

其中，[ ]表示可含有该子句，也可为空，按实际定义要求而定；<表名>是所要定义的基本表名字；每个基本表可以由一个或多个列组成；定义基本表时要指明每个列的类型和长度，同时还可以定义与该表有关的完整性约束条件。

例如，按照关系模式S，定义学生表的SQL语句为：

```
CREATE  TABLE  S
      (SNO  CHAR(4),                  (类型为定长字符串)
      SNAME  VARCHAR(8),              (类型为变长字符串，串长不超过 8)
      DEPART  VARCHAR (12),
      SEX  CHAR(2),
      BDATE  DATE,                    (类型为日期型)
      HEIGHT  DEC(5,2),               (类型为 5 位十进制实数，小数点后 2 位)
      PRIMARY  KEY(SNO));             (指明 SNO 为 S 的主键)
```

系统执行上面的CREATE TABLE语句后，就在数据库建立了一个学生登记表S的关系结构，如表9-3所示。

表 9-3　　学生登记表 S 关系结构

SNO	SNAME	DEPART	SEX	BDATE	HEIGHT

除了定义基本表，SQL 的 DDL 还包括修改基本表、删除基本表、建立和删除索引以及建立和删除视图等语句。

3．SQL 的数据查询

数据库查询是数据库的核心操作。SQL 语言提供了 SELECT 语句进行数据库查询，该语句具有灵活的使用方式和极强的查询功能。关系操作中最常用的“投影”、“选择”和“连接”都体现在 SELECT 语句中。

```
SELECT  A1, A2, …, An            （指出目标表的列名序列，对应于“投影”操作）
  FROM  R1, R2, …, Rm            （指出基本表或视图序列，对应于“连接”操作）
    [WHERE  F]                   （F 为条件表达式，对应于“选择”操作）
```

整个 SELECT 语句执行过程如下：将 FROM 子句所指出的基本表或视图进行连接，从中选取满足 WHERE 子句中条件 F 的行（元组），最后根据 SELECT 子句给出的列名序列顺序将查询结果表输出。

（1）单表查询。从指定的一个表中找出符合条件的元组。

例：基于学生表 S，查询所有男学生的情况。

```
SELECT  *  FROM  S  WHERE  SEX='男'
```

该查询语句中的“*”表示列出 S 表的所有属性。

（2）连接查询。若一个查询同时涉及两个以上的表，则称之为连接查询。连接查询是关系数据库中最主要的查询。

例：查询每个男学生及其选修课程的情况，要求输出学生名、系别、选修课程名及成绩。

```
SELECT  SNAME, DEPART, CNAME, GRADE
  FROM  S, C, SC
  WHERE  S.SNO=SC.SNO  AND  SC.CNO=C.CNO  AND  S.SEX='男'
```

查询语句执行后，其查询结果如表 9-4 所示。

表 9-4　　连接查询示例的结果

SNAME	DEPART	CNAME	GRADE
张　雷	计算机	软件工程	84.5
张　雷	计算机	数据库	82
周光明	自动控制	软件工程	92
周光明	自动控制	数学分析	92.5
周光明	自动控制	人工智能	90
钱　欣	管理工程	数据库	75
钱　欣	管理工程	人工智能	70.5

必须指出，SQL 的查询除了上面所列的简单形式外，还具有嵌套查询、带谓词的查询、集合查询、树查询等较为复杂的查询，其具体语句形式和使用请参阅有关 DBMS 手册。

4．SQL 的数据更新

为了更新数据库中的数据，SQL 提供了插入、更新和删除数据的 3 类语句，现分别介绍如下。

（1）插入语句（INSERT）。可将一条记录插入到指定的表中，语句格式为：

```
INSERT  INTO  <表名>(<列名 1>, <列名 2>, …)
  VALUES(<表达式 1>, <表达式 2>, …)
```

例如图 9-7 所示中，将一条新的课程记录插入到课程表 C 中：

```
INSERT  INTO  C(CNO, CNAME, LHOUR)
  VALUES('CW101', '论文写作', 30)
```

INSERT 语句在插入一条记录时，将表达式的值按顺序作为对应列的值。此时，未指明列名（和对应表达式）的那些列，在对应的记录中取空值（即其值处于未知状态，记为 Null）。

（2）更新语句（UPDATE）。可对指定表中已有数据进行修改，语句格式为：

```
UPDATE <表名> SET <列名 1>=<表达式 1>[,<列名 2>=<表达式 2>]…
  [WHERE <条件>]
```

例如，图 9-7 中，将'ME234'课程学时数由 40 改为 30：

```
UPDATE  C  SET  LHOUR=30
  WHERE  CNO='ME234'
```

（3）删除数据（DELETE）。 可从指定表中删除满足 WHERE 子句条件的记录。如果省略 WHERE 子句，则删除表中所有记录。语句格式为：

```
DELETE  FROM  <表名>
  [WHERE  <条件>]
```

例如，图 9-7 中，将课程表 C 中课程号为"CC112"的记录删除：

```
DELETE  FROM  C
  WHERE  CNO='CC112'
```

5．SQL 视图

视图是 DBMS 所提供的一种由用户观察数据库中数据的重要机制。视图可由基本表或其他视图导出。它与基本表不同，视图只是一个虚表，在数据字典中保留其逻辑定义，而不作为一个表实际存储数据。

SQL 语言用 CREATE VIEW 语句建立视图，其一般格式为：

```
CREATE  VIEW <视图名>
  AS <子查询>
```

例如，建立管理工程系学生的视图 ME_S，其定义语句为：

```
CREATE  VIEW  ME_S  AS
  SELECT  SNO,SNAME,SEX,BDATE,HEIGHT
    FROM  S
  WHERE  DEPART='管理工程'
```

视图定义后，用户就可以像对基本表操作一样对视图进行查询。例如，在管理工程系的学生视图中找出年龄大于 25 岁的学生，其 SQL 语句为：

```
SELECT  *  FROM  ME_S
  WHERE  YEAR(DATE())-YEAR(BDATE)>25
```

9.4 数据库设计概述

数据库设计是指对于一个给定的应用环境，构造（设计）优化的数据库逻辑模式和物理结构，并据此建立数据库及其应用系统，使之能够有效地存储和管理数据，满足各种用户的应用需求，包括信息管理要求和数据操作要求。

目标：为用户和各种应用系统提供一个信息基础设施和高效率的运行环境。

1．数据库设计的基本步骤

数据库设计分 6 个阶段：

（1）需求分析；

（2）概念结构设计；

（3）逻辑结构设计；

（4）物理结构设计；

（5）数据库实施；

（6）数据库运行和维护。

需求分析和概念设计独立于任何数据库管理系统，逻辑设计和物理设计与选用的 DBMS 密切相关。

2．数据库设计的准备工作：选定参加设计的人

（1）系统分析人员、数据库设计人员：自始至终参与数据库设计。

（2）用户和数据库管理员：主要参加需求分析和数据库的运行维护。

（3）应用开发人员（程序员和操作员）：在系统实施阶段参与进来，负责编制程序和准备软硬件环境。

3．数据库设计的过程

（1）需求分析阶段

准确了解与分析用户需求（包括数据与处理），是最困难、最耗费时间的一步。

（2）概念结构设计阶段

整个数据库设计的关键，通过对用户需求进行综合、归纳与抽象，形成一个独立于具体 DBMS 的概念模型。

（3）逻辑结构设计阶段

将概念结构转换为某个 DBMS 所支持的数据模型并对其进行优化。

（4）数据库物理设计阶段

为逻辑数据模型选取一个最适合应用环境的物理结构（包括存储结构和存取方法）。

（5）数据库实施阶段

运用 DBMS 提供的数据库语言（如 SQL）及宿主语言，根据逻辑设计和物理设计的结果建立数据库、编制与调试应用程序、组织数据入库、进行试运行。

（6）数据库运行和维护阶段

数据库应用系统经过试运行后即可投入正式运行，在数据库系统运行过程中必须不断地对其进行评价、调整与修改。

设计一个完善的数据库应用系统往往是上述 6 个阶段的不断反复。

9.5 数据库技术的发展

20 世纪 80 年代以来，数据库技术在管理领域的巨大成功，促进了更多领域对数据库技术需求的迅速增长，这些领域也为数据库应用开辟了新的空间，从而进一步推动了数据库系统及应用技术的研究与发展。本节简要介绍为了适应信息系统应用需求数据库体系结构的发展概况，以及数据库对决策应用的支持技术。

1．数据库体系结构的发展

DBS 是运行在计算机系统之上的，其体系结构与计算机体系结构密切相关。因此，DBS 的系统结构会随着计算机硬件和软件支撑环境的变化而不断演变。

（1）集中式数据库结构

早期的 DBMS 以分时操作系统作为运行环境，采用集中式的数据库系统结构，把数据库建立在本单位的主计算机上，且不与其他计算机系统进行数据交互。用户通过本地终端或远程终端访问数据库系统。在这种系统中，不但数据是集中的，数据的管理也是集中的，如图 9-19 所示。

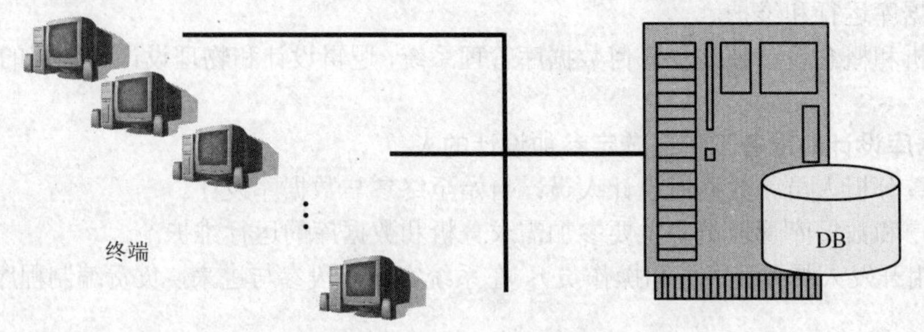

图 9-19　集中式结构的 DBS

（2）客户/服务器结构（C/S）

客户/服务器结构是一种网络处理系统，由多台用作客户机的计算机和一至多台用作服务器的计算机组成。客户机直接面向用户，接收并处理任务，将需要数据库操作的任务委托数据库服务器执行；而数据库服务器只接收客户机的这种委托请求，完成对数据库的查询和更新，并把查询结果返回给客户机。

这种 C/S 结构的数据库系统虽然处理上是分布的，但数据却是集中的，还是属于集中式数据库系统，如图 9-20 所示。

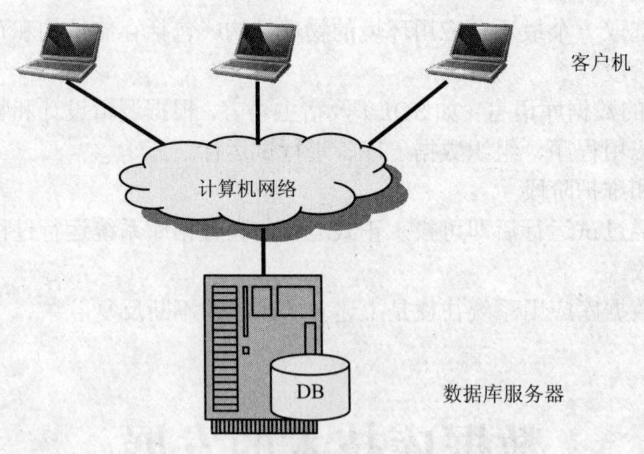

图 9-20　网络环境下的 C/S 结构

（3）浏览器/服务器结构（B/S）

这种结构由 Web 浏览器、Web 服务器、数据库服务器 3 个层次组成（如图 9-21 所示）。客户端使用一个通用的浏览器，代替了形形色色的各种应用软件，用户的所有操作都是通过浏览器进行的。

B/S 结构的核心部分是 Web 服务器，它负责接受远程（本地）的 HTTP 查询请求，然后根据查询的条件通过数据库服务器获取相关的数据，再将结果翻译成 HTML 和各种页面描述语言，传送回提出查询请求的浏览器。同样，浏览器也会将更改、删除、新增数据记录的申请传送到 Web 服务器，由后者与数据库服务器联系完成这些操作。

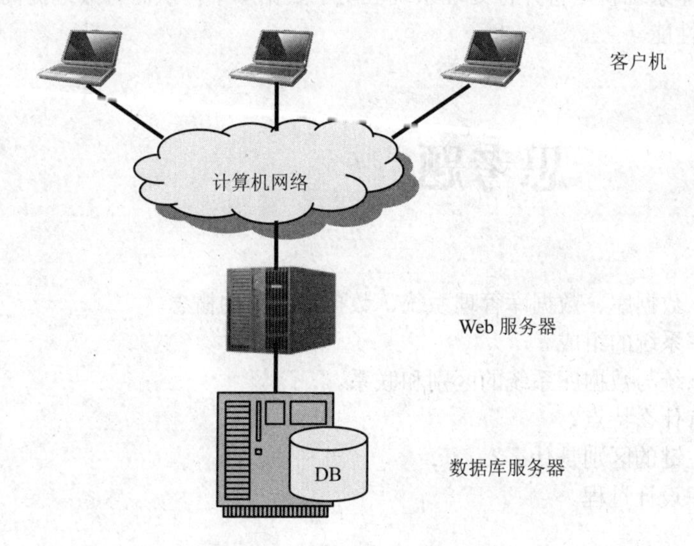

图 9-21 网络环境下的 B/S 结构

（4）分布式数据库系统结构

数据共享和数据集中管理是数据库的主要特征。但面对应用规模的扩大和用户地理位置分散的实际情况，如果一个单位仍用联网式的集中式数据库系统，将会产生诸多问题。

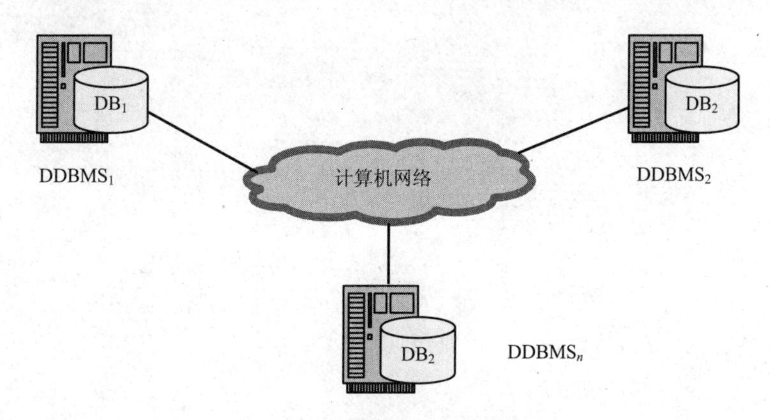

图 9-22 分布式数据库系统结构

① 各用户节点要通过网络存取数据，如何解决通信开销太大和延迟问题？

② 一旦服务器故障将导致整个系统的瘫痪，如何保证系统的可用性和可扩性？

分布式数据库系统就是把一个单位的数据按其来源和用途，合理分布在系统的多个地理位置不同的计算机节点上（局部数据库），使大部分数据可以就近存取。数据在物理上分布后，由系统统一管理。此时，系统中每个地理位置上的节点实际上是一个独立的数据库系统，它包括本地节点用户、本地 DBMS 和应用软件。每个节点的用户都可通过网络对其他节点数据库上的数据进行访问，就如同这些数据都存储在自己所在的节点数据库上一样，这就构成了分布式数据库管理系统，如图 9-22 所示。

（5）并行数据库系统结构

随着应用领域数据库规模的增长，数据库运行负荷的日益加重，对数据库的性能要求也就越来越高。并行数据库系统就是将并行处理系统应用于数据库中，从而有效地提高了系统的处理速度，提高了系统的性能。

思考题

1．试述数据、数据库、数据库管理系统、数据库系统的概念。
2．试述数据库系统的组成。
3．简述文件系统与数据库系统的区别和联系。
4．关系模型有什么特点？
5．关键字与主键的区别是什么？
6．试述数据库设计过程。